高等职业教育"十三五"规划教材

高等职业院校建筑工程技术专业规划推荐教材

建筑工程施工技术

王萃萃　主　编

李盛楠　周婵芳　副主编

杨　帆　主　审

中国建筑工业出版社

图书在版编目（CIP）数据

建筑工程施工技术/王萃萃主编. —北京：中国建筑工业出版社，2018.6（2021.9重印）
高等职业教育"十三五"规划教材　高等职业院校建筑工程技术专业规划推荐教材
ISBN 978-7-112-22053-3

Ⅰ.①建…　Ⅱ.①王…　Ⅲ.①建筑工程-工程施工-高等职业教育-教材　Ⅳ.①TU74

中国版本图书馆 CIP 数据核字（2018）第 065366 号

本书是根据课程"教、学、做"一体化要求编写的项目化教材。全书共分为两个部分：框剪结构工程施工和钢结构工程施工。项目 1 内容包括土方工程施工、基础工程施工、模板工程施工、钢筋工程施工、混凝土工程施工、砌筑工程施工、脚手架工程施工、塔式起重机施工、保温工程施工、防水工程施工、装饰装修工程施工和雨期施工；项目 2 内容包括钢构件的加工制作和单层工业厂房的安装施工。

本书文字简炼，内容详实，并且配有免费数字资源讲解，便于学生理解掌握。该书可作为高等职业院校土建施工类专业教学用书，也可作为施工方案编制人员的技术参考用书。

责任编辑：王佳俊　朱首明　李　阳
责任设计：李志立
责任校对：刘梦然

高等职业教育"十三五"规划教材
高等职业院校建筑工程技术专业规划推荐教材
建筑工程施工技术
王萃萃　主　编
李盛楠　周婵芳　副主编
杨　帆　主　审

＊

中国建筑工业出版社出版、发行（北京海淀三里河路 9 号）
各地新华书店、建筑书店经销
北京科地亚盟排版公司制版
北京建筑工业印刷厂印刷

＊

开本：787×1092 毫米　1/16　印张：17¼　字数：429 千字
2018 年 7 月第一版　　2021 年 9 月第二次印刷
定价：**45.00** 元
ISBN 978-7-112-22053-3
（31936）

序

职业教育由于其自身培养目标的特殊性，在教学过程中特别注重学生职业技能的训练，注重职业岗位能力、自主学习能力、解决问题能力、社会能力和创新能力的培养。目前，许多高等职业院校正大力推行工学结合，突出实践能力的培养，改革人才培养模式，职业教育的教学模式也正悄然发生着改变，传统学科体系的教学模式正逐步转变为行为体系的职业教学模式。我院作为辽宁建设职业教育集团的牵头单位，从很早就开始借鉴国内外先进的教学经验，开展基于工作过程系统化、以行动为导向的项目化课程设计与教学方法改革。在职业技术课程改革中，突出教师引领学生做事，围绕知识的应用能力，用项目对能力进行反复训练，课程"教、学、做"一体化的设计，体现了工学结合、行动导向的职业教育特点。

所以我们选定十五门课程进行项目化教材的改革。包括：建筑工程施工技术、混凝土结构检测与验收、建筑工程质量评定与验收、建筑施工组织与进度控制、混凝土结构施工图识读等。

本套教材在编写思路上考虑了学生胜任职业所需的知识和技能，直接反映职业岗位或职业角色对从业者的能力要求，以从业中实际应用的经验与策略的学习为主，以适度的概念和原理的理解为辅，依据职业活动体系的规律，采取以工作过程为导向的行动体系，以项目为载体，以工作任务为驱动，以学生为主体，"教、学、做"一体的项目化教学模式。本套教材在内容安排和组织形式上作出了新的尝试，突破了常规按章节顺序编写知识与训练内容的结构形式，而是按照工程项目为主线，按项目教学的特点分若干个部分组织教材内容，以方便学生学习和训练。内容包括教材所用的项目和学习的基本流程，且按照典型案例由浅入深地编写。这样，为学生提供了阅读和参考资料，帮助学生快速查找信息，完成练习项目。本套教材是以项目为模块组织教材内容，打破了原有教材体系的章节框架局限，采用明确项目任务、制定项目计划、实施计划、检查与评价的形式，创新了传统的授课模式与内容。

相信这套教材能对课程改革的推进、教学内容的完善、学生学习的推动提供有力的帮助！

辽宁建设职业教育集团 秘书长
辽宁城市建设职业技术学院 院长
王斌

前　言

　　建筑施工技术是建筑工程技术专业和土建类其他专业的一门主要课程，它是研究建筑工程中主要工种工程的施工规律、施工工艺原理和施工方法的学科。建筑施工技术实践性强、综合性大、社会性广，新技术发展快，必须结合工程施工中的实际情况综合解决技术问题。建筑施工技术还涉及相关学科的综合运用，因此，本教材力求拓宽专业面，扩大知识面，以适应发展的需要；力求综合运用有关学科的基本理论和知识，解决工程实际问题；力求理论联系实际，以应用为主。本教材以一般民用建筑的施工技术为主，均按新规范要求对主要施工工艺、施工技术和施工方法进行讲解，强调了保证施工质量、质量验收、安全生产措施等。

　　本教材是根据住建部发布的"建筑施工技术"的课程标准编写的，突出高职教育特点，所编内容以理论知识够用为度，重在实践能力、动手能力，以培养面向生产第一线的应用型人才。本教材在编排体例上，立足教师教学和学生学习，在全方位服务与师生同时，兼顾了学生职业方向和用人单位需要，实现教学资源与教学内容的有效对接，融"教、学、做"为一体。内容编写延用情景启发教学模式，表现形式上融情景、体验、拓展、互动为一体，打造生动、立体课堂，提高学生学习兴趣及主动性，体现"以人为本、终身教育"理念。每个情景项目均体现了"主体教材＋教学资源库"一体化特点，每个项目任务中包括了相关链接、任务内容、经典实例等。试图寓教学方法于教材之中，既为教师课堂教学讲授留有余地，也便于学生独立思考、更好地理解知识点。

　　本教材由王萃萃担任主编，周婵芳、李盛楠担任副主编，杨帆担任主审，参加编写的人员还有刘悦。前言、统稿工作由王萃萃编写，项目1中的子项目1～10由王萃萃编写，项目1中的子项目11、12由李盛楠编写，项目2由周婵芳编写。

　　本教材在编写过程中受到学院领导和建筑企业人员的指导和大力支持，参考了相关出版文献和资料，谨此表示衷心的感谢！

　　由于编者的水平有限和时间仓促，书中难免有不足之处，敬请广大读者批评指正。

目　　录

项目 1 ××项目框剪结构工程施工

单元1 土方工程施工

【知识目标】 掌握土方开挖施工和回填土施工过程的施工方法和技术要求。

【能力目标】 能够组织实施土方开挖和回填土工作；能分析处理土方开挖施工和回填土施工过程中的技术问题，评价土方开挖和回填土的施工质量；针对不同类型特点的工程，能配置土方施工机械设备，选择工艺方法和制定土方施工方案。

【素质目标】 具有集体意识、良好的职业道德修养和与他人合作的精神，协调同事之间、上下级之间的工作关系。

【任务介绍】 沈阳××项目四期一标段45号、46号楼位于沈阳市于洪区，建筑面积分别为15226.4m²、15566.33m²。地上27层，为框架-剪力墙结构。基础：主体采用静压管桩基础，网点采用静压管桩基础，门厅柱采用独立基础。根据实际情况编制土方工程施工方案。

【任务分析】 根据要求，确定土方开挖施工和回填土施工需要做的准备工作、施工过程、机械的选择、施工的方法以及质量的检查。

任务1 土方开挖工程施工方案编制

子任务1 准备工作

1. 编制依据

（1）施工组织设计

沈阳××项目四期一标段45号、46号楼施工组织设计。

（2）施工图

沈阳××项目四期一标段建筑施工图；

沈阳××项目四期一标段结构施工图。

（3）主要的施工规范、规程

《工程测量规范》GB 50026—2007；

《建筑地基基础工程施工质量验收规范》GB 50202—2002；

《建筑机械使用安全技术规程》JGJ 33—2012；

《施工现场临时用电安全技术规范》JGJ 46—2005。

（4）其他相关文件

××公司提供的详勘阶段《沈阳××项目四期一、二标段岩土工程勘察技术报告书》。

2. 工程概况

（1）工程概况

沈阳××项目四期一标段45号、46号楼位于沈阳市于洪区，建筑面积分别为15226.4m²、15566.33m²。地上27层，为框架-剪力墙结构。基础：主体采用静压管桩基础，网点采用静压管桩基础，门厅柱采用独立基础。

（2）基坑土方开挖涉及的主要技术指标（表1-1-1）

基坑土方开挖涉及的主要技术指标 　　　　　　表1-1-1

序号	项目	45号楼、46号楼
1	±0.000绝对标高	44.100m
2	拟建场地标高	−0.500~0.200m
3	基底最深标高	−4.800m
4	地下稳定水位标高	40.530~43.940m
5	抗浮设计水位标高	39.000m

（3）工程地质条件

根据钻探揭示，本场地的地层自上而下为：

1）杂填土：主要由黏性土、碎石、砖块、混凝土块及淤泥质土组成，松散。该层分布连续，厚度介于1.0～9.2m。

2）粉质黏土：黄褐色，无摇振反应，稍有光泽，干强度中等，韧性中等。含铁锰结核及氧化铁条斑。软可塑。该层分布连续，厚度介于1.1～15.7m。

01.01.001
土的分类

【拓展提高1】

A. 土的工程分类

土石的分类方法很多，从不同的技术角度，分类方法各异。作为建筑物地基的土石可以分成岩石、碎石土、沙土、粉土、黏性土以及特殊土（如淤泥质土、人工杂填土）。在建筑工程中，按照土石方的坚硬和开挖难易程度分为八类，前四类是土，后四类是岩石，详见表1-1-2。

土石的工程分类　　　　　　　　　　　　　　表1-1-2

土的分类	土的密度（t/m³）	土的名称	开挖方法和工具
一类土（松软土）	0.6～1.5	砂土、粉土、腐殖土及疏松的种植土，泥炭（淤泥）	用锹、少许用脚蹬或用板锄挖掘
二类土（普通土）	1.1～1.6	粉质黏土，潮湿的黏性土和黄土，夹有碎石卵石的砂，含有建筑材料碎屑、碎石、卵石的堆积土和种植土	用锹、条锄挖掘，需用脚蹬，少许用镐
三类土（坚土）	1.75～1.9	软及中等密实的黏性土或黄土，含有碎石、卵石或建筑材料碎屑的潮湿的黏性土或黄土，压实的填土，重粉质黏土	主要用镐、条锄，少许用锹，少许用撬棍挖掘
四类土（砂砾坚土）	1.9	坚硬密实的黏性土或黄土，含有碎石、砾石的中等密实黏性土或黄土，粗卵石，天然级配砂石，软泥灰岩	全部用镐、条锄挖掘，少许用撬棍挖掘
五类土（软石）	1.1～2.7	硬质黏土，胶结不紧的砾岩，软的、节理多的石灰岩及贝壳石灰岩，坚实的白垩土，中等坚实的页岩、泥灰岩	用镐或撬棍、大锤挖掘，部分使用爆破方法
六类土（次坚石）	2.2～2.9	坚硬的泥质页岩，坚实的泥灰岩，角砾状花岗岩，泥灰质石灰岩，黏土质砂岩，云母页岩及砂质页岩，风化的花岗岩、片麻岩及正长岩，滑石质的蛇纹岩，密实的石灰岩，硅质胶结的砾岩，砂岩，砂质石灰岩、砂质页岩	用爆破方法开挖，部分用风镐
七类土（坚石）	2.5～3.1	白云岩，大理石，坚实的石灰岩、石灰质及石英质的砂岩，坚硬的砂质页岩，蛇纹岩，粗粒正长岩，有风化痕迹的安山岩及玄武岩，片麻岩，粗面岩，中粗花岗岩，坚实的片麻岩，辉绿岩，玢岩，中粗正长岩	用爆破方法开挖
八类土（特坚石）	2.7～3.3	坚实的细粒花岗岩。花岗片麻岩，闪长岩，坚实的玢岩，角闪岩，辉长岩、石英岩，安山岩、玄武岩，最坚实的辉绿岩、石灰岩及闪长岩，橄榄石质玄武岩，特别坚实的辉长岩、石英岩及玢岩	用爆破方法开挖

B. 土的工程性质

不同类别的工程，对土的物理和力学性质的要求都各自不同。对沉降限制严格的建筑物，需要详细掌握土和土层的压缩固结特性；天然斜坡或人工边坡工程，需要有可靠的土抗剪强度指标；土作为填筑材料时，其粒径级配和压密击实性质是主要参数。土的形成年代和成因对土的工程性质有很大影响，不同成因类型的土，其力学性质会有很大差别，掌握各种土的性质，才能采取相应的技术处理，保证建筑的质量。

01.01.002
工程性质对土方
施工的影响

（A）土的可松性。自然状态下的土经开挖后，体积因松散而增加，以后虽经回填压实，仍不能恢复。土的可松性由可松性系数表示，不同类型的土，可松性系数不同。由于土方工程量是以自然状态的体积来计算的，所以在土方调配、计算土方机械生产率及运输工具数量等的时候，必须考虑土的可松性，各种土的可松性参考数值见表1-1-3。

$$K_s = V_2/V_1 \tag{1-1}$$
$$K'_s = V_3/V_1 \tag{1-2}$$

式中　V_1——土在自然状态下的体积，单位（m³）；

　　　　V_2——土经开挖后松散状态下的体积，单位（m³）；

　　　　V_3——土经回填压实后的体积，单位（m³）；

　　　　K_s——最初可松性系数，取值1.08～1.5，用途：可估算装运车辆和挖土机械；

　　　　K'_s——最后可松性系数，取值1.01～1.3，用途：可估算填方所需挖土的数量。

各种土的可松性参考数值　　　　表 1-1-3

土的类别	体积增加百分比		可松性系数	
	最初	最终	K_s	K'_s
一类（种植土除外）	8～17	1～2.5	1.08～1.17	1.01～1.03
一类（植物性土、泥炭）	20～30	3～4	1.20～1.30	1.03～1.04
二类	14～28	1.5～5	1.14～1.28	1.02～1.05
三类	24～30	4～7	1.24～1.30	1.04～1.07
四类（泥灰岩、蛋白石除外）	26～32	6～9	1.26～1.32	1.06～1.09
四类（泥灰岩、蛋白石）	33～37	11～15	1.33～1.37	1.11～1.15
五～七类	30～45	10～20	1.30～1.45	1.10～1.20
八类	45～50	20～30	1.45～1.50	1.20～1.30

（B）土的渗透性。渗透性表示单位时间内水穿透土层距离的能力，用渗透系数k表示，单位是m/d，它和土的颗粒级配，密实程度等有关，是人工降低地下水位和选择降水井点的主要参数。土的渗透系数见表1-1-4。

土体渗透系数参考表　　　　表 1-1-4

土类	k（m/d）	土类	k（m/d）	土类	k（m/d）
黏土	<0.005	粉砂	0.5～1.0	粗砂	20～50
粉质黏土	0.005～0.1	细砂	1.0～5	匀质粗砂	60～75
粉土	0.1～0.5	中砂	5～20	砾石	50～100
匀质中砂	25～50	含黏土中砂	20～25	卵石	100～500

(C) 土的天然密度和干密度。土的天然密度是指在天然状态下，单位体积土的重量，它与土的密实程度和含水量有关，土的天然密度见式（1-3）。

$$\rho = m/v \tag{1-3}$$

式中　ρ——土的天然容重（t/m³）；

m——土的天然重量（t）；

v——土的体积（m³）。

土的干密度就是土单位体积中固体颗粒部分的质量，不包括土中水的质量，见式（1-4）。

$$\rho_d = m_s/v \tag{1-4}$$

式中　ρ_d——土的天然容重（t/m³）；

m_s——土的总重量（t）；

v——土的体积，（m³）。

土的天然密度取决于土粒的密度，孔隙体积的大小和孔隙中水的质量多少，它综合反映了土的物质组成和结构特征。选择汽车运土时，可以用天然密度将质量折算成体积。

在一定程度上，土的干密度反映了土的颗粒排列紧密程度，土的干密度愈大，表示土愈密实，土的密实程度主要通过检验填方土的干密度和含水量来控制，干密度可以用来作为填土压实的控制指标。

(D) 土的含水量。一般土的干湿程度，用含水量表示，土的含水量指土中水的重量与固体颗粒重量之比的百分率，计算公式见式（1-5）。

$$w = (m_w/m_s) \times 100\% \tag{1-5}$$

式中　m_w——土中水的重量（kg）；

m_s——固体颗粒经过温度105℃烘干后的重量（kg）。

土的含水量随气候条件、雨雪和地下水的影响而变化，对土方边坡的稳定性及填方密实程度有直接的影响。含水量在5%以下称为干土，在5%～30%之间是潮湿土，大于30%称为湿土。含水量越大，土就越湿，对施工越不利。含水量的多少对土方开挖的难易程度、开挖机械的选择、地基处理的方法、夯实填土的质量均有影响。

在一定含水量的条件下，用同样的夯实工具，可以使回填土达到最大密实度，此含水量叫做最佳含水量。几种土的最佳含水量如下：砂土8%～12%，粉土9%～15%，粉质黏土12%～15%，黏土19%～23%。

(E) 土的密实度。通常用密实度表示土的紧密程度，同类土在不同含水率，不同压实程度下，紧密程度也不一样，所以工程上用土的干密度反映相对紧密程度见式（1-6）。

$$\lambda_c = \rho_d/\rho_{d,max} \tag{1-6}$$

式中　λ_c——土的密实度（压实系数）；

ρ_d——土的实际干密度；

$\rho_{d,max}$——土的最大干密度。

(4) 水文地质条件

勘察期间，场地赋存两层地下水，第一层为上层滞水，赋存在场地①杂填土、黏性土（水位埋深变化较大）层中，初见水位1.90～9.10m，稳定水位埋深为2.10～9.30m，相应标高为40.53～43.94m，该层地下水位年变化幅度随季节变化，主要分布在场地的北部地段；第二层为承压水，赋存在场地⑤中粗砂、⑥粗砂层中，初见水位埋深为19.70～

30.50m，稳定水位埋深为 13.30～19.50m，相应标高为 29.48～30.70m，该层地下水位年变化幅度约 2.00m。该地下水主要以大气降水和场地西北侧排水沟地表水渗入为补给来源，主要排泄方式为地下径流和人工开采。

3. 施工部署

外侧考虑脚手架搭设横距 900mm，距墙 300mm，所以预留 1000mm 的工作面。

放坡系数：开挖深度大于等于 4.0m，放坡坡度为 1：1。由于地下水埋藏较深，水位远低于槽底标高，故施工时不考虑降水。土方以大开挖为主，开挖时基本分三步开挖。第一步用大型号钩机开挖至大面距离基坑垫层底 3m，第二步为挖至基底（预留 300mm），第三步采用人工对坑底预留的 300mm 厚土方进行清理并进行人工修整边坡。土方开挖的顺序基本上保证每个施工队伍都陆续具备工作面，首先进行 46 号楼挖方，挖完之后挖方 45 号楼。因施工现场没有足够的场地存放四期一标段开挖的基础土方，预留一部分土方，其余由土方单位运出场地。土方开挖的场边 52m，短边 22m，周长为 148m，开挖面积 1100 多平方米，开挖深度最深 4.8m，最浅 4.2m。此基坑为临时性开挖，使用周期约为 15d，待地下结构完成后回填，外围及房心都回填。基坑外围 50m 南北以外有一期及 47 号、48 号主楼（27 层，建筑高度 79.5m），东西两侧 20m 外为施工现场临时道路。

4. 施工安排

(1) 施工机械设备配备情况

土方开挖为单栋开挖，挖掘机及自卸汽车 5 台（型号：EQ3060GSZ3GJ2）。

挖掘机采用铲斗容量 1.2m³ 的反铲挖掘机 2 台，型号为卡特 320D。

挖掘机的小时生产率：$P_h = 60q \cdot n \cdot K; n = 60/T_p$

式中　P_h——挖掘机工作的小时生产率，m³/h；

$\quad\quad q$——土斗容量，1.2 m³；

$\quad\quad n$——每分钟挖土次数，次；

$\quad\quad T_p$——挖掘机每次作业循环延续时间，取 20s；

$\quad\quad K$——系数，取 0.60；

$P_h = 60 \times 1.2 \times (60/20) \times 0.60 = 129.6 m^3/h$。

挖掘机台班生产率：$P_d = 8 P_h \cdot K_b$

式中　P_d——挖掘机工作的台班生产率，m³/h；

$\quad\quad K_b$——工作时间利用系数，取 0.78；

$P_d = 8 \times 129.6 \times 0.78 = 808.7 m^3/台班$。

挖掘机数量计算：$N = \dfrac{Q}{P_d} \cdot \dfrac{1}{T \cdot C \cdot K}$

式中　Q——表示土方量；

$\quad\quad P_d$——挖掘机生产效率，m³/台班；

$\quad\quad T$——工期，土方开挖的工期每栋楼拟定为 1d；

$\quad\quad C$——每天工作班数，取每天 2 班；

$\quad\quad K$——时间利用数，取 0.80。

挖掘机的数量为：

$N = (3000/808.7)/(1 \times 2 \times 0.80) = 2.32$ 台，取 3 台；

之后根据实际情况安排自卸汽车的数量。

（2）技术准备

1）施工前放好土方开挖线，做好标高控制点。建筑物位置或场地的定位控制线桩、水准基点及基坑的平面尺寸，必须经过检验合格，并办完预验手续。

2）施工前认真查阅底板结构施工图（包括与建筑图对应情况），找出施工难点，对所有施工人员就操作工艺、质量要求、安全、卫生、治安、消防知识进行针对性的技术和安全交底，以保证工程质量、安全目标的实现进行。

3）了解施工机械设备的技术参数和性能。

4）对周围的地下管网作详细调查，做好施工平面布置，进行现场临电、临水、办公用房及临时道路施工。

（3）施工准备

1）土方开挖前，应将施工区域内的地下、地上障碍物清除和处理完毕。

2）如果需在夜间施工，应设置足够的照明设施，照射方向朝下，不影响施工及车辆驾驶人员的视线，工作面上不得有照明死角，在拐弯处、出入口设置足够的照明灯具和明显标志。

3）办理施工许可证、环保、卫生、治安消防等手续和证件，同时与周围村屯建立联系，就扰民、民扰等可能遇到的不利因素做好各项准备工作。

4）对配备的机械设备进行合理布置，以确保充足的资源，良好的运行。

5）对施工中可能有影响的定位桩以及水准点，施工前将其引测至其他位置或加以固定保护，并定期复测和检查。

（4）工期安排

首先挖 46 号楼土方，有 1 轴和 24 轴向中心开挖，计划工期 3d。

子任务 2 施工过程及质量检查

1. 施工过程

工艺流程：测量放线→分段分层平均下挖 3m→下挖剩余部分残土→修边和清底。

1）根据建筑物定位桩、轴线控制桩以及放坡系数，测量人员开挖前应放出基坑边坡坡趾边线及坡顶上口线，并将开挖线、标高控制点办好预检手续，经检验合格后在边坡做好标志。对开挖边线范围内进行仔细勘察是否有管线和构筑物等，一经发现及时清理或采取其他有效措施，保证开挖边线内无影响开挖的障碍物。

2）采用机械满堂开挖方法进行施工。由 1 台挖掘机进行开挖，同时配备一辆铲车配合平整场地及运土车行进路线。

施工时采用反铲挖土机端头挖土法：挖土机从基坑的端头以倒退行驶的方法进行开挖，自卸汽车配置在挖土机的两侧装运土。

3）在基坑开挖至要求高度后，需预留 300mm 厚土方人工清槽。

4）人工清底，按面积人工清底人数总体可定为 10 人左右，随挖随将清除的土用铁锹直接推铲或用手推车运到至挖土机回旋半径之内，由挖掘机将土挖走。

为准确控制清槽土层厚度，可由测量员事先在槽底钉入钢筋棍，在钢筋棍上抄测槽底标高控制点，带小白线进行清槽。在清理槽底的同时由两端轴线（中心线）引桩拉通线，检查距槽边尺寸，确定槽宽标准，以此修整槽边。

5）土方开挖过程中，派专人跟随挖掘机对边坡及时进行修整，修坡时注意将松动的土块及杂物清除干净以免坠落伤人。修坡人员应在测量员的指挥下进行修坡，修坡时应控制好边坡尺寸及角度。

01.01.003
平整场地的方格网计算

6）基坑开挖完成后应及时钎探并组织基础验槽，由建设单位、设计单位、监理单位、勘察单位、施工单位共同对基槽进行验收，签署验收意见，并报质量监督单位备案。

【拓展提高 2】

A. 土方量计算

对于在地形起伏的山区、丘陵地带修建较大厂房、体育场、车站等占地广阔工程的平整场地，主要是削凸填凹，移挖方作填方，将自然地面改造平整为场地设计要求的平面。

场地挖填土方量计算一般采用方格网法。

（A）方格网法计算场地平整土方量步骤

A）读识方格网图；

B）确定场地设计标高；

C）场地各方格角点的施工高度计算；

D）计算"零点"位置，确定"零线"；

E）计算方格土方工程量的计算；

F）边坡土方量的计算；

G）计算土方总量。

（B）例题及计算过程

A）读识方格网图

01.01.004
场地标高的确认

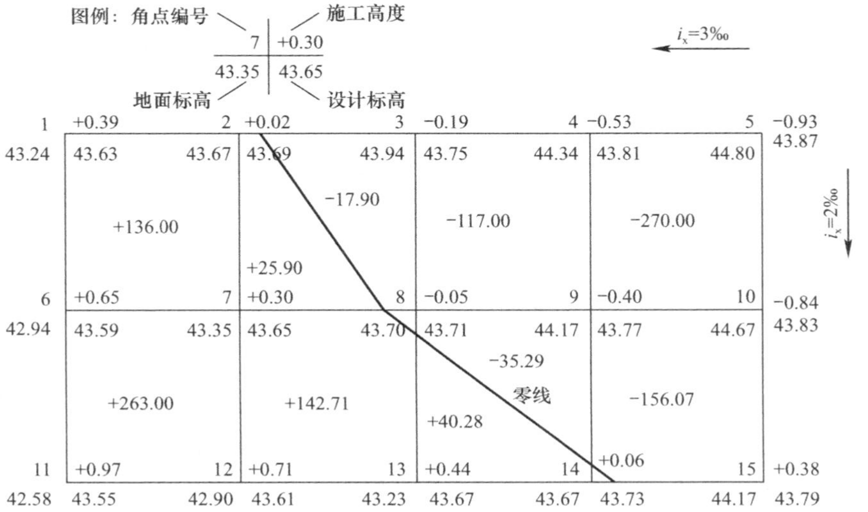

方格网图由设计单位（一般在 1∶500 的地形图上）将场地划分为边长 $a = 10 \sim 40\text{m}$ 的若干方格，与测量的纵横坐标相对应，在各方格角点规定的位置上标注角点的自然地面标高（H）和设计标高（H_{n}），如图 1-1-1 所示。

图 1-1-1 方格网法计算土方工程量图

9

B) 确定场地设计标高

a. 考虑的因素

（a）满足生产工艺和运输的要求；

（b）尽量利用地形，减少挖填方数量；

（c）争取在场区内挖填平衡，降低运输费；

（d）有一定泄水坡度，满足排水要求；

（e）场地设计标高一般在设计文件上规定，如无规定：

小型场地——挖填平衡法；

大型场地——最佳平面设计法（用最小二乘法，使挖填平衡且总土方量最小）。

b. 初步计算场地设计标高（按挖填平衡）

场地设计标高计算见式（1-7）、式（1-8）。

$$H_0 = \frac{\sum(H_{11} + H_{12} + H_{21} + H_{22})}{4M} \tag{1-7}$$

式中　H_{11}、H_{12}、H_{21}、H_{22}——一个方格各角点的自然地面标高（m）；如图 1-1-2（a）
　　　　　　　　　　　所示；

　　　　　　　M——方格个数。

或

$$H_0 = \frac{\sum H_1 + \sum 2H_2 + \sum 3H_3 + \sum 4H_4}{4M} \tag{1-8}$$

式中　H_1、H_2、H_3、H_4——分别为 1 个方格、2 个方格、3 个方格、4 个方格共用角点
　　　　　　　　　　　的标高（m），如图 1-1-2（b）所示。

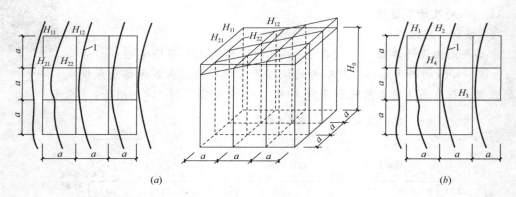

图 1-1-2　场地设计标高计算简图
1-等高线

c. 场地设计标高的调整

计算出的标高，只是初步计算值，实际上，还需考虑以下因素进一步进行调整。

（a）由于土具有可松性，必要时应相应地提高设计标高；

（b）由于设计标高以上的各种填方（挖方）工程而影响设计标高的降低（提高），由于边坡填挖土方量不等（特别是坡度变化大时）而影响设计标高的增减。

如果按照公式计算出的设计标高进行场地平整，那么，整个场地表面将处于同一个水平面；但实际上由于排水要求，场地表面有一定的泄水坡度。因此，还需根据场地泄水坡

度的要求（单面泄水或双面泄水），计算出场地内各方格角点实际施工时所采用的设计标高。按泄水坡度调整各角点设计标高。

单向泄水时，各方格角点设计标高见式（1-9）。

$$H_n = H_0 \pm li \qquad (1\text{-}9)$$

双向泄水时，各方格角点设计标高见式（1-10）。

$$H_n = H_0 \pm l_x i_x \pm l_y i_y \qquad (1\text{-}10)$$

式中　H_n——场内任意一点的设计标高（m）；

　　　l——该点至 H_0 的距离（m）；

　　　i——场地泄水坡度（不小于 2‰），如图 1-1-3（a）；

　　　$\pm$——该点比 H_0 高取"＋"号，反之取"－"号；

　　l_x、l_y——该点在 x—x、y—y 方向距场地中心线的距离，（m）；

　　i_x、i_y——该点在 x—x、y—y 方向的泄水坡度，如图 1-1-3（b）所示。

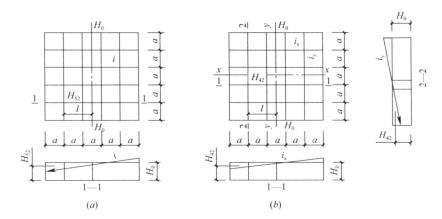

图 1-1-3　泄水场地计算简图

（a）单向泄水场地计算简图；（b）双向泄水场地计算简图

C）场地各方格角点的施工高度的计算

施工高度为场地各方格角点设计地面标高与自然地面标高之差，是以角点设计标高为基准的挖方或填方的施工高度。各方格角点的施工高度计算见式（1-11）。

$$h_n = H_n - H \qquad (1\text{-}11)$$

式中　h_n——各角点的施工高度（m），即填挖高度（以"＋"为填，"－"为挖），如图 1-1-1 所示；

　　　n——方格的角点编号（自然数列 1，2，3，…，n）；

　　　H_n——角点的设计标高（m），若无泄水坡时，即为场地的设计标高（m）；

　　　H——角点原地面标高（m）。

D）计算"零点"位置，确定"零线"

方格边线一端施工标高为"＋"，若另一端为"－"，则沿其边线必然有一处不挖不填的点，即"零点"（如图 1-1-4 所示）。

零点位置计算见式（1-12）。

$$\begin{cases} x_1 = \dfrac{h_1}{h_1 + h_2}a; \\ x_1 = \dfrac{h_2}{h_1 + h_2}a \end{cases} \tag{1-12}$$

式中　x_1、x_2——角点至零点的距离（m）；

　　　h_1、h_2——相邻两角点的施工高度（均用绝对值）（m）；

　　　　　a——方格网的边长（m）。

确定零点的办法也可以用图解法，如图1-1-5所示。

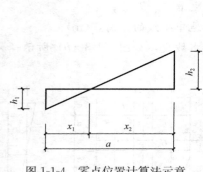
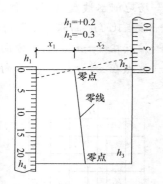

图1-1-4　零点位置计算法示意　　　　图1-1-5　零点位置图解法

方法是用尺在各角点上标出挖填施工高度相应比例，用尺相连，与方格相交点即为零点位置。将相邻的零点连接起来，即为零线。它是确定方格中挖方与填方的分界线。

E）方格土方工程量的计算（表1-1-5）

a. 方格的4个角点全为填方或挖方；

b. 方格的相邻两个角点为填方，另外两个点为挖方；

c. 方格的3个角点为挖方（填方）。

式中　　　　　a——方格网的边长（m）；

h_1、h_2、h_3、h_4——方格网4个角点的施工高度，用绝对值代入（m）；

　　　　　V——挖方或填方体积（m³）。

填（挖）土方量计算　　　　　　　　　　　　表1-1-5

项目	图示	计算公式
4个点填方或挖方		$V = \dfrac{a^2}{4}(h_1 + h_2 + h_3 + h_4)$

续表

项目	图示	计算公式	
2 个点填方 2 个点挖方	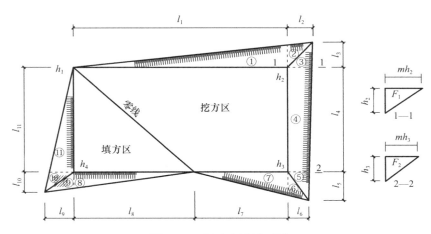	挖方部分 土方量	$V_{1,2}=\dfrac{a^2}{4}\left(\dfrac{h_1^2}{h_1+h_4}+\dfrac{h_2^2}{h_2+h_3}\right)$
		填方部分 土方量	$V_{3,4}=\dfrac{a^2}{4}\left(\dfrac{h_3^2}{h_2+h_3}+\dfrac{h_4^2}{h_1+h_4}\right)$
3 个点挖方 或填方		1 个角点 部分的土 方量	$V_4=\dfrac{a^2}{6}\dfrac{h_4^3}{(h_1+h_4)(h_3+h_4)}$
		3 个角点 部分的土 方量	$V_{1,2,3}=\dfrac{a^2}{6}(2h_1+h_2+2h_3-h_4)+V_4$

F）边坡土方量的计算

为了保证挖方土壁和填方区的稳定和施工安全，场地挖方区和填方区的边沿都需要做成边坡，其平面图如图 1-1-6 所示。边坡的土方工程量可以划分成两种近似的几何形体进行计算。

图 1-1-6　场地边坡平面图

a. 三角棱锥体（如图 1-1-6 所示，体积①、③、⑤即为三角棱锥体）；

$$V_1=\frac{1}{3}F_1l_1 \tag{1-13}$$

式中　l_1——边坡①的长度（m）；

F_1——边坡①的端横断面积（m²），$F_1=\dfrac{h_2(mh_2)}{2}=\dfrac{mh_2^2}{2}$；

h_2——角点的挖土高度（m）;

m——边坡的坡度系数;

V_1——编号为①的三角锥体体积（m³）。

b. 三角棱柱体（如图 1-1-6 所示，体积④即为三角棱柱体）。

三角棱柱体边坡体积近似计算公式：

$$V_4 = \frac{F_1 + F_2}{2} l_4 \qquad\qquad (1-14)$$

两端横断面面积相差很大的情况下，边坡体积：

$$V_4 = \frac{l_4}{6}(F_1 + 4F_0 + F_2) \qquad\qquad (1-15)$$

式中　　　l_4——边坡④的长度（m）;

F_1、F_2、F_0——边坡④两端及中部的横断面面积（m²）;

V_4——编号为④的三角棱柱体体积（m）。

G）计算土方总量

将挖方区（或填方区）所有方格计算的土方量和边坡土方量汇总，即得该场地挖方和填方的总土方量。

【例题】　某建筑场地方格网如图 1-1-7 所示，方格边长为 20m×20m，填方区边坡坡度系数为 1.0，挖方区边坡坡度系数为 0.5，试用公式法计算挖方和填方的总土方量。

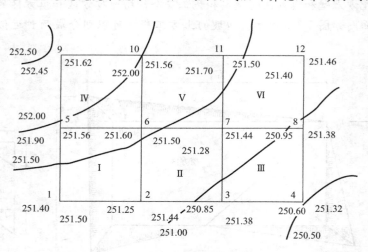

图 1-1-7　某建筑场地方格网布置

解：1. 根据所给方格网各角点的地面设计标高和自然标高，计算结果列于图 1-1-8 中。

$h_1 = 251.50 - 251.40 = 0.10(m)$　　　$h_2 = 251.44 - 251.25 = 0.19(m)$

$h_3 = 251.38 - 250.85 = 0.53(m)$　　　$h_4 = 251.32 - 250.60 = 0.72(m)$

$h_5 = 251.56 - 251.90 = -0.34(m)$　　$h_6 = 251.50 - 251.60 = -0.10(m)$

$h_7 = 251.44 - 251.28 = 0.16(m)$　　　$h_8 = 251.38 - 250.95 = 0.43(m)$

$h_9 = 251.62 - 252.45 = -0.83(m)$　　$h_{10} = 251.56 - 252.00 = -0.44(m)$

$h_{11} = 251.50 - 251.70 = -0.20(m)$　$h_{12} = 251.46 - 251.40 = 0.06(m)$

2. 计算零点位置

从图 1-1-8 中可知，1—5、2—6、6—7、7—11、11—12 五条方格边两端的施工高度符号不同，说明此方格边上有零点存在。

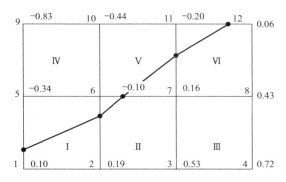

图 1-1-8　施工高度及零线位置

1—5 线　　$x_1 = 4.55$（m）

2—6 线　　$x_1 = 13.10$（m）

6—7 线　　$x_1 = 7.69$（m）

7—11 线　　$x_1 = 8.89$（m）

11—12 线　　$x_1 = 15.38$（m）

将各零点标于图上，并将相邻的零点连接起来，即得零线位置，如图 1-1-8 所示。

3. 计算方格土方量

方格Ⅲ、Ⅳ底面为正方形，土方量为：

$$V_{\text{Ⅲ}}(+) = 20^2/4 \times (0.53 + 0.72 + 0.16 + 0.43) = 184(\text{m}^3)$$
$$V_{\text{Ⅳ}}(-) = 20^2/4 \times (0.34 + 0.10 + 0.83 + 0.44) = 171(\text{m}^3)$$

方格Ⅰ底面为两个梯形，土方量为：

$$V_{\text{Ⅰ}}(+) = 20/8 \times (4.55 + 13.10) \times (0.10 + 0.19) = 12.80(\text{m}^3)$$
$$V_{\text{Ⅰ}}(-) = 20/8 \times (15.45 + 6.90) \times (0.34 + 0.10) = 24.59(\text{m}^3)$$

方格Ⅱ、Ⅴ、Ⅵ底面为三边形和五边形，土方量为：

$$V_{\text{Ⅱ}}(+) = 65.73(\text{m}^3)$$
$$V_{\text{Ⅱ}}(-) = 0.88(\text{m}^3)$$
$$V_{\text{Ⅴ}}(+) = 2.92(\text{m}^3)$$
$$V_{\text{Ⅴ}}(-) = 51.10(\text{m}^3)$$
$$V_{\text{Ⅵ}}(+) = 40.89(\text{m}^3)$$
$$V_{\text{Ⅵ}}(-) = 5.70(\text{m}^3)$$

方格网总填方量：

$$\sum V(+) = 184 + 12.80 + 65.73 + 2.92 + 40.89 = 306.34(\text{m}^3)$$

方格网总挖方量：

$$\sum V(-) = 171 + 24.59 + 0.88 + 51.10 + 5.70 = 253.26(\text{m}^3)$$

4. 边坡土方量计算

如图 1-1-9 所示，④、⑦按三角棱柱体计算外，其余均按三角棱锥体计算，可得：

$$V_{①}(+) = 0.003(\text{m}^3)$$
$$V_{②}(+) = V_{③}(+) = 0.0001(\text{m}^3)$$
$$V_{④}(+) = 5.22(\text{m}^3)$$
$$V_{⑤}(+) = V_{⑥}(+) = 0.06(\text{m}^3)$$
$$V_{⑦}(+) = 7.93\text{m}^3$$
$$V_{⑧}(+) = V_{⑨}(+) = 0.01(\text{m}^3)$$
$$V_{⑩} = 0.01(\text{m}^3)$$
$$V_{⑪} = 2.03(\text{m}^3)$$

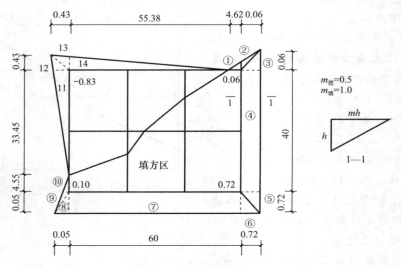

图 1-1-9 场地边坡平面图

$$V_{⑫} = V_{⑬} = 0.02(\text{m}^3)$$
$$V_{⑭} = 3.18(\text{m}^3)$$

边坡总填方量：

$$\sum V(+) = 0.003 + 0.0001 + 5.22 + 2 \times 0.06 + 7.93 + 2 \times 0.01 + 0.01 = 13.29(\text{m}^3)$$

边坡总挖方量：

$$\sum V(-) = 2.03 + 2 \times 0.02 + 3.18 = 5.25(\text{m}^3)$$

B. 挖土机选择

单斗挖土机是土方工程中最常用的一种施工机械，按其行走机构不同可分为履带式和轮胎式两类，其传动方式有机械传动和液压传动两种。根据工作需要，单斗挖土机的工作装置可以更换。按其工作装置的不同，可分为正铲挖土机、反铲挖土机、拉铲挖土机和抓铲挖土机等，如图 1-1-10 所示。单斗挖土机进行土方挖土作业时，需自卸汽车配合运土。

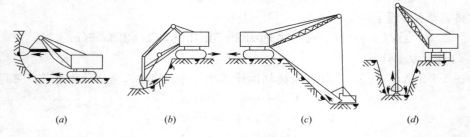

图 1-1-10 单斗挖土机工作简图
(a) 正铲挖土机；(b) 反铲挖土机；(c) 拉铲挖土机；(d) 抓铲挖土机

（A）正铲挖掘机

A）作业方法

正铲挖掘机的特点是："前进向上，强制切土"。其挖掘力大，生产效率高，能开挖停机面以上的一～四类土，宜用于开挖高度大于2m的干燥的基坑，但需设置不大于1：6坡度的上下坡道。

根据开挖路线与运输汽车相对位置的不同，一般有以下2种，如图1-1-11所示。

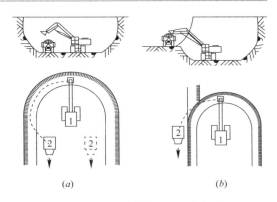

图 1-1-11　正铲挖土机开挖方式
(a) 正向开挖后方卸土；(b) 正向开挖侧向卸土
1—正铲挖土机；2—自卸汽车

a. 正向开挖，侧向装土法，正铲向前进方向挖土，汽车位于正铲的侧面装车。本法铲臂卸土回转角度最小（小于90°）。装车方便，循环时间短，生产效率高。用于开挖工作面较大，深度不大的边坡、基坑（槽）、沟渠和路堑等，为最常用的开挖方法。

b. 正向开挖，后方装土法，正铲向前进方向挖土，汽车停在正铲的后面。本法开挖工作面较大，但铲臂卸土回转角度较大（在180°左右），且汽车要侧向行车，增加工作循环时间，生产效率降低（回转角度180°，效率约降低23%，回转角度130°，效率约降低23%）。用于开挖工作面较小且较深的基坑（槽）、管沟和路堑等。

B）提高生产率的方法

a. 分层开挖法：将开挖面按机械的合理高度分为多层开挖；当开挖面高度不能成为一次挖掘深度的整数倍时，则可在挖方的边缘或中部先开挖一条浅槽作为第一次挖土运输的线路，然后再依次开挖直至基坑底部。适用于开挖大型基坑或沟渠，工作面高度大于机械挖掘的合理高度时采用。

b. 多层挖土法：将开挖面按机械的合理开挖高度，分为多层同时开挖，以加快开挖速度，土方可以分层运出，亦可分层递送，至最上层用汽车运土。但两台挖土机沿前进方向，上层应先开挖，与下层保持30～50m距离。适用于开挖高边坡或大型基坑。

c. 中心开挖法：正铲先在挖土区的中心开挖，当向前挖至回转角度超过90°时，则转向两侧开挖，运土汽车按八字形停放装土，本法开挖移位方便，回转角度小。挖土区宽度宜在40m以上，以便于汽车靠近正铲装车。适用于开挖较宽的山坡地段或基坑、沟渠等。

d. 上下轮换开挖法：先将土层上部1m以下土挖深30～40cm，然后再挖土层上部1m厚的土，如此上下轮换开挖。本法挖土阻力小，易装满铲斗，卸土容易。适于土层较高，土质不太硬，铲斗挖掘距离很短时使用。

e. 顺铲开挖法：正铲挖掘机铲斗从一侧向另一侧，一斗挨一斗的顺序进行开挖，每次挖土增加一个自由面，使阻力减小，易于挖掘。也可依据土质的坚硬程度使每次只挖2～3个斗牙位置的土。适用于土质坚硬，挖土时不易装满铲斗，而且装土时间长时采用。

f. 间隔开挖法：即在扇形工作面上第一铲与第二铲之间保留一定距离，使铲斗接触土体的摩擦面减少，两侧受力均匀，铲土速度加快，容易装满铲斗，生产效率高。适用于土质不太硬、较宽的边坡或基坑、沟渠等。

（B）反铲挖掘机

反铲挖掘机的挖土特点是："后退向上，强制切土"。其挖掘力比正铲小，能开挖停机面以下的一～三类土，宜用于开挖深度不大于4m的基坑，对地下水位较高处也适用。反铲挖土机主要用于开挖停机面以下深度不大的基坑（槽）或管沟及含水量大的土，最大挖土深度为4～6m，经济合理的挖土深度为1.5～3.0 m。挖出的土方卸在基坑（槽）、管沟的两边堆放或用推土机推到远处堆放，或配备自卸汽车运走。

根据挖掘机的开挖路线与运输汽车的相对位置不同，一般有以下几种，如图1-1-12所示：

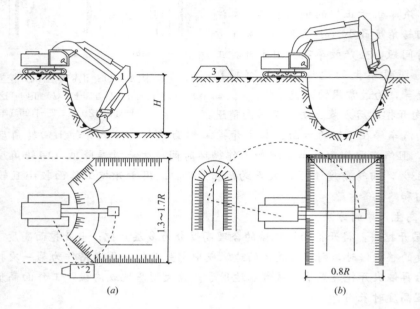

图 1-1-12　反铲挖土机工作方式

（a）沟端开挖；（b）沟侧开挖

1—反铲挖土机；2—自卸汽车；3—弃土堆

A）沟端开挖法：反铲停于沟端，后退挖土，同时往沟一侧弃土或装汽车运走。挖掘宽度可不受机械最大挖掘半径的限制，臂杆回转角度为45°～90°，同时可挖到最大深度。对较宽的基坑可采用的方法，其最大一次挖掘宽度为反铲有效挖掘半径的2倍，但汽车须停在机身后面装土，生产效率降低。或采用几次沟端开挖法完成作业。适用于一次成沟后退挖土，挖出土方随即运走时采用，或就地取土填筑路基或修筑堤坝等。

B）沟侧开挖法：反铲停于沟侧沿沟边开挖，汽车停在机旁装土或往沟一侧卸土。本法铲臂回转角度小，能将土弃于距沟边较远的地方，但挖土宽度比挖掘半径小，边坡不好控制，同时机身靠沟边停放，稳定性较差。适用于横挖土体和需将土方甩到离沟边较远的距离时使用。

C）沟角开挖法：反铲位于沟前端的边角上，随着沟槽的掘进，机身沿着沟边往后作"之"字形移动。臂杆回转角度均在45°左右，机身稳定性好，可挖较硬的土体，并能挖出一定的坡度。适用于开挖土质较硬，宽度较小的沟槽。

D）多层接力开挖法：用2台或多台挖土机设在不同作业高度上同时挖土，边挖土，边将土传递到上层，由地表挖土机连挖土带装土，上部可用大型反铲，中、下层用大型或小型反铲，进行挖土和装土，均衡连续作业。一般两层挖土可挖深 10m，三层可挖深 15m 左右。本法开挖较深基坑，一次开挖到设计标高，一次完成，可避免汽车在坑下装运作业，提高生产效率，且不必设专用垫道。适用于开挖土质较好、深 10m 以上的大型基坑、沟槽和渠道。

（C）拉铲挖土机施工

拉铲挖土机的土斗用钢丝绳悬挂在挖土机长臂上，挖土时土斗在自重作用下落到地面切入土中，如图 1-1-13 所示。拉铲挖土机的挖土特点是："后退向下，自重切土"。其挖土半径和挖土深度较大，能开挖停机面以下的一～二类的土，但不如反铲挖土机灵活准确。适用于开挖较深较大的基坑（槽）、沟渠，挖取水中泥土以及填筑路基、修筑堤坝，更适用于河道清淤。拉铲挖土机大多将土直接卸在基坑（槽）附近堆放，或配备自卸汽车装土运走，但工效较低。

拉铲挖土时，吊杆倾斜角度应在 45°以上。先挖两侧然后中间，分层进行，保持边坡整齐，距边坡的安全距离应不小于 2m。开挖方式有以下 2 种：

A）沟端开挖。拉铲停在沟端，倒退着沿沟纵向开挖，一次开挖宽度可以达到机械挖土半径的两倍，能两面出土，汽车停放在一侧或两侧，装车角度小，坡度较易控制，并能开挖较陡的坡，适用于就地取土填筑路基及修筑堤坝等。

B）沟侧开挖。拉铲停在沟侧沿沟横向开挖，沿沟边与沟不行移动，开挖宽度和深度均较小，一次开挖宽度约等于挖土半径。如沟槽较宽，可在沟槽的两侧开挖。本法开挖边坡不易控制，适用于就地堆放以及填筑路堤等工程。

（D）抓铲挖掘机

抓铲挖掘机的挖土特点是"直上直下，自重切土"。抓铲能在回转半径范围内开挖基坑上任何位置的土方，并可在任何高度上卸土（装车或弃土）。如图 1-1-14 所示，对小型基坑，抓铲应离基坑边一定距离，土方可直接装入自卸汽车运走，堆弃在基坑旁或用推土机推到远处堆放。挖淤泥时，抓斗易被淤泥吸住，应避免用力过猛，以防翻车。抓铲施工，一般均需加配重。

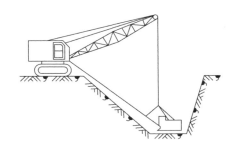
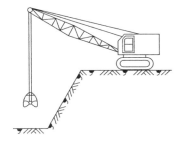

图 1-1-13 拉铲挖土机挖土示意　　　　图 1-1-14 抓产挖土机挖土示意

2. 质量检查

（1）质量要求

1）修坡应平整，并清除坡面虚土。

2）严格按施工程序逐层施工，严禁在面层养护期间抢挖下一步土方。

3）土方开挖工程质量检验标准如见表 1-1-6。

土方开挖工程质量检验标准　　　　　　　　　　　　　表 1-1-6

	序号	项目	允许偏差（mm）	检验方法
主控项目	1	标高	−50	水准仪
	2	长度、宽度	+200，−50	经纬仪，用钢尺量
	3	边坡	不允许偏陡	坡度尺检查
一般项目	1	表面平整度	20	2m 靠尺和塞尺检查
	2	基底土性	符合设计要求	观察

（2）质量保证措施

1）严格施工组织设计与技术方案的审批工作

工程开工前项目经理部编制施工组织设计经公司审批后报监理同意实施。对重点分项工程，编制详细的施工方案，实施中优化总结，保证施组及方案对工程的指导作用。

2）严格技术交底制度

施工过程中，包括施工组织设计交底、方案交底、各分项工程技术交底，做到先交底后施工，保证工程质量。工程现场根据工程质量的运行状态，及时总结质量工作，制定奖罚制度，明确责任人的行为标准，调动现场管理人员落实各项制度的积极性。

3）在施工过程中严格执行自检、专检、交接检制度，测量放线复验制，关键和特殊过程跟踪检验制，分项工程质量评定制，中间交工及竣工交验制。对不合格品进行控制。分项工程完成后，由质量负责人组织验收，加强对测量、验线、护坡、土方开挖的验收工作。

4）土方开挖前先进行放线，放线结果须经监理认可验收后，方可进行开挖。开挖基坑时，分层进行控制挖土标高，不得超挖。放线人员随同抄测挖掘深度及宽度以防超挖，控制机械开挖深度高于基底高度 300mm。挖掘机跟随一个追点工人，不断在已挖部位布设正确标高点并指示给挖掘机司机，让司机明确下一部位的开挖深度。

5）土方开挖过程中如遇障碍物，报项目总工核实，提出处理方案，报请监理、甲方以及有关部门审批后方可进行下步土方开挖。

6）施工时合理安排人员管理，土方施工设专人指挥，严格按控制线及控制标高点进行作业，位置及坡度准确，严禁超挖、少挖或错挖。当出现超挖现象，其处理方法应取得监理、设计、业主、勘察等单位的同意，不得私自处理。

7）如挖至设计标高未到持力层，应继续下挖至持力层下 200mm 后以 2∶8 灰土分层夯实至设计标高。

8）施工测量

所有测量人员必须持证上岗。进场仪器设备必须检定合格且在检定有效期内，标识保存完好。测量桩点、定位方向、定位依据必须经过校算、校测合格后才能使用。加强场内测量桩点的保护，所有桩点均明确标识，防止用错和损坏。

9）施工前要了解一周内天气情况。如正遇降雨天气基础不能及时施工时，基槽应预留 300mm 土层，在施工混凝土垫层前再挖至设计标高。

10）基槽、管沟和场地的基土土质必须符合设计要求，并严禁扰动。

【拓展提高 3】

A. 土方坍塌事故应急措施

（A）发生坍塌事故后立即撤离临近人员，防止事故扩大，并根据坍塌情况采取不同的抢救措施。在发生坍塌的同时也可以拨打 119 进行求助。

（B）发生坍塌事故时，靠近伤员位置不得直接使用机械进行坍塌材料的清理，防止伤员二次受伤。

（C）发生基坑边坡坍塌时，紧急疏散坍塌区域内的作业人员，并设置隔离带，防止二次坍塌引起伤人。事故处理小组迅速查清处于待救援的人员数量及所处位置，并组织人力、物力进行抢救伤员，通知医护人员处于待命状态。

（D）清理出坍塌区域时，必须使用硬质担架（如木板等），不得使用软质担架，未在医护人员指导下最好不要移动伤员。

（E）伤员从坍塌材料清理出来后，若发现有呼吸停止的，立即查看伤员的呼吸道是否畅通，否则应进行疏通呼吸道，方法同前。

（F）发生坍塌事故后及时向有关部门汇报伤亡情况。

B. 降水引起周围地面沉降裂纹应急措施

（A）设置警戒区域，限制抽水深度。

（B）及时查明地下裂缝原因，采取相应措施阻止裂缝的发展。

（C）及时用浓水泥浆灌缝或注浆，封闭地面裂纹，防止雨水渗入。

（D）发生事故后及时进行上报，并做好事故调查报告，进行安全整顿工作。

C. 周围建筑物管线沉降超标应急措施

（A）当由于坑外水位降低过多引起道路管线较大沉降时，可采取回灌措施控制地下水位。回灌的具体要求：

A）回灌水应采用清水，利用相邻抽水井点抽出的清水。

B）回灌井点长度 6m，滤管长度 4m，顶标高为自然地面标高，其余构造要求同抽水井点。

C）回灌井点与抽水井点之间的距离不宜少于 10m。

D）回灌井可设置在围墙外的绿化带中。

（B）发生事故后设置警戒区域及时进行上报，并做好事故调查报告，进行安全整顿工作。

任务 2　回填土工程施工方案编制

子任务 1　准 备 工 作

1. 编制依据

（1）施工组织设计

沈阳××项目四期一标段 45 号、46 号楼施工组织设计。

（2）施工图

沈阳××项目四期一标段建筑施工图；

沈阳××项目四期一标段结构施工图。

（3）主要的施工规范、规程

《工程测量规范》GB 50026—2007

01.01.007
地基局部处理（松土坑、砖井、软硬土、橡皮土）

《建筑地基与基础工程施工质量验收规范》GB 50202—2013

《建筑机械使用安全技术规程》JGJ 33—2012

《施工现场临时用电安全技术规范》JGJ 46—2005

2. 工程概况

（1）工程概况

沈阳××项目四期一标段 45 号、46 号楼位于沈阳市于洪区，建筑面积分别为 15226.4m²、15566.33m²。地上 27 层，为框架-剪力墙结构。基础：主体采用静压管桩基础，网点采用静压管桩基础，门厅柱采用独立基础。

（2）主要技术指标（表 1-1-7）

主要技术指标 表 1-1-7

序号	项目名称	45 号、46 号楼
1	±0.000 绝对标高	44.100m
2	拟建场地标高	−0.500～0.200m
3	基底最深标高	−4.800m
4	地下稳定水位标高	40.530～43.940m
5	抗浮设计水位	39.000m

按照设计要求，回填土包括以下两部分：45 号、46 号楼每个单体楼的东、西、南、北四面的外肥槽、房心回填，进行灰土回填，回填土量约 7000m³。45 号、46 号楼的结构处采用普通素土施工，回填土量约 20000m³。

3. 施工部署

（1）总体部署

考虑工期的原因、现场的场地条件，我方决定回填土拟于 5 月份开始进行施工。外墙外肥槽的回填土施工分 3 次，首次回填高度从基础板底至防水挡墙墙顶下 50mm，第二次施工至现场临时道路顶，待沉降至少 60d 后进行第三次回填至设计标高。

（2）施工机械安排考虑因素

1）现场回填土方量较大。

2）施工现场南侧有足够的预留场地，原来挖的土都排出基坑周边 3m 以外位置，方便回填。

3）为了及早回填夯实完毕，将采用以下机械协作完成，见表 1-1-8。

机械性能表 表 1-1-8

序号	机械名称	型号	数量
1	蛙式打夯机	HW-201	30 台
2	铲车	ZT250	4 台
3	自卸式汽车		8 台

（3）人员配备

现场施工人员准备考虑到 24h 连续施工配备打夯人员 15 人，平土人员 20 人，铲车司机及指挥 4 人，自卸车司机 8 人。

4. 施工准备

1）编制专项施工方案，并报监理审核批准。

2）对施工人员进行有针对性地技术以及安全交底。

3）在进行回填土施工前，要对相应部位的混凝土同条件试块进行施压，在混凝土强度达到一定强度后方准进行施工。

4）按照设计要求的材料要求进行前期的试验工作，确定所选土样的最佳含水率和最大干密度。

5）施工前，在墙侧面做好水平标志以控制回填土的高度或厚度。

6）回填土施工时所使用的工具、机械等已准备完毕并经试运转验收合格，如车辆、蛙式打夯机、气夯机等。

7）上一工序施工完毕经监理验收合格并办理隐检，还应进行工序交接检。

8）图纸要求预留、预埋等已按设计要求正确施工完成，防止返工。

子任务 2　施工过程及质量检查

1. 施工过程

（1）素土回填土的施工

1）施工程序

01.01.008
换土地基及地基夯实

基坑（槽）底地坪清理→检验土质→运输、铺土、耙平→夯打密实→检验密实度→进行下一层施工→修整找平验收。

2）基底清理

回填应先清除基底的垃圾、杂物，排除坑穴中积水、淤泥，尤其是对拉螺栓、螺母、扇形件等小型铁件，以免造成材料损失，并应采取措施防止地表滞水流入填方区，浸泡地基，造成基土下陷。

3）回填土的运输和回填

采用小型运输车辆和铲车进行回填土的运输和装卸。由车辆将回填土运至施工作业面，由人工或铲车进行平摊，达到厚度后用蛙式打夯机进行分层夯实。采用由近及远的方法进行运输和施工。

由于基槽较长、施工面较大，施工时采用分层分段回填。分段接口应留台阶式斜槎，上下层错缝距离不小于 1m，接缝处的灰土应充分夯实。

填土应从场地最低处开始，由一端向另一端自下而上分层施工。如相邻位置的标高不同，施工时先填夯深基础，填至浅基坑相同标高时再与浅基础一起填夯。

4）回填土材料要求和含水量的控制

填方土料应符合设计要求，以保证填方的强度和稳定性。本工程填方土料设计无具体要求。根据规范要求，含水量符合压实要求的黏性土，可以作为各层填料。基坑回填土采用原有基坑处的粉质黏土。淤泥和淤泥质土，不能用于回填。

填土土料含水量的大小，直接影响到夯实的质量。正式回填施工前应先进行试验，以得到符合密实度要求条件下的最优含水率和最少夯实遍数。含水量过小，夯压不实；含水量过大，容易形成橡皮土。黏性土料施工含水量与最优含水量之差可控制在 $-4\%\sim+2\%$ 范围内。

黏土的最优含水量和最大密实度见表 1-1-9。

黏土的最优含水量和最大密实度　　　　　　　　　　　　　　表 1-1-9

项次	土的种类	变动范围	
		最优含水量（%）（重量比）	最大干密度（t/m³）
1	粉质黏土	12～15	1.85～1.95

施工含水量不需做实验，可在现场自行测定。以手握成团，落地开花为适宜。当含水量过大时，应采取翻松、晾干、风干或均匀掺入干土等措施减小含水率；当含水量过小时，则应预先洒水润湿，亦可采取增加压实遍数或使用大功率的压实机械等措施。在气候干燥时，须采取加速挖土、运土、平土和碾压过程，以减少土的水分散失。

回填土优先利用存放在现场东南角的原有基坑挖出的土，但不得含有有机杂质。如该土方量不够，在二期开挖时再回填或外运土方。

5）填土的夯实

① 压实的要求

填方的密实度要求和质量指标以压实系数 λ_c 表示。压实系数为土的控制（实际）干密度与最大干密度的比值。最大干密度是当土方处于最优含水量时，通过标准的击实方法确定的。根据设计要求，本工程的素土回填土压实系数为 0.94。每层土压实后均取样试验符合标准后方可进行下层回填。

② 铺土厚度和压实遍数

填土每层铺土厚度和压实遍数视土的性质、压实系数和使用的夯实机具性质而定。现场主要采用蛙式打夯机进行打夯，局部面积较小的区域和靠近地梁等不能使用打夯机处，采用人工打夯。

填土施工时的分层厚度及压实遍数见表 1-1-10。

填土施工时的分层厚度及压实遍数　　　　　　　　　　　　　　表 1-1-10

压实机具	分层虚铺厚度（mm）	每层压实遍数
蛙式打夯机	300	2～3
人工打夯	200	2～3

注：说明：每层压实遍数为经验值，实际压实遍数以现场试验为准。

③ 填土的夯实方法

a. 一般要求：填土尽量采用同类土回填，并应控制土的含水率在最优含水量范围内。填土应从最低处开始，由下向上整个宽度分层铺填夯实；填土应预留一定的下沉高度，以备在堆重或干湿交替等自然因素作用下，土体逐渐沉落密实，根据现场土体情况预留下沉高度为 3%。

b. 夯实方法：现场施工计划采用蛙式打夯机进行打夯，局部配合人工夯实，且严禁采用水浇使土下沉的所谓"水夯"法。打夯前应将填土初步平整，夯实时应先夯墙根，然后再夯其他部位。打夯要按一定方向进行，一夯压半夯，夯夯相接，行行相连，两遍纵横交叉，分层夯实。一般填土厚度为虚铺 300mm，打夯机依次打夯，均匀分布，不留间隙。回填基坑时，应在相对两侧或四周同时进行回填与夯实。

c. 靠近墙根处土夯实方法：为防止蛙式打夯机在施工中碰到墙、梁造成回弹发生事故和避免混凝土棱角的破坏，靠近墙根至少 150mm 范围内采用人工进行夯实。靠近墙根处的回填土虚铺厚度不应大于 250mm。人工夯填土时采用 60～80kg 的木夯或铁件，打夯时举高不小于 500mm。打夯时一夯压半夯，按次序进行。

d. 压实排水要求：已填好的土如遭水浸，应把稀泥铲除后，方能进行下一道工序。填土区应保持一定的横坡，或中间稍高两边稍低，以利于排水。当天填土，应在当天夯实。

6）重点部位的施工保护

对于个别后浇带等需预留的洞口，在洞口周边砌筑 120mm，底部局部 240mm 的挡土砖墙，墙内外宜抹 20mm 厚的抹灰，挡土墙高度为高出回填土高度 100mm。

（2）灰土回填土的施工

按照设计要求，地下室外肥槽及房心回填为体积比 3：7 灰土。

灰土回填除按上述要求外，还需要按照以下特殊要求进行施工：

1）用作灰土的熟石灰经过过筛处理，其粒径不大于 5mm。熟石灰中不得夹有未熟化的生石灰块，也不得含有过多的水分。灰土的土料采用基槽挖出的土或土质相近的土，表面杂填土不宜采用，土料应基本均匀，不能有大块。

2）灰土配比应符合要求。采用人工或机械翻拌，一般不少于 3 遍。灰土应拌和均匀，颜色一致。灰土应随拌随用，拌好后及时铺好夯实，不得隔日夯打。

3）土料在土方回填前应剔除粒径大于 5cm 的粗颗粒。土料级配应连续，以利压实。灰土施工时应适当控制其含水量，以用手紧握土料成团，两指轻捏能碎为宜，一般最优含水率为 14%～18%。

4）施工时自卸汽车将土料与白灰运至施工作业面附近，然后人工按比例拌合灰土，按虚铺厚度不大于 300mm 压实后不大于 250mm 的要求进行分层压实。每层灰土的夯打遍数一般不少于 3 遍。

5）灰土施工时采用分层分段回填，但不得在墙角接缝。分段接口应留台阶式斜槎，上下层错缝距离不小于 0.5m，接缝处的灰土应夯压密实，并做成直槎。

回填时按照设计以及规范的要求进行回填土的取样试验工作。下一层试验合格后才能进行上层回填土的施工。

【拓展提高 4】

A. 填筑土料的选用

填土的土料应符合设计要求。如设计无要求可按下列规定：

（A）级配良好的碎石类土、砂土和爆破石渣可作表层以下填料，但其最大粒径不得超过每层铺垫厚度的 2/3。

01.01.009
土方填土土料的选用要求

（B）含水量符合压实要求的黏性土，可用作各层填料。

（C）以砾石、卵石或块石作填料时，分层夯实最大料径不宜大于 400mm，分层压实不得大于 200mm，尽量选用同类土填筑。

（D）碎块草皮类土，仅用于无压实要求的填方。不能作为填土的土料：含有大量有机物、石膏和水溶性硫酸盐（含量大于 5%）的土以及淤泥、冻土、膨胀土等；含水量大的黏土也不宜作填土用。

B. 土压实方法

填土压实的方法一般有碾压、夯实、振动压实等几种。

（A）碾压法

01.01.010
填土与压实方法

碾压机械有平碾（压路机）、羊足碾、振动碾等（图1-1-15）。砂类土和黏性土用平碾的压实效果好；羊足碾只适宜压实黏性土；振动碾是一种振动和碾压同时作用的高效能压实机械，适用于碾压爆破石碴、碎石类土等。

用碾压机械进行大面积填方碾压时，宜采用"薄填、低速、多遍"的方法。碾压应从填土两侧逐渐压向中心，并应至少有15～20cm的重叠宽度。为了保证填土压实的均匀和密实度的要求，提高碾压效率，宜先用轻型机械碾压，使其表面平整后，再用重型机械碾压。

（B）夯实法

用夯锤自由下落的冲击力来夯实土壤，主要用于小面积回填土。其优点是可以夯实较厚的黏性土层和非黏性土层，使地基原土的承载力加强。方法有人工和机械夯实2种。常用于夯实黏性土、砂砾土，杂填土及分层填土施工等。

蛙式打夯机轻巧灵活、构造简单、操作方便，在小型土方工程中应用最广（图1-1-16）。夯打遍数依据填土的类别和含水量确定。

图1-1-15 三轮压路机　　　　　　　　图1-1-16 蛙式打夯机

（C）振动压实法

借助振动机构令压实机振动，使土颗粒发生相对位移而达到密实状态。振动压路机是一种振动和碾压同时作用的高效能压实机械，比一般压路机提高功效1～2倍。这种方法更适用于填方为爆破石碴、碎石类土、杂填土等（图1-1-17，图1-1-18）。

图1-1-17 冲击夯　　　　　　　　图1-1-18 振动平板夯

C. 填土压实影响因素

填土压实的影响因素为压实功、土的含水量及每层铺土厚度。

（A）压实功的影响

填土压实后的密度与压实机械在其上所施加的功有一定的关系，如图 1-1-19（a）所示。当土的含水量一定，在开始压实时，土的密度急剧增加，待到接近土的最大密度时，压实功虽然增加许多，但土的密度则没有变化。实际施工中，对不同的土应根据选择的压实机械和密实度要求选择合理的压实遍数。此外，松土不宜一开始用重型碾压机械直接滚压，否则土层有强烈起伏现象，效率不高。应该先用轻碾压实，再用重碾碾压，这样才能取得较好的压实效果。为使土层碾压变形充分，压实机械行驶速度不宜过快。

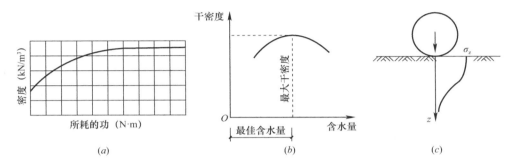

图 1-1-19　影响填土压实的因素

（a）土的密度和压实功的关系；（b）土干密度和含水量的关系（c）压实作用的影响深度

（B）含水量的影响

填土含水量的大小直接影响碾压（或夯实）遍数和质量。

较为干燥的土，由于摩阻力较大，而不易压实。当土具有适当含水量时，土的颗粒之间因水的润滑作用使摩阻力减小，在同样压实功作用下，得到最大的密实度，这时土的含水量称做最佳含水量，如图 1-1-19（b）所示。

为了保证填土在压实过程中具有最佳含水量，土的含水量偏高时，可采取翻松、晾晒、掺干土等措施。如含水量偏低，可采用预先洒水湿润、增加压实遍数等措施。各种土的最佳含水量和所能获得的最大干密度，可由试验确定，见表 1-1-11。

土的最优含水量和最大干密度　　　　　　　　　表 1-1-11

项次	土的种类	变动范围		项次	土的种类	变动范围	
		最优含水量 （%）（W_T）	最大干密度 （g·cm^{-3}）			最优含水量 （%）（W_T）	最大干密度 （g·cm^{-3}）
1	砂土	8～12	1.80～1.88	3	粉质黏土	12～15	1.85～1.95
2	黏土	19～23	1.58～1.7	4	粉土	16～22	1.61～1.80

（C）铺土厚度的影响

在压实功作用下，土中的应力随深度增加而逐渐减小，如图 1-1-19（c）所示。其影响深度与压实机械、土的性质及含水量有关。铺土厚度应小于压实机械的有效作用深度。铺得过厚，要增加压实遍数才能达到规定的密实度。铺得过薄，机械的总压实遍数也要增加。恰当的铺土厚度能使土方压实而机械的耗能最少。

对于重要填方工程，达到规定密实度所需要的压实遍数、铺土厚度等应根据土质和压实机械在施工现场的压实试验来决定。若无试验依据见表 1-1-12 的规定。

填方每层铺土厚度和压实遍数 表 1-1-12

压实机械	每层铺土厚度（mm）	每层压实遍数
平碾	250～300	6～8
羊足碾	200～350	8～16
振动压实碾	250～350	3～4
蛙式打夯机	200～250	3～4
人工打夯	<200	3～4

2. 质量检查

（1）质量要求

1）填土施工中应检查排水措施、每层填筑厚度、含水量控制和压实程序。

2）回填土夯实后应对每层回填土质量进行检验，采用环刀法测定土的干密度，求出土的密实度，并进而确定回填土的压实系数，符合要求后再进行上层回填土的施工。取样标准为基坑和室内填土每层 100m² 取样一组；基槽每 20m 取样一组。取样部位在每层回填土压实后的 2/3 深度。

3）填土压实后的干密度应有 90％以上符合设计要求，其余 10％的最低值与设计值之差不得大于 0.08t/m³，且不得集中。

4）对于室内基坑和室外基槽，施工后应检查标高、压实程度等，具体要求素土见表 1-1-13，灰土地基的具体标准按表 1-1-14 进行检查。

除此之外，灰土地基还应进行以下方面的检查：

1）灰土回填前应检查原材料，如灰土的土料、石灰以及配合比、拌匀程度。

2）施工中应检查分层厚度，分段施工时上下两层的搭接长度、夯压遍数。

素土回填土的质量检验标准 表 1-1-13

项	检验项目	允许偏差或允许值	检查方法
主控项目	标高	−50mm	水准仪
	分层压实系数	0.94	环刀取样
一般项目	回填土料	设计要求	直观鉴别
	分层厚度及含水量	250mm	水准仪
	表面平整度	20mm	水准仪

灰土地基的质量检验标准 表 1-1-14

项	检查项目	允许偏差或允许值	检查方法
主控项目	配合比	3∶7	拌合时体积比
	压实系数	按规范或设计	现场实测
一般项目	石灰粒径	≤5mm	筛分
	含水量（与最优含水量比较）	±2％	烘干法
	分层厚度偏差	±50mm	水准仪

（2）质量控制措施

1）在地下水位以下的基坑（槽）内施工时，应采取排水措施，在施工时，地下水位应低于回填土面层，夯实后的灰土，在30d内不得受水浸泡。

2）在保护层上分线控制铺土厚度。夜间施工保证足够照明设施严禁铺填超厚。

3）按施工规范分层、分段检验回填土的干容重，并画出平面示意标明位置，同时根据试验结果对夯实遍数和含水率进行调整。

4）施工前应严格对工人做好技术交底，保证能如实按照方案、交底施工。

5）因结构需要，将北侧无地下室部位回填至设计标高，结构封顶后，做地埋管线施工时，再将地埋管道位置土方挖出，待施工完，再进行二次回填。

6）回填至预埋管等位置时应先用人工在管子周围填土并夯实，应从管子两边同时进行，直至管顶0.5m，然后在不损坏管道的前提下再采用机械夯压。

7）及时将资料生成，与工程同步。

【课后自测及相关实训】

编制××工程土方工程施工方案（附件：××工程土方工程概况）。

单元 2　基础工程施工

【知识目标】　掌握基础工程施工和基础施工过程的施工方法和技术要求。

【能力目标】　能够组织实施基础施工工作；能分析处理基础施工过程中的技术问题，评价基础的施工质量；针对不同类型特点的工程，能编制基础工程施工方案。

【素质目标】　具有集体意识、良好的职业道德修养和与他人合作的精神，协调同事之间、上下级之间的工作关系。

【任务介绍】　沈阳××项目四期一标段 45 号、46 号楼位于沈阳市于洪区，建筑面积分别为 15226.4m²、15566.33m²。地上 27 层，为框架-剪力墙结构。本基础工程采用预应力高强混凝土管桩（PHC），桩径采用 φ400mm，按管桩抗弯性能及混凝土有效预压应力值采用 AB 型和 A 型，管桩壁厚为 95mm，代号分别为 PHC-AB400（95）、PHC-A400（95）。本工程采用桩长和静压力值双控，以桩长控制为主，压桩力控制为辅。其他具体详见施工图纸。根据实际情况编制基础工程施工方案。

【任务分析】　根据要求，确定基础工程施工需要做的准备工作，施工过程、机械的选择、施工的方法以及质量的检查。

任务 1　桩基础工程施工方案编制

子任务 1　准 备 工 作

1. 编制依据

《建筑桩基技术规范》JGJ 94—2008。

2. 施工条件

（1）场地的规划和平面布置

为了保证管桩工程的顺利施工，根据现场的条件和有关要求，对施工现场进行合理布设，综合考虑生产各环节间关系和生活等诸多因素，合理使用场地，使生产、生活在施工期间，在确保安全的前提下，达到最优化的配置。施工前，标明和清除地面以及地下障碍物，场地应整平、压实。

（2）作业区域配备足够的照明，以便夜间安全施工，道路必须畅通，确保管桩及时到位，减少倒运次数。

（3）场地车辆进入口以及路面设专人负责车辆进出清理工作，保证施工场地内外以及小区路面清洁，做到文明施工，符合甲方管理要求。

（4）在施工不受影响的地方设置轴线坐标和高程控制点，为下一工序的施工提供依据和方便。

（5）施工机械配置与进场

根据甲方提供建筑物的红线，测放建筑物框线，施工机械人员即进入施工现场，按计划位置安装摆放机械，再次对机械进行施工前的保养、检查，做好施工准备，根据管桩的工程量和工期要求，我们拟投入静压桩机及配套施工机具、仪器进行本工程的施工。

（6）管桩进场计划堆放及质量要求

1）在保证施工正常的前提下，随工程进度分批、按规格适时进场，对管桩进行检查验收（表 1-2-1）。

管桩质量要求　　　　　　　　　　　　　　　　　　表 1-2-1

项目	质量要求
黏皮和麻面	局部黏皮和麻面累计面积不大于桩身总计表面积的 0.5%，其深度不得大于 10mm，允许作有效修补

续表

项目	质量要求
桩身合适漏浆	合缝漏浆深度小于保护层的厚度，每处漏浆长度不大于30mm，累计长度不大于管桩长度的10%或对称漏浆的搭接长度不大于100mm，允许作有效修补
局部磕损	磕损的深度不大于10mm，每处面积不大于50cm²，允许作有效的修补
内外表面露筋	不允许
表面裂缝	不允许出现环向或纵向裂缝，但龟裂、水纹或浮浆层裂纹不在此限
端面平整度	管桩端面混凝土及主筋镦头不得高出端板平面
断头、脱头	不允许，但当预应力主筋采用钢丝且断丝数量不大于钢丝总数3%时，允许使用
桩套箍凹陷（钢裙板）	凹陷深度不得大于10mm，每处面积不大于25cm²
内表面混凝土坍落	不允许

桩接头及桩套箍（钢裙板）与混凝土结合处	漏浆	漏浆深度小于主筋保护层厚度，漏浆长度不大于周长的1/4，允许作有效修补
	空洞和蜂窝	不允许

其他	离心成型后，废浆液应倒清

2）对于管桩的外观质量要求（表1-2-2）。

管桩的尺寸允许偏差　　　　　　　　　　　　　　　　　　　　　表1-2-2

项目		允许偏差值（mm）	质检工具及量度方法
长度 L		+0.7%L −0.5%L	采用钢卷尺
端部倾斜		≤0.5%D	将直角靠尺的一边紧靠桩身，测其最大间隙
外径 D	≤600	+5，−4	用卡尺或钢尺在同一断面测定相互垂直两直径，取其平均值
	>600	+7，−4	
壁厚		正偏差不限，负偏差为−5	用钢直尺在同一断面相互垂直的两直径上测定四处壁厚，取其平均值
保护层厚度		+10，−5	用钢尺在管桩断面处测量
桩身弯曲度		L/1000	将拉线紧靠桩的两端部，用钢直尺测其弯曲处最大距离
端头板	平整度	Z	用钢卷尺或钢直尺
	外径	0，−1	
	内径	+2	
	厚度	正偏差不限，负偏差为0	

注：1. 端头板、桩套箍（钢裙板）所用的钢板的材料应符合国家标准《优质碳素结构钢》GB/T 699—2015 或《碳素结构钢》GB/T 700—2006 的有关规定材料的机械性能不得低于 Q235A 的要求；
　　2. 预应力钢筋和螺旋筋的混凝土保护层厚度分别不小于 25mm 和 20mm。

3）管桩吊运与堆放

① 管桩的吊运过程中应轻吊轻放，避免剧烈碰撞；

② 管桩严禁使用不合格及在吊运过程中产生裂缝的管桩；

③ 堆放的场地应平整坚实；

④ 管桩应按不同规格、长度及施工流水顺序分别堆放；

⑤ 当场地条件许可时，宜单层堆放，叠层堆放时，外径 $\phi400$ 的管桩不宜超过 5 层；

⑥ 叠层堆放时，应在垂直于管桩长度方向的地面设置垫木，垫木应分别位于距离桩端 1/5 桩长处，底层最外缘应在垫木处用木楔塞紧以防滚动；

⑦ 垫木宜选用耐压的长木枋或枕木，不得用有棱角的金属构件代替；

⑧ 管桩叠层堆放超过 2 层时，应用吊机取桩，严禁拖拉取桩；

⑨ 叠层不超过 2 层时，可拖拉取桩，当为 2 层时，桩的拖地端应用废轮胎等弹性材料保护。

子任务 2　施工过程及质量检查

1. 施工过程

静压管桩的施工工艺流程

测量定位→桩机就位→调平机身→吊桩→桩身对中→测垂直度→压桩→接桩→垂直度→压桩→送桩→确定终压力→记录。

在压同一根桩时，从桩机就位、吊桩、压桩、接桩、送桩等工序应连续进行施工，避免停机时间长造成送桩、压桩困难。

（1）测量定位

根据甲方提供的单体楼轴线控制点，放出建筑物轴线，再由桩位图放出具体的桩位，桩位点用 10cm 的钢钉钉入地下，用红色或其他明显标志标明位置，以便辨认，轴线和桩位偏差不大于 20mm，桩位经甲方或监理复核后，方可施工。为了避免因压桩产生桩位偏移和垂直方向变形，应远离压域（30m）设置轴线控制点，由于设备重，场地较软施工期间要经常对桩位进行复核，同时对桩顶标高要做到每一根都随时监控。

（2）垂直度的控制

将桩吊到设计的桩位，夹紧桩身，压至自然地面，对准校正桩位点，用线坠在两个不同的方向，校正桩身与机身成 90°角并调平机身，保证垂直度误差在 0.5% 之内，然后将第一节桩压下，并在压桩同时悬挂两个不同方向铅坠，对压桩全过程垂直度监控，若在初压时，发生倾斜，应及时纠正，必要时应将桩拔出，清理桩位下障碍物后，再回填土，重新压桩，如桩机压力偏小，压不到要求标高时要采取措施，增加配重，确保压至标高。

在桩压入一定的深度后，若发生严重倾斜或位移时，不得用移动桩机来校正，应立即停机，并及时会同有关部门查找原因，采取补救措施。

（3）压桩

在压桩过程中，应随时注意桩身是否发生偏移，发现以下情况时应停止沉桩并研究处理。

1）桩身突然发生倾斜、位移或严重回弹。

2）桩顶或桩身出现严重裂缝或破碎。

3）地面显著隆起或沉陷。

4）周围检测结果发生异常变化。

压桩过程中应控制沉桩速率，以减少土体孔隙水压力增长速率，以防止对周围土体及相邻桩发生严重挤压，造成地面隆起产生相隆桩偏移（表 1-2-3）。

桩位偏差和垂直度要求　　　　　　　　　　　　　　表 1-2-3

序号	项目	允许偏差（mm）
1	垂直基础梁中心线	$100+0.01H$
	沿基础梁中心线	$150+0.01H$
2	桩数为 1～3 根桩基中的桩桩位	100

（4）接桩

本工程采用 CO_2 气体保护焊进行接桩焊接，焊丝采用 $\phi 1.2$。

当管桩需要接长时，其入土部分桩段的桩头宜高出地面 0.5～1.0m 以方便操作。

管桩对接前，应用钢丝刷清理上、下节桩的端板，坡口处应露出金属光泽。

接桩时，上、下桩垂直对齐，接头弯曲矢高不大于 1‰，且不大于 2mm。

焊缝应连续饱满，不得有气孔、焊瘤、裂缝现象。

接桩完毕后，做好自检工作，合格后进行压桩。

（5）送桩

送桩时，严格控制桩顶标高，根据甲方提供的水准点，测出每根桩送桩深度，并做好记录。

送桩时，送桩器或桩与桩中心应重合。

送桩杆上标高位置，标志应清晰、准确。

终压标准执行设计要求，桩长与终压力双控。

2. 质量检查

开机前，对机班长等施工人员进行详细技术交底，使每个施工人员对该工程成桩技术质量及要求做到心中有数。

把好管桩进场质量关，管桩进场要有合格证明书、检验报告，桩端板一定要平整和桩身垂直，否则在现场接桩时会产生桩身不垂直或全面开口，影响桩的质量，不合格的坚决退场。

把好现场堆放环节，堆放时要轻拿轻放，发现断裂要及时退场，确保每根桩压入土前不含有断裂现象。

施工中严格按《建筑地基基础工程施工规范》GB 51004—2015 中有关条款执行。

对施工设备及器具要按规程严格检修、保养操作，杜绝因施工设备及器具问题引起质量安全事故。

对成桩过程中的对径、调垂、焊接、沉桩全过程技术人员要严格把关，发现问题及时处理，严禁把问题带入下一工序。

严格执行各工序质量环节的交接，遵守操作规程，人人把关，尽心尽责，严格按规范工程施工管理。

认真执行质量否决制及奖罚制度，杜绝一切质量事故发生。

任务 2　其他桩基础施工

1. 桩基础类型

随着高层建筑的日益增多，深基础的应用也越来越多。深基础的埋深相对较大，其利用深部较好的土层以及深基础周壁的摩擦力来承受上部荷载，因而其承载力高、沉降小、稳定性好，但其施工技术复杂、造价高、工期长。常采用的深基础的主要形式有桩基础、地下连续墙、沉井基础、墩基础等，其中最常用的是桩基础。

桩基础一般由桩和承台组成，如图 1-2-1 所示。桩的作用是借其自身穿过松软的压缩性土层，将来自上部结构的荷载传递至地下深处具有适当承载力且压缩性较小的土层或岩层上，或将软弱土层挤压密实，从而提高地基土的承载力，以减少基础的沉降。承台的作用是将各单桩连成整体，承受并传递上部结构的荷载给群桩。桩基础不仅具有承载力大、沉降量小的特点，而且更便于实现机械化施工，尤其当软弱土层较厚，上部结构荷载很大，天然地基的承载能力又不能满足设计要求时，采用桩基础可省去大量土方挖填、支撑装拆及降排水设施布设等工序，因而能获得较好的经济效果。

桩的种类较多，按桩上的荷载传递机理可分为端承桩和摩擦桩两种类型，如图 1-2-1 所示。端承桩是指在极限承载力状态下，桩顶荷载由桩端阻力承受的桩；摩擦桩是指在极限承载力状态下，桩顶荷载由桩侧摩擦力承受的桩。

按桩身材料可分为木桩、混凝土或钢筋混凝土桩、钢桩等。

按桩的施工方法，桩可分为预制桩和灌注桩 2 类。预制桩是在工厂或施工现场制成的各种材料和形式的桩〔如木桩、钢筋混凝土方（管）桩、钢管桩或型钢桩等〕，用沉桩设备将桩打入、压入、振入土中，或有时兼用高压水冲沉入土中而成桩。灌注桩是在施工现场的桩位上用机械或人工成孔（成孔方法可分为挖孔、钻孔、冲孔、沉管成孔和爆扩成孔等），然后在孔内灌注混凝土或钢筋混凝土而成桩。

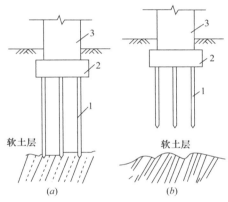

图 1-2-1　桩的种类（按荷载传递机理分）
（a）端承桩；（b）摩擦桩
1—桩；2—承台；3—上部结构

桩按成桩时挤土状况可分为非挤土桩、部分挤土桩和挤土桩。沉管法、爆扩法施工的灌注桩、打入（或静压）的实心混凝土预制桩、闭口钢管桩或混凝土管桩等属于挤土桩。冲击成孔法施工的灌注桩、预钻孔打入式预制桩、H 型钢桩、敞口钢管桩或混凝土管桩等属于部分挤土桩；干作业法、泥浆护壁法、套管护壁法施工的灌注桩等属于非挤土桩。

桩型与工艺选择应根据建筑结构类型、荷载性质、桩的使用功能、穿越土层、桩端持力层土类、地下水位、施工设备、施工环境、施工经验、制桩材料、供应条件等，选择经济合理、安全适用的桩型和成桩工艺。本章将分别介绍预制桩、灌注桩中的一些常用桩型的施工工艺及检测。

2. 预制桩施工

预制桩是一种先预制桩构件，然后将其运至桩位处，用沉桩设备将其沉入或埋入土中而成的桩。预制桩制作方便，承载力较大、施工速度快，桩身质量易于控制，不受地下水位的影响，不存在泥浆排放的问题，是最常用的一种桩型。

（1）预制桩的制作、起吊、运输和堆放

1）钢筋混凝土实心方桩的制作、起吊、运输和堆放

混凝土预制桩断面主要有实心方桩和管桩 2 种常见形式。实心方桩截面尺寸一般为

200mm×200mm~600mm×600mm。单根桩长度取决于桩架高度，一般不超过 27m，如需打设 30m 以上的桩，则应将桩分段预制，在打桩过程中逐段接长。较短的实心桩多在预制厂预制，较长桩则多在现场预制。

预制桩钢筋骨架的主筋连接宜采用对焊。主筋接头配置在同一截面内的数量应符合下列规定：当采用闪光对焊和电弧焊时，不得超过 50%；同一根钢筋的两个接头的距离应不大于 35d（d 为主筋直径），且不小于 500mm。

桩的混凝土强度等级不宜低于 C30（静压法沉桩时不宜低于 C20）。为防止桩顶被击碎，浇筑预制桩的混凝土时，宜从桩顶向桩尖浇筑，桩顶一定范围内的箍筋应加密及加设钢筋网片。接桩的接头处要平整，使上下桩能相互贴合对准。浇筑完毕应覆盖、洒水，养护不少于 7d；如用蒸汽养护，在蒸养后，应适当自然养护 30d 后方可使用。

桩的制作方法有并列法、间隔法、叠浇法和翻模法等。现场预制桩为了节约场地多采用重叠间隔制作，重叠层数根据地面承载能力和施工条件确定，一般不宜超过 4 层。场地平整、坚实，做好排水工作，不得产生不均匀沉陷。桩和桩之间应做好隔离层，上层桩或邻桩的混凝土浇筑应在下层桩或邻桩的混凝土达到设计强度的 30% 以后方可进行。

预制桩混凝土强度达到设计强度的 70% 后方可起吊，达到设计强度的 100% 后方可运输和打桩。如需提前吊运，必须采取措施并经承载力和抗裂度验算合格后方可进行。桩在起吊和搬运时，吊点应符合设计规定。若无设计规定时，可按起吊弯矩最小原则确定吊点位置。几种吊点的合理位置如图 1-2-2 所示。捆绑时钢丝绳与桩之间应加衬垫，以防损坏棱角。起吊时应不稳提升，吊点同时离地，如要长距离运输，可采取平板拖车或轻轨平板车。长桩搬运时，桩下要设置活动支座。经过搬运的桩，还应进行质量复查。

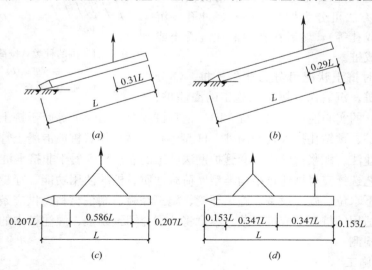

图 1-2-2 桩的吊点位置

(a) 一点起吊，5m≤L≤10m；(b) 一点起吊，11m≤L≤16m；(c) 两点起吊，16m≤L≤25m；(d) 三点起吊，L≤25m

桩堆放时，地面必须平整、坚实，垫木间距应根据吊点确定，各层垫木应位于同一垂直线上，最下层垫木应适当加宽，堆放层数不宜超过 4 层。不同规格的桩，应分别堆放。

2）预应力混凝土管桩的制作、运输与堆放

预应力混凝土管桩一般由工厂用离心旋转法制作。管桩按桩身混凝土强度等级分为预应力混凝土管桩（代号 PC 桩）和预应力高强混凝土管桩（代号 PHC 桩），前者强度等级不低于 C60，后者不低于 C80。PC 桩一般采用常压蒸汽养护，脱模后移入水池再泡水养护，一般要经 28d 才能使用。PHC 桩一般在成形脱模后，送入高压釜经 10 个大气压、180℃左右高温高压蒸汽养护，从成形到使用的最短时间为 3～4d。

管桩按外径（mm）分为 300、350、400、450、500、550、600、800、1000 等规格，长度为 7～15m，按管桩的抗弯性能或混凝土有效预压应力值分为 A 型、AB 型、B 型和 C 型，其混凝土有效预压应力值（N/mm²）分别为 4.0、6.0、8.0、10.0。

管桩内设 ϕ20～22 的主筋 10～20 根，外配 ϕ6 螺旋箍筋。各节管桩之间可用焊接或法兰螺栓连接。

混凝土管桩应达到设计强度的 100% 后方可运到现场打桩。堆放层数不超过 3 层，地层管桩边缘应用楔形木块塞紧，以防滚动。

混凝土管桩的接头过去多采用法兰螺栓连接，刚度较差。现都采用在桩端头埋设端头钢板焊接法连接，下节桩底端可设桩尖，也可以是开口的。由于采用离心脱水密实成形工艺，混凝土密实度高，抵抗地下水和其他类腐蚀的性能好。预应力管桩具有单桩承载力高，穿透力强，抗裂性好，且其单位承载力价格仅为钢桩的 1/3～2/3，造价低廉的特点。

3）钢管桩的制作、运输与堆放

钢管桩一般使用无缝钢管，也可采用钢板卷焊而成，一般在工厂制作。按卷焊制作工艺不同，分为直缝钢管桩和螺旋缝钢管桩两种。钢管桩的直径为 400～1000mm，壁厚为 6～50mm。一般由一节上节桩、若干节中节桩与一节下节桩组成。分节长度一般为 12～15m。

钢管桩桩端有开口型和闭口型 2 种。对于开口型桩端，为了使桩能穿透硬土层或含漂砾的土而不损伤桩端，桩端可作加强处理；闭口型桩端就是在桩端穿上桩靴，多用于端承桩。开口型和闭口型钢桩在打桩过程中的桩端阻力并无明显差别，因为闭口钢桩平板底部楔形土区的阻力与开口钢桩的管内土塞效应（若打桩时不清除管内土塞）的阻力相当。

钢管桩的头部承受桩锤通过桩帽传来的冲击力，根据冲击力和地基阻力的大小，钢管桩的头部可以保持开口，或对头部适当的补强。可以采用补强环、补强环加十字肋和补强板 3 种补强方法。桩头要做成平整的横断面，该面与桩轴线必须垂直，以防打桩时倾斜。

钢管桩在地下的年腐蚀率为 0.03～0.05mm/a，所以对钢管桩的防腐处理尤为重要。钢管桩防腐处理方法可采用外表面涂防腐层（如防腐油漆、环氧煤焦油和聚氨酯类涂料）、增加腐蚀余量及阴极保护等。当钢管桩内壁同外界隔绝时，也可以不考虑内壁腐蚀。

钢管桩堆放场地应不整、坚实、排水畅通；两端应设保护措施，防止搬运时因桩体撞击而造成桩端、桩体损坏或弯曲变形；应按规格、材质分别堆放，堆放高度不要太高，以防止受压变形。一般 ϕ900 的钢管桩不宜超过 3 层，ϕ600 的钢管桩不宜超过 4 层，ϕ400 的钢管桩不宜超过 5 层。堆放时支点设置应合理，钢管桩两侧应用木楔塞牢，防止滚动。

钢管桩一般按两点起吊。在起吊、堆放、运输过程中，应尽量避免碰撞，防止管料破损、管端变形和损伤。

（2）锤击沉桩施工

锤击沉桩也称打入桩，是靠打桩机的桩锤下落到桩顶产生的冲击能而将桩沉入土中的一种沉桩方法，该法施工速度快，机械化程度高，适用范围广，是预制钢筋混凝土桩最常用的沉桩方法。但施工时有噪声和振动，对施工场所、施工时间有所限制。

1）打桩设备及选用

打桩用的设备主要包括桩锤、桩架及动力装置 3 部分。

① 桩锤是打桩的主要机具，其作用是对桩施加冲击力，将桩打入土中。主要有落锤、单动气锤和双动气锤、柴油锤、液压锤。

落锤一般由生铁铸成，重 0.5～1.5t，构造简单，使用方便，提升高度可随意调整，使桩锤自由下落打击桩顶，使桩下沉，一般用卷扬机拉升施打。但打桩速度慢（6～20 次/分钟），效率低，对桩损伤较大，现已少用。适用于在黏土和含砾石较多的土中打桩。

气锤是利用蒸汽或压缩空气的压力将桩锤上举，然后下落冲击桩顶沉桩，根据其工作情况又可分为单动式气锤与双动式气锤。单动式气锤的冲击体在上升时耗用动力，下降靠自重，打桩速度较落锤快（60～80 次/分钟），锤重 1.5～15t，适用于各类桩在各类土层中施工；双动式气锤的冲击体升降均耗用动力，冲击力更大、频率更快（100～120 次/分钟），锤重 0.6～6t，还可用于打钢板桩、水下桩、斜桩和拔桩。

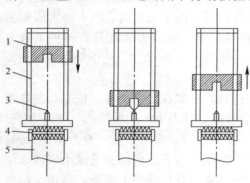

图 1-2-3 柴油锤工作示意
1—活塞；2—导杆；3—喷嘴；4—桩帽；5—桩

柴油锤工作示意如图 1-2-3 所示，是利用燃油爆炸产生的力，推动活塞上下往复运动进行沉桩的。其冲击部分是沿导杆或缸体上下活动的活塞，当活塞下落时，气缸中的空气被压缩，温度剧增，使得喷入气缸中的柴油点燃爆炸，其作用力将活塞上抛，同时以反作用力将桩击入土中。柴油锤冲击部分重为 0.1、0.2、0.6、1、1.2、1.8、2.5、4、6t 等，每分钟锤击 40～80 次。柴油锤本身附有桩架、动力设备，易搬运转移，不需外部能源，应用较为广泛。但施工中有噪声、污染和振动等影响，在城市施工受到一定的限制。另外当土很松软时，桩的下沉阻力小，致使活塞向上顶起的距离（与桩下沉中所受阻力的大小成正比）很小，当再次下落时，不能保证将气缸中的气体压缩到点燃爆炸的程度，则会造成柴油锤熄火而中断施工；而当土很坚硬时，桩的下沉阻力大，致使活塞向上顶起的距离很大，再次下落时，则冲击力过大，易损坏桩头、桩锤。

液压锤是一种新型打桩设备。它的冲击缸体通过液压油提升与降落。冲击缸体下部充满氮气，当冲击缸下落时，首先是冲击头对桩施加压力，接着是通过可压缩的氮气对桩施加压力，使冲击缸体对桩施加压力的过程延长，因此，每一击能获得更大的贯入度。液压锤不排出任何废气，无噪声，冲击频率高，并适合水下打桩，是理想的冲击式打桩设备，但构造复杂，造价高。

总之，桩锤的类型应根据工程地质条件、施工现场情况、机具设备条件及工作方式和工作效率等条件来选择。

桩锤类型确定后，关键是确定锤重，一般是锤比桩重较合适。锤击沉桩时，为防止桩受过大冲击力而损坏，应力求选用重锤低击。施工中可根据地质条件、桩型、桩的密集程度、单桩竖向承载力及现有施工条件等因素综合考虑后决定，也可根据施工经验。

② 桩架是使吊桩就位、悬吊桩锤、打桩时引导桩身方向并保证桩锤能沿着所要求方

向冲击的打桩设备。要求其具有较好的稳定性、机动性和灵活性，保证锤击落点准确，并可调整垂直度。常用桩架基本有两种形式：一种是沿轨道行走移动的多功能桩架；另一种是装在履带式底盘上自由行走的桩架。

多功能桩架如图 1-2-4 所示，由立柱、斜撑、回转工作台、底盘及传动机构等组成。它的机动性和适应性较大，在水平方向可作 360°回转，立柱可伸缩和前后倾斜。底盘下装有铁轮，可在轨道上行走。这种桩架可用于各种预制桩和灌注桩施工。其缺点是机构较庞大，现场组装、拆卸和转运较困难。

履带式桩架如图 1-2-5 所示，以履带式起重机为底盘，增加了立柱、斜撑、导杆，用于打桩。其行走、回转、起升的机动性好，使用方便，适用范围广。可适应各种预制桩和灌注桩施工。

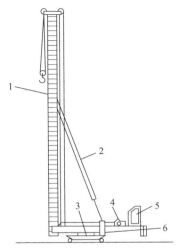
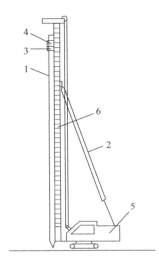

图 1-2-4　多功能桩架
1—立柱；2—斜撑；3—回转平台；4—卷
扬机；5—司机室；6—平衡重

图 1-2-5　履带式桩架
1—桩；2—斜撑；3—桩帽；4—桩锤；
5—履带式起重机；6—立柱

③ 打桩机构的动力装置及辅助设备主要根据选定的桩锤种类而定。落锤以电源为动力，需配置电动卷扬机等设备；蒸汽锤以高压饱和蒸汽为驱动力，配置蒸汽锅炉等设备；气锤以压缩空气为动力源，需配置空气压缩机等设备；柴油锤以柴油为能源，桩锤本身有燃烧室，不需外部动力设备。

为了提高打桩效率和精度，保护桩锤和防止桩顶损坏，应在桩顶加设桩帽，并根据桩锤和桩帽类型、桩型、地质条件和施工条件等因素，合理地选用衬垫材料。桩帽上部垫材称为锤垫，常用橡木、桦木等硬木按纵纹受压使用，也可采用钢索盘绕而成，近年来也有使用层状板及化塑型缓冲垫材的，对重锤桩型还可采用压力箱式或压力弹簧式新型结构锤垫。桩帽下部与桩顶间的垫材称为桩垫，使用松木横纹拼合板、草垫、麻布片、纸垫等。垫材的厚度应合理选择。

桩顶设计标高低于地表时，要将桩顶打入（或压入）至设计标高，这称为送桩。送桩一般采用工具式送桩器进行。送桩器一般用钢管制成，其制作要求有较高的强度和刚度，易于打入和拔出，将锤的冲击力有效地传递到桩上。

2）打桩前的装备工作

① 清除障碍物，平整场地。打桩前应认真清除现场妨碍施工的高空、地面和地下的障碍物（如地下管线、电线杆、树木和旧有房基）。桩机进场及移动范围内的场地应平整压实，以使地面有一定的承载力，并保证桩机垂直平稳、不下陷倾倒。施工现场还应保持排水沟畅通。

② 进行打桩试验。沉桩前应进行不少于两根桩的沉桩工艺试验，以了解桩的打入时间、最终贯入度、持力层的强度、桩的承载力以及施工过程中可能出现的各种问题和反常情况等，确定沉桩设备和施工工艺是否符合设计要求。

③ 抄平放线、定桩位。在打桩现场或附近区域，应设置数量不少于 2 个的水准点，以作抄平场地标高和检查桩入土深度之用。根据建筑物的轴线控制桩，按设计图纸要求定出桩基础轴线和每个桩位。将桩的准确位置测设到地面上。一般可打小木桩并做好标记来表示桩位；为防止木桩被撞而偏移，可用龙门板定位。

④ 确定打桩顺序。由于打桩对土体的挤密作用，使先打的桩因受水平推挤而造成偏移和变位，或被垂直挤拔造成浮桩；而后打入的桩因土体挤密，难以达到设计标高或入土深度，或造成土体隆起和挤压，截桩过大。所以，群桩施打时，为了保证打桩工程的质量，防止周围建筑物受土体挤压的影响，打桩前应根据桩的密集程度、桩的规格、长短和桩架移动方便来正确选择打桩顺序。

一般情况下，桩的中心距小于 4 倍桩径（或边长）时，就要拟定打桩顺序，桩距大于或等于 4 倍桩径（或边长）时，打桩顺序与土体挤压情况关系不大。

打桩顺序一般分为：逐排打、自边缘向中央打、自中央向边缘打和分段打 4 种，如图 1-2-6 所示。

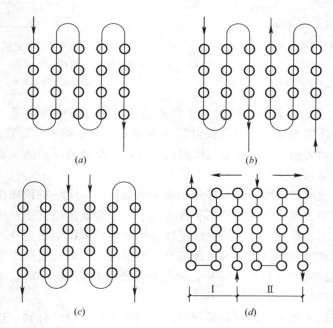

图 1-2-6 打桩顺序

（a）逐排打；（b）自边缘向中央打；（c）自中央向边缘打；（d）分段打

a. 逐排打。桩架单向移动，桩的就位与起吊均很方便，故打桩效率较高。但它会使土体向一个方向挤压，导致土体挤压不均匀，后面桩的打入深度因而逐渐减小，因此打桩前进方向一侧不宜有防侧移、防振动的建（构）筑物、地下管线等，以防土体加压破坏。

b. 自边缘向中央打。中间部分土体挤压较密实，不仅使桩难以打入，而且在打中间桩时还有可能使外侧各桩被挤压而浮起。

c. 自中央向边缘打。可减缓打桩对土体挤压不均匀的影响。

d. 分段打。可分散打桩对土体的挤压力，但打桩机要经常移位，影响打桩效率。

前两种打法适用于桩距较大，及桩的中心距大于或等于桩的直径（或边长）时的施工。后两种打法适用于桩距过小，即桩的中心距小于 4 倍桩的直径（或边长）时的施工。

当桩的规格、埋深、长度不同时，宜按先大后小、先深后浅、先长后短的顺序施打。当桩头高出地面时，桩机宜往后退打；反之可往前顶打。

3）打桩的施工工艺

打桩的施工程序：桩机就位→吊桩→插桩→打桩→接桩→送桩→截桩。

① 桩机就位时桩架应垂直，导杆中心线与打桩方向一致，校核无误后将其固定。

② 吊桩。桩机就位后，然后将桩运至桩架下，一般利用桩架附设的起重钩借桩机上的卷扬机吊桩就位，并用桩架上夹具或落下桩锤借桩帽固定位置。桩提升为直立状态后，对准桩位中心，缓缓放下插入土中，桩插入时垂直度偏差不得超过 0.5%。

③ 插桩。桩就位后，在桩顶安上桩帽，然后放下桩锤轻轻压住桩帽。桩锤、桩帽和桩身中心线应在同一垂直线上。在桩的自重和锤重的压力下，桩便会沉入一定深度，等桩下沉达到稳定状态后，再一次复查其平面位置和垂直度，若有偏差应及时纠正，必要时要拔出重打，校核桩的垂直度可采用垂直角，即用两个方向（互成 90°）的经纬仪使导架保持垂直。校正符合要求后，即可进行打桩。为了防止击碎桩顶，应在混凝土桩的桩顶和桩帽之间、桩锤与桩帽之间放上硬木、麻袋等弹性衬垫作缓冲层。

④ 打桩。桩锤连续施打，使桩均匀下沉。宜用"重锤低击"，重锤低击获得的动量大，桩锤对桩顶的冲击小，其回弹也小，桩头不易损坏，大部分能量都用以克服桩周边土壤的摩擦力而使桩下沉。正因为桩锤落距小，频率高，对于较密实的土层，如砂土或黏土也能容易穿过，一般在工程中采用重锤低击。而轻锤高击所获得的动量小，冲击力大，其回弹也大，桩头易损坏，大部分能量被桩身吸收，桩不易打入，且轻锤高击所产生的应力，还会促使距桩顶 1/3 桩长度范围内的薄弱处产生水平裂缝，甚至使桩身断裂。在实际工程中一般不采用轻锤高击。

⑤ 接桩。当设计的桩较长，但由于打桩机高度有限或预制、运输等因素，只能采用分段预制、分段打入的方法，需在桩打入过程中将桩接长。一般混凝土预制桩接头不宜超过 2 个，预应力管桩接头不宜超过 4 个。应避免在桩尖接近持力层或桩尖处于硬持力层中时接桩。

接桩的方法有焊接法、浆锚法和法兰接法，焊接法和法兰接法适用于各类土层，浆锚法适用于软弱土层，目前以焊接法应用最多。

焊接法接头有角钢绑焊接头和钢板对焊接头，如图 1-2-7（a）、图 1-2-7（b）所示。其连接强度能保证，接头承载力大，但焊接时间长，沉桩效率低。接桩时，必须在上下节桩对准并垂直无误后，用点焊将拼接角钢连接固定，再次检查位置正确后，才进行焊接。预埋铁件表面应保持清洁，上下节桩之间的间隙应用铁片填实焊牢。采用对角对称施焊，以防止节点不均匀焊接变形引起桩身歪斜，焊缝要连续饱满。接桩时，一般在距离地面 1m 左右进行，上、下节桩的中心线偏差不得大于 10mm，节点弯曲矢高不得大于 0.1% 的两节桩长。在焊接后应使焊缝在自然条件下冷却 10min 后方可继续沉桩。

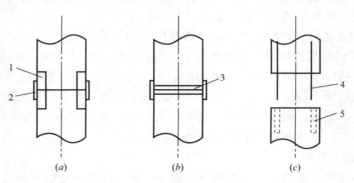

图 1-2-7　钢筋混凝土预制桩接头
(a) 角钢绑焊接头；(b) 钢板对焊接头；(c) 浆锚法接头
1—角钢；2—连接钢板；3—钢板；4—锚筋；5—锚筋孔

浆锚法接头是将上节桩锚筋插入下节桩锚筋孔内，再用硫磺胶泥锚固，如图 1-2-7（c）所示。上节桩下端伸出 4 根锚筋，长度为锚筋直径的 15 倍，布置在桩的四角，锚筋直径在锤击沉桩时为 22～25mm，静力压桩时为 16～18mm；下节桩顶部预留锚筋孔，锚筋孔呈螺纹状，孔径为锚筋直径的 2.5 倍，一般内径为 50mm，孔深应比锚筋长 50mm，锚筋和锚筋孔的间隙应填满硫磺胶泥。接桩时，首先对下节桩的锚筋孔进行清洗，除去孔内杂物、油污和积水；吊运上节桩对准下节桩，使 4 根锚筋插入锚筋孔，下落上节桩身，使其结合紧密；然后将桩上提约 200mm（以 4 根锚筋不脱离锚筋孔为度），安设施工夹箍（由 4 块木板，内侧用人造革包裹 40mm 厚的树脂海绵块而成），将熔化的硫磺胶泥（温度控制在 145℃左右）注满锚筋孔和接头平面上（灌注时间不得超过 2min），然后将上节桩下落。当硫磺胶泥冷却并拆除施工夹箍后（硫磺胶泥灌注后停歇时间不得小于 7min），即可继续沉桩施工。浆锚法接桩，可节约钢材，操作简便，接桩时间比焊接法大为缩短，但不宜用于坚硬土层中。

法兰接法主要用于混凝土管桩，由法兰盘和螺栓组成，接桩速度快，但法兰盘制作工艺复杂，用钢量大。法兰接头主要要求相接桩端的顶面平整，这样传力才能均匀。有误差时应设法垫沥青纸或石棉板使其达到平整，然后用低碳钢螺栓把两端扣紧连接，对称地将螺母逐步拧紧并焊死螺母。法兰盘和螺栓外露部分涂上防锈漆或防锈沥青胶泥，即可继续打桩。

⑥ 送桩。如桩顶标高低于自然土面，则需用送桩管将桩送入土中。桩与送桩管的纵轴线应在同一直线上，拔出送桩管后，桩孔应及时回填或加盖。

⑦ 截桩。如桩底到达了设计深度，而配桩长度大于桩顶设计标高时需要截去桩头。截桩头宜用锯桩器截割，或用手锤人工凿除混凝土，钢筋用气割割齐。严禁用大锤横向敲击或强行扳拉截桩。截桩后能保证桩顶嵌入承台梁内的长度不小于 50mm，当桩主要承受

水平力时，长度不小于 100mm。

4）打桩控制

打桩时主要控制两个方面的要求：一是能否满足贯入度及桩尖标高或入土深度要求，二是桩的位置偏差是否在允许范围之内。

在打桩过程中，必须做好打桩记录，以作为工程验收的重要依据。应详细记录每打入 1m 的锤击数和时间、桩位置的偏斜、贯入度（每 10 击的平均入土深度）和最后贯入度（最后 3 阵，每阵 10 击的平均入土深度）、总锤击数等。

打桩的控制原则：当（端承型桩）桩尖位于坚硬、硬塑的黏土、碎石土、中密以上的砂土或风化岩等土层时，以贯入度控制为主，桩尖进入持力层的深度或桩尖标高可作参考；贯入度已达到，而桩尖标高未达到时，其贯入度不应大于规定的数值；当（摩擦桩）桩尖位于其他软土层时，以桩尖设计标高控制为主，贯入度可作为参考。

打桩时，如控制指标已符合要求，而其他的指标与要求相差较大时，应会同监理、设计单位研究处理。当遇到贯入度剧变，桩身突然发生倾斜、移位或有严重回弹，桩顶或桩身出现严重裂缝、破碎等情况时，应暂停打桩，并分析原因，采取相应措施。

5）打桩常见质量问题及处理

在打桩过程中要随时注意观察，凡发生贯入度突变、桩身突然倾斜、移位或有严重回弹、桩顶或桩身出现严重裂缝等情况，应暂停施工，并及时与有关单位研究处理。

施工中常遇到的问题是：

① 桩顶、桩身被打坏。这与桩头钢筋设置不合理、桩顶与桩轴线不垂直、混凝土强度不足、桩尖通过硬土层、锤的落距过大、桩锤过轻等有关。

② 桩位偏斜。主要原因是：桩顶不平、桩尖偏心、截桩不正、土中有障碍物等。因此施工时应严格检查桩的质量并按施工规范的要求采取适当措施，保证施工质量。

③ 桩打不下。施工时，桩锤严重回弹，贯入度突然变小，则可能与土层中夹有较厚砂层、硬土层以及障碍物有关。当桩顶或桩身已被打坏，锤的冲击能不能有效传给桩时，也会发生桩打不下的现象；另外，打桩间歇过长，土产生固结，也会造成桩打不下，所以打桩施工中，必须保证打桩的连续进行。

④ 一桩打下邻桩升起。桩贯入土中，使土体受到急剧挤压和扰动，其靠近地面的部分将在地表隆起和水平移动，当桩较密，打桩顺序又欠合理时，就会发生一桩打下，周围土体带动邻桩上升的现象。

（3）静力压桩施工

静力压桩是利用压桩机架自重和配重的静压力将预制桩压入土中的沉桩方法。此方法无噪声、无振动，对周围环境和土层的干扰影响小，桩在沉入的过程中只承受静压力，而不受锤击，因此可减少钢筋用量，降低造价，施工迅速简便，沉桩速度快（可达 2m/min）。静力压桩适用于在软土地基和城市中施工。

1）静力压桩设备

静力压桩机有机械式和液压式 2 种类型。其中机械式压桩机目前已基本上被淘汰。

液压压桩机主要由夹持机构、底盘平台、行走回转机构、液压系统和电气系统等部分组成，其压桩能力有 80t、120t、150t、200t、240t、320t 等，其构造如图 1-2-8 所示。

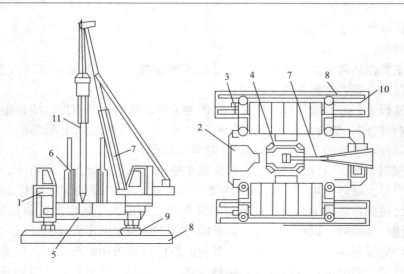

图 1-2-8 液压式静力压桩机

1—操纵室；2—电气控制台；3—液压系统；4—导向架；5—配重；6—夹持装置；7—吊桩把杆；

8—支腿平台；9—横向行走与回转装置；10—纵向行走装置；11—桩

2）压桩工艺

压桩工艺一般是先进行场地平整，并使其具有一定的承载力，压桩机安装就位，按额定的总重量配置压重，调整机架水平和垂直度，将桩吊入夹持机构中并对中，垂直将桩夹持住，正式压桩，压桩过程中应经常观察压力表，控制压桩阻力，记录压桩深度，做好压桩施工记录。压入多节桩，中途接桩可采用浆锚法或焊接法。压桩的终压控制，应按设计要求确定，一般摩擦桩以压入长度控制，压桩阻力作为参考；端承桩以压桩阻力控制，压入深度作为参考。

（4）振动沉桩施工

振动沉桩的原理：借助固定于桩头上的振动沉桩机所产生的振动力，以减少桩与土壤颗粒之间的摩擦力，使桩在自重与机械力的作用下沉入土中。

振动沉桩机由电动机、弹簧支承、偏心振动块和桩帽组成。振动机内的偏心振动块，分左右对称两组，其旋转速度相等，方向相反。所以，当工作时，两组偏心块的离心力的水平分力相消，但垂直分力相叠加，新合成垂直方向（向下或向上）的振动力。由于桩与振动机是刚性连接在一起，故桩也随着振动力沿垂直方向上下振动而下沉。

振动沉桩主要适用于砂石、黄土、软土和亚黏土，在含水砂层中的效果更为显著，但在砂砾层中采取此法时，尚需配以水冲法。沉桩工作应连续进行，以防间歇过久难以下沉。

（5）水冲沉桩施工

水冲沉桩是利用高压水流冲刷桩尖下面的土壤，以减少桩表面与土壤之间的摩擦力和桩下沉时的阻力，使桩身在自重或锤击作用下，很快沉入土中。射水停止后，冲送的土壤沉落，又可将桩身压紧。

水冲沉桩适用于砂土、砾石或其他较坚硬土层，特别是对于打设较重的混凝土桩更为有效。但在附近有旧房屋或结构物时，由于水流的冲刷将会引起它们的沉陷，故在未采取措施前，不得采用此法。

3. 灌注桩施工

灌注桩是直接在桩位上就地成孔，然后在孔内安放钢筋笼灌注混凝土而成。与预制桩相比，灌注桩能适应各种地层，无须接桩，桩长、直径可变化自如，减少了桩制作、吊运。但其成孔工艺复杂，现场施工操作好坏直接影响成桩质量，施工后需较长的养护期方可承受荷载。

灌注桩按成孔方法不同可分为钻孔灌注桩、沉管成孔灌注桩、人工挖孔灌注桩和爆扩成孔灌注桩等。灌注桩施工工艺近年来发展很快，还出现了夯扩沉管灌注桩、钻孔压浆成桩等一些新工艺。

（1）干作业钻孔灌注桩施工

干作业钻孔灌注桩适用于地下水位以上的桩基础的施工。它的施工程序是先用钻机在桩位处钻孔，成孔后放入钢筋骨架，而后灌注混凝土。钻孔机械有螺旋钻机、钻扩机、机动洛阳铲、机动锅锥钻等，可根据需要选用。

螺旋钻孔是干作业成孔常用的方法之一，它利用螺旋钻机成孔。通过动力旋转钻杆带动钻头旋转切削土，土渣沿着与钻杆异同旋转的螺旋叶片上升而排出。对于不同类别的土层，宜换用不同形式的钻头。如图 1-2-9 所示为步履式螺旋钻机。

钻到预定深度后，应用探测工具检查桩孔直径、深度、垂直度和孔底情况，将

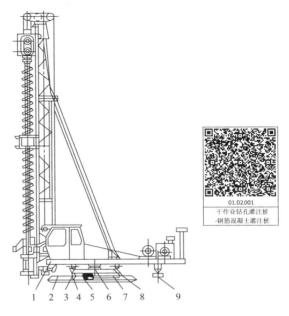

图 1-2-9　步履式螺旋钻机

1—上盘；2—下盘；3—回转滚轮；
4—行车滚轮；5—行车滚轮；
6—回转中心轴；7—行车油缸；
8—中盘；9—支盘

孔底虚土清除干净。混凝土应在钢筋骨架放入并再次检查孔内虚土厚度（要求端承桩小于等于 50mm，摩擦桩小于等于 150mm）再灌注，坍落度要求 8～10cm。浇筑时应随浇随振。

（2）泥浆护壁钻孔灌注桩施工

泥浆护壁钻孔灌注桩是利用泥浆护壁，钻孔时通过循环泥浆将钻头切削下的土渣排出孔外而成孔，而后吊放钢筋笼，水下灌注混凝土而成桩。其适用于地下水位较高的含水黏土层，或流砂、夹砂和风化岩等各种土层中的桩基成孔施工，因而使用范围较广。

泥浆护壁钻孔灌注桩施工工艺流程如图 1-2-10 所示。

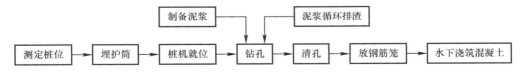

图 1-2-10　泥浆护壁钻孔灌注桩施工工艺流程

1）测定桩位。平整清理好施工现场后，设置桩基轴线定位点和水准点，根据桩位平面布置施工图，定出每根桩的位置，并做好标志。施工前，桩位要检查复核，以防被外界因素影响而造成偏移。

2）埋设护筒。护筒是由 4～8mm 厚钢板制成，内径比桩径大 100～200mm，顶面高出地面 0.4～0.6m，上部留有 1～2 个溢浆孔，护筒高度 1.5～2.0m。护筒的作用：固定钻孔位置；保护孔口；维持孔内水头，防止塌孔；引导钻头钻进的方向。因护筒其定位作用，所以埋设位置应准确稳定，护筒中心线与桩位中心线偏差不得大于 50mm。护筒埋设应牢固密实，护筒与坑壁之间用黏土填实，以防漏水。护筒埋设深度在黏土中不少于1.0m，在砂土中不少于 1.5m，其高度要满足孔内泥浆液面高度的要求，孔内泥浆面应保持高出地下水位 1m 以上。当灌注桩混凝土达到设计强度的 25% 以后，方可拆除护筒。

3）制备泥浆。为保证泥浆护壁钻孔灌注桩的成孔质量，应在钻孔过程中，随时补充泥浆并调整泥浆稠度。其作用是：泥浆在钻孔内吸附在孔壁上，将孔壁上空隙填塞密实，防止漏水，保持孔内水压，稳固土壁，防止塌孔；泥浆具有一定的黏度，通过泥浆的循环可将切削下的泥渣悬浮后排出，起携砂、排土的作用；泥浆对钻头有冷却和润滑的作用，提高钻孔速度。

制备泥浆的方法可根据钻孔土质确定。在黏性土或粉质黏土中成孔，可采用自配泥浆护壁，即在孔中注入清水，使清水和孔中钻头切削来的土混合而成。在砂土或其他土中钻孔时，应采用高塑性黏土或膨润土加水配置护壁泥浆。施工中应经常测定泥浆比重，不同土层中护壁泥浆相对密度见表 1-2-4，并定期测定黏度、含砂量和胶体率等指标，泥浆的控制指标为黏度 18～22s、含砂率不大于 8%、胶体率不小于 90%。对施工中废弃的泥浆、渣应按环境保护的有关规定处理。

泥浆相对密度 表 1-2-4

名称	黏土或粉质	砂土或较厚夹砂层	砂夹卵石或易塌孔土层
相对密度	1.1～1.2	1.1～1.3	1.3～1.5

4）钻孔方法。钻孔方式有正（反）循环回转钻成孔、正（反）循环潜水钻成孔、冲击钻成孔、冲抓锥成孔、钻斗钻成孔等。

① 回转钻机成孔。回转钻机是由动力装置带动钻机的回转装置转动，并带动带有钻头的钻杆转动，由钻头切削土壤。切削形成的土渣，通过泥浆循环排出桩孔。根据泥浆循环方式的不同，分为正循环和反循环 2 种方式。

正循环回转钻机成孔的工艺如图 1-2-11（a）所示。泥浆由钻杆内部注入，并从钻杆底部喷出，携带钻下的土渣沿孔壁向下流动，由孔口将土渣带出流入沉淀池，经沉淀的泥浆流入泥浆池再注入钻杆，由此进行循环。沉淀的土渣用泥浆车运出排放。

反循环回转钻机成孔的工艺如图 1-2-11（b）所示。泥浆由钻杆与孔壁间的环状间隙流入桩孔，然后，由砂石泵在钻杆内形成真空，使钻下的土渣由钻杆内腔吸出至地面而流向沉淀池，沉淀后再流入泥浆池。反循环工艺的泥浆返流速度较快，排吸土渣的能力大。

② 潜水钻机成孔。潜水钻机是一种旋转式钻孔机械，其动力、变速机构和钻头连在一起，加以密封，下放至孔中地下水位以下进行切削土壤成孔。其泥浆循环方式也可分为正循环和反循环 2 种，施工过程与回转钻机成孔相似。潜水钻机如图 1-2-12 所示。

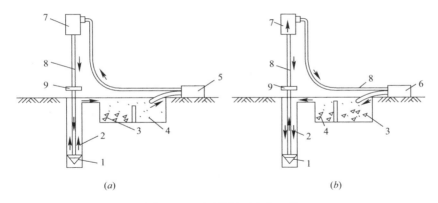

图 1-2-11　泥浆循环成孔工艺

（a）正循环；（b）反循环

1—钻头；2—泥浆循环方向；3—沉淀池；4—泥浆池；5—泥浆泵；6—砂石泵；

7—水龙头；8—钻杆；9—钻机回转装置

③ 冲击钻成孔。冲击钻机如图 1-2-13 所示。冲击钻主要用于岩层成孔，成孔时将冲锥式钻头提升到一定高度后以自由下落的冲击力来破碎岩层，然后用掏渣筒来掏取孔内的碎渣。

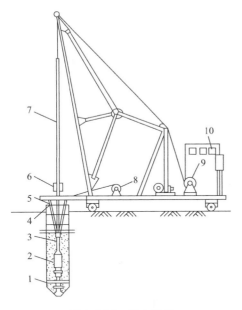

图 1-2-12　潜水钻机

1—钻头；2—潜水钻机；3—电缆；4—护筒；

5—水管；6—滚轮支点；7—钻杆；

8—电缆盘；9—卷扬机；10—控制箱

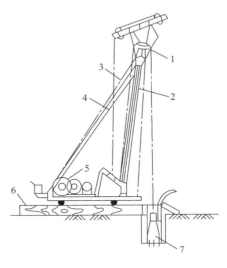

图 1-2-13　冲击钻机

1—滑轮；2—主杆；3—拉索；

4—斜撑；5—卷扬机；

6—垫木；7—钻头

④ 冲抓锥成孔。冲抓锥成孔是将冲抓锥斗提升到一定高度，锥斗内有压重铁块和活动抓片，下落时抓片张开，钻头自由下落冲入土中，然后开动卷扬机拉升钻头，此时抓片闭合抓土，将冲抓锥整体提升至地面卸土，依次循环成孔。如图 1-2-14 所示，冲抓锥适用于松散土层。

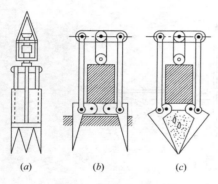

图 1-2-14 冲抓锥斗
(a) 锥斗；(b) 抓土；(c) 提土

5）清孔。钻孔达到要求的深度后要清除孔底沉渣，以防止灌注桩沉降过大，承载力降低，这个过程称为清孔。当孔壁土质较好，不易塌孔时，可用空气吸泥机清孔，同时注入清水，清孔后泥浆相对密度控制在 1.1 左右；孔壁土质较差时，宜用反循环排渣法清孔，清孔后的泥浆相对密度控制在 1.15～1.25 之间。清孔应达到如下标准才算合格：一是对孔内排出或抽出的泥浆，用手摸捻应无粗粒感觉，孔底 500mm 以内的泥浆密度小于 1.25 g/cm³（原土造浆的孔应小于 1.1g/cm³）；二是在浇混凝土前，孔底沉渣允许厚度符合标准规定，即端承桩小于等于 50mm，摩擦端承桩、端承摩擦桩小于等于 100mm，摩擦桩小于等于 300mm。

6）吊放钢筋笼。清孔后应立即安放钢筋笼、浇筑混凝土。当钢筋笼全长超过 12m 时，钢筋笼宜分段制作，分段吊放，接头处用焊接连接，并使主筋接头在同一截面中数量小于等于 50%，相邻接头错开大于等于 500mm。为增加钢筋笼的纵向刚度和灌注桩的整体性，每隔 2m 焊一个 φ12 的加强环箍筋，并要保证有 60～80mm 钢筋保护层的措施（如设置定位钢筋 环或混凝土垫块）。吊放钢筋笼时应保持垂直、缓缓放入，防止碰撞孔壁。吊放完毕经检查符合设计标高后，将钢筋笼临时固定（如绑在护筒或桩架上），以防移动。

7）水下浇筑混凝土。泥浆护壁钻孔灌注桩的水下混凝土浇筑常用导管法。导管法是将密封连接的钢管作为水下混凝土的灌注通道，同时隔离泥浆，使其不与混凝土接触。在浇筑过程中，导管始终埋在灌入的混凝土搅拌物内，导管内的混凝土在一定的落差压力作用下，压挤下部管口的混凝土在已浇的混凝土层内部流动、扩散，以完成混凝土的浇筑工作，形成连续密实的混凝土桩身。浇筑完的桩身混凝土应超过桩顶设计标高 0.5m，保证在凿除表面浮浆层后，桩顶标高和桩顶的混凝土质量能满足设计要求。

泥浆护壁钻孔灌注桩施工中，常见质量问题及处理方法如下：

① 塌孔。在成孔过程中或成孔后，有时在排出的泥浆中不断出现气泡，有时护筒内的水位突然下降，这是塌孔的迹象。其形成原因主要是土质松散、泥浆护壁效果不佳。如发生塌孔，应探明塌孔位置，将砂和黏土混合物回填到塌孔位置以上 1～2m，如塌孔严重，应全部回填，等回填物沉积密实后再重新钻孔。

② 孔壁缩颈。钻孔后孔径小于设计孔径的现象，是由于塑性土膨胀或软弱土层挤压造成的，处理时可用钻头反复扫孔，以扩大孔径。

③ 斜孔。成孔后发现垂直偏差过大，是由于护筒倾斜和位移、钻杆不垂直、钻头导向性差、土质软硬不一或遇上孤石等原因造成。斜孔会影响桩基质量，并会给后面的施工造成困难。处理时可在偏斜处吊住钻头，上下反复扫钻，直至把孔位校直；或在偏斜处回填砂黏土，待沉积密实后再钻。

（3）沉管灌注桩施工

沉管灌注桩是目前采用较为广泛的一种灌注桩，其是指用锤击或振动的方法，将带有预制混凝土桩尖或钢活瓣桩尖的钢套管沉入土中，待沉到规定的深度后，立即在管内浇筑混凝土或管内放入钢筋笼后再浇筑混凝

01.02.003
沉管灌注桩-
钢筋混凝土灌注桩

土，随后拔出钢套管，并利用拔管时的冲击或振动使混凝土捣实而形成桩。沉管灌注桩施工过程如图 1-2-15 所示。

沉管灌注桩利用套管保护孔壁，能沉能拔，施工速度快。适用于黏性土、粉土、淤泥质土、砂土及填土；在厚度较大、灵敏度较高的淤泥和流塑状态的黏性土等软弱土层中采用时，应制定可靠的质量保证措施。沉管灌注桩按沉管方法不同，分为锤击沉管和振动沉管，在施工中要考虑挤土、噪声、振动等影响。

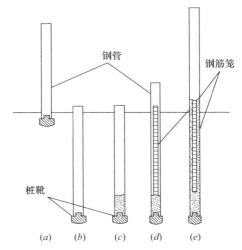

图 1-2-15　沉管灌注桩施工过程
(a) 就位；(b) 沉套管；(c) 初灌混凝土；
(d) 放钢筋笼、灌注混凝土；(e) 拔罐成桩

1）锤击沉管灌注桩施工

锤击沉管灌注桩宜用于一般黏性土、淤泥质土、砂土和人工填土地基。

施工时，用桩架吊起钢桩管，对准预先设在桩位处的预制钢筋混凝土桩靴。桩管与桩靴连接处要垫以麻、草绳，以防止地下水渗入管内。然后缓缓放下桩管，套入桩靴压入土中。桩管上端扣上桩帽、检查桩管与桩锤是否在同一垂直线上，桩管偏斜小于等于 0.5% 时，即可锤击桩管。先用低锤轻击，观察无偏移后，再正常施打。当桩管沉到设计要求深度后，停止锤击，在管内放入钢筋笼，用吊斗将混凝土灌入桩管内。桩管内混凝土应尽量灌满，然后开始拔管。拔管要均匀，第一次拔管高度控制在能容纳第二次所需要灌入的混凝土量，不宜拔管过高，应保证管内有不少于 2m 高度的混凝土，然后再灌足混凝土。拔管时应保持连续密锤低击不停，并控制拔出速度。对一般土层，以不大于 1m/min 为宜；在软弱土层及软硬土层交界处，应控制在 0.8m/min 以内。拔管时还要经常探测混凝土落下的扩散情况，注意使管内的混凝土保持略高于地面，这样一直到全管拔出为止。混凝土的落下情况可用吊砣探测。

以上是单打灌注桩的施工。为了提高桩的质量或使桩颈增大，提高桩的承载能力，可采用一次复打扩大灌注桩。对于怀疑或发现有断桩、缩颈等缺陷的桩，作为补救措施也可采用复打法。

复打桩施工是在单打施工完毕、拔出桩管后，及时清除粘附在管壁和散落在地面上的泥土，在原桩位上第二次安放桩尖，以后的施工过程则与单打灌注桩相同。复打扩大灌注桩施工时应注意，复打施工必须在第一次灌注的混凝土初凝以前全部完成，桩管在第二次打入时应与第一次的轴线相重合，且第一次灌注的混凝土应达到自然地面，不得少灌。

2）振动沉管灌注桩施工

振动沉管灌注桩的适用范围除与锤击沉管灌注桩相同外，更适用于砂土、稍密及中密的碎石土地基。

振动沉管灌注桩采用激振器或振动冲击锤沉管，其设备如图 1-2-16 所示。施工时，先安装好桩机，将桩管下端活瓣桩尖合起来，或用桩靴对准桩位，徐徐放下桩管，压入土中，勿使偏斜，即可开动激振器沉管。但桩管沉到设计标高，且最后 30s 的电流值、电压值符合设计要求后，停止振动，用吊斗将混凝土灌入桩管内，然后再开动激振器和卷扬机

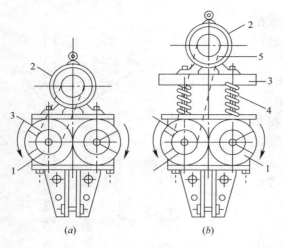

图 1-2-16　振动桩锤构造示意

(a) 刚性式；(b) 柔性式

1—激振器；2—电动机；3—传动带；

4—弹簧；5—加荷板

拔出钢管，边振边拔，从而使桩的混凝土得到振实。

振动沉管灌注桩的施工工艺可分为单振法、复振法和反插法 3 种。

单振法施工时，在桩管灌满混凝土后，动振动器，先振动 5～10s，再开始拔管。边振边拔，每拔 0.5～1m，停拔 5～10s，但保持振动，如此反复，直至桩管全部拔出。一般土层内，拔管速度宜为 1.2～1.5m/min，软弱土层中，宜控制在 0.8m/min 以内。

复振法施工适用于饱和黏土层。在单打法施工完成后，再把活瓣桩尖闭合起来，在原桩孔混凝土中第二次沉下桩管，将未凝固的混凝土向四周挤压，然后进行第二次灌混凝土和振动拔管。

反插法施工是在桩管灌满混凝土后，先振动再开始拔管，每次拔管高度 0.5～1.0m，反插深度 0.3～0.5m，在拔管过程中分段添加混凝土，保持管内混凝土面始终不低于地表面或高于地下水位 1.5m 以上，拔管速度应小于 0.5m/min。如此反复进行，直至桩管拔出地面。反插法能使混凝土的密实性增加，宜在较差的软土地基施工中采用。

3）套管成孔灌注桩常遇问题和处理方法

套管成孔灌注桩施工时常发生断桩、缩颈、吊脚桩、桩尖进水进泥砂等问题，施工中应及时检查并处理。

断桩是指桩身裂缝呈水平状或略有倾斜且贯通全截面，常见于地面以下 1～3m 不同软硬土层交接处。产生断桩的主要原因是桩距过小，桩身凝固不久，强度低，此时邻桩沉管使土体隆起和挤压，产生横向水平力和竖向拉力使混凝土桩身断裂。避免断桩的措施是：布桩不宜过密，桩间距以不小于 3.5 倍桩距为宜；当桩身混凝土强度较低时，可采用跳打法施工；合理制定打桩顺序和桩架行走路线以减少振动的影响。断桩一经发现，应将断桩段拔去，将孔清理干净后，略增大面积或加上钢箍连接，再重新灌注混凝土。

缩颈是指桩身局部直径小于设计直径，缩颈常出现在饱和淤泥质土中。产生缩颈的主要原因是在含水量高的黏性土中沉管时，土体受到强烈扰动挤压，产生很高的孔隙水压力，桩管拔出后，这种超孔隙水压力便作用在所浇筑的混凝土桩身上，使桩身局部直径缩小；当桩间距过小，邻近桩沉管施工时挤压土体也会使所浇混凝土桩身缩颈；或施工时拔管速度过快，管内形成真空吸力，且管内混凝土量少、和易性差，使混凝土扩散性差，导致缩颈。在施工过程中应经常观测管内混凝土的下落情况，严格控制拔管速度，采取"慢拔密振"或"慢拔密击"的方法，在可能产生缩颈的土层施工时，采用反插法可避免缩颈。当出现缩颈时可用复打法进行处理。

吊脚桩是指桩底部的混凝土隔空，或混入泥砂在桩底部形成松软层。产生吊脚桩的主要原因是预制桩靴强度不足，在沉管时破损，被挤入桩管内，拔管时振动冲击未能及时将桩靴压出而形成吊脚桩；振动沉管时，桩管入土较深并进入低压缩性土层，灌完混凝土开始拔管时，活瓣桩尖被周围土包围不能及时张开而形成吊脚桩。避免出现吊脚桩的措施是：严格检查预制桩靴的强度和规格，沉管时可用吊砣检查桩靴是否进入桩管或活瓣是否张开，如发现吊脚现象，应将桩管拔出，桩孔回填砂后重新沉入桩管。

桩尖进水进泥砂是指在含水量大的淤泥、粉砂土层中沉入桩管时，往往有水或泥砂进入桩管内，这是由于活瓣桩尖合拢不严，或预制桩靴与桩管接触不严密，或桩靴打坏所致。预防措施是：对活瓣桩尖应及时修复或更换；预制桩靴的尺寸和配筋均应符合设计要求，在桩尖与桩管接触处缠绕麻绳或垫衬，使二者接触处封严。当发现桩尖进水或泥砂时，可将桩管拔出，修复桩尖缝隙，用砂回填桩孔后再重新沉管。当地下水量大时，桩管沉至接近地下水位时，可灌注 0.5m 高水泥砂浆封底，将桩管底部的缝隙封住，再灌 1m 高的混凝土后，继续沉管。

（4）人工挖孔灌注桩施工

人工挖孔灌注桩（简称人工挖孔桩）是指采用人工挖掘方法进行成孔，然后安装钢筋笼，浇筑混凝土成为支撑上部结构的桩。

01.02.004
人工挖孔灌注桩等
的施工工艺与要求-
钢筋混凝土灌注桩

人工挖孔桩的优点是：设备简单；施工现场较干净；噪声小，振动小，对施工现场周围的原有建筑物影响小；施工速度快，可按施工进度要求决定同时开挖钻孔的数量，必要时，各桩孔可同时施工；土层情况明确，可直接观察到地质变化情况，桩底沉渣能清除干净，施工质量可靠。当高层建筑采用大直径的混凝土灌注桩时，人工挖孔比机械成孔具有更大的适应性。因此，近年来随着我国高层建筑的发展，人工挖孔桩得到较广泛的应用，特别是在施工现场狭窄的市区修建高层建筑时，更显示其特殊的优越性，但人工挖孔桩施工，工人在井下作业，可能要遭受流砂、淤泥、有害气体的影响，施工安全应予以特别重视，要严格按操作规程施工，制定可靠的安全措施。人工挖孔桩的直径除了能满足设计承载力的要求外，还应考虑施工操作的要求，故桩径不宜小于 800mm。桩底一般都扩大，扩底尺寸按 $\dfrac{D_1-D_2}{2}:h=1:4$，$h\geqslant\dfrac{D_1-D_2}{4}$ 进行控制。当采用现浇混凝土护壁时，人工挖孔桩构造如图 1-2-17 所示。护壁厚度一般不小于（$D/10+50$）mm（其中 D 为桩径），每步高 1m，并有 100mm 放坡。

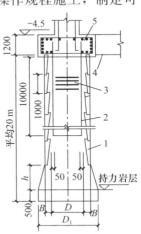

图 1-2-17　人工挖孔桩构造
1—护壁；2—主筋；3—箍筋；
4—地梁；5—桩帽

1）施工机具

① 电动葫芦和提土桶，用于施工人员上下和材料与弃土的垂直运输用；

② 潜水泵，用于抽出钻孔中的积水；

③ 鼓风机和输风管，用于向钻孔强制送入新鲜空气；

④ 镐、锹、土筐等挖土工具，若遇到坚硬的泥土或岩石还应配风镐等；

⑤ 照明灯、对讲机、电铃等。

2）施工工艺

为了确保人工挖孔桩施工过程中的安全，必须考虑防止土体坍滑的支护措施。支护的方法很多，例如可采用现浇混凝土护壁、喷射混凝土护壁、型钢或木板桩工具式护壁、沉井等。下面以采用现浇混凝土分段护壁为例说明人工挖孔桩的施工工艺流程：

① 按设计图纸放线、定桩位。

② 开挖土方。采取分段开挖，每段高度决定于土壁保持直立状态的能力，一般为5～10m为一施工段，开挖范围为设计桩径加护壁的厚度。

③ 支设护壁模板。模板高度取决于开挖土方施工段的高度，一般为1m，由4块至8块活动钢模板（或木模板）组合而成。

④ 在模板顶放置操作平台。平台可与角钢和钢板制成半圆形，两个合起来即为一个整圆，用来临时放置混凝土和浇筑混凝土用。

⑤ 浇筑护壁混凝土。护壁混凝土要注意捣实，因它起着防止土壁塌陷与防水的双重作用。第一节护壁厚宜增加100～150mm，上下节护壁用钢筋拉结。

⑥ 拆除模板继续下一段的施工。当护壁混凝土强度达到1MPa。常温下保持约为24h方可拆除模板，开挖下一段的土方，再支模浇筑护壁混凝土，如此循环，直至挖到设计要求的深度。

⑦ 排出孔底积水，浇筑桩身混凝土。当混凝土浇筑至钢筋笼的底面设计标高时，再安放钢筋笼，继续浇筑桩身混凝土。浇筑混凝土时，混凝土必须通过溜槽；当高度超过3m时，应用串筒，串筒末端离孔底高度不宜小于2m，混凝土宜采用插入式振动器捣实。

3）挖孔桩施工中应注意的问题

① 钻孔的质量要求必须保证。根据挖孔桩的受力特点，钻孔中心线的平面位置偏差要求不宜超过50mm，桩的垂直度偏差要求不超过0.5%，桩径不得小于设计直径。

为了保证钻孔的平面位置和垂直度符合要求，在每开挖一施工段，安装护壁模板时，可用十字架放在孔口上方预先标定好的轴线标记，在十字架交叉中点悬吊垂球，以对中，使每一段护壁符合轴线要求，以保证桩身的垂直度。

钻孔的挖掘应由设计人员根据现场土层实际情况决定，不能按设计图纸提供的桩长参考数据来终止挖掘。对重要工程挖到比较完整的持力层后，再用小型钻机向下钻一个深度不小于桩底直径3倍的深孔取样鉴别，确认无软弱下卧层及洞隙后才能终止。

② 注意防止土壁坍落及流砂事故。在开挖过程中，如遇到有特别松散的土层或流砂层时，为防止土壁坍落及流砂，可采用钢护筒或预制混凝土沉井等作为护壁使其高度减少到300～500mm，待穿过松软层或流砂层后，再按一般方法边挖掘边浇筑混凝土护壁，继续开挖桩孔。流砂现象严重时则可采用井点降水。

③ 浇筑桩身混凝土时，应注意清孔及防止积水。桩身混凝土宜一次连续浇筑完毕，不留施工缝。浇筑前，应认真清除干净孔底的浮土、石渣。

④ 必须制定好安全措施。人工挖孔桩施工，工人在孔下作业，施工安全应予以特别重视，要严格按操作规程施工，制定可靠的安全措施。例如：施工人员进入桩孔内必须戴安全帽；孔内有人时，孔上必须有人监督防护；护壁要高出地面150～200mm，孔周围要设置0.8m高的安全防护栏杆；孔下照明要用安全电压；开挖深度超过10m时，应设置鼓风机，排除有害气体等。

（5）爆扩成孔灌注桩施工

爆扩成孔灌注桩又称爆扩桩，它是用钻孔或爆扩法成孔，孔底放入炸药，再灌入适量的混凝土压爆，然后引爆，使孔底形成扩大头，此时，孔内混凝土落入孔底空腔内，再放置钢筋骨架，浇筑桩身混凝土而制成的灌注桩。

爆扩桩在黏性土层中使用效果较好，但在软土及砂土中不易成形。桩长（H）一般为3～6m，最大不超过10m。扩大头直径 D 为（2.5～3.5）d（d 为桩身直径）。这种桩具有成孔简单、节省劳力和成本低等优点。但检查质量不便，施工时要求较严格。

【课后自测及相关实训】

编制××工程桩基础工程施工方案（附件：××工程桩基础工程概况）。

单元 3　模板工程施工

【知识目标】　掌握模板安装和拆除时的施工方法和技术要求。

【能力目标】　能够组织实施模板安装和拆除工作；能分析处理模板安装和拆除施工过程中的技术问题，评价模板施工的质量；针对不同类型特点的工程，能编制模板施工方案。

【素质目标】　具有集体意识、良好的职业道德修养和与他人合作的精神，协调同事之间、上下级之间的工作关系。

【任务介绍】　沈阳××项目四期一标段 45 号、46 号楼位于沈阳市于洪区，建筑面积分别为 15226.4m²、15566.33m²。地上 27 层，为框架-剪力墙结构。根据实际情况编制模板工程施工方案。

【任务分析】　根据要求，确定模板工程施工需要做的准备工作，安装时的要求、拆除的要求以及质量的检查。

任务 1　模板工程施工方案编制

子任务 1　准 备 工 作

1. 编制依据

本方案根据工程设计、国家有关规范和行业标准进行编制，主要如下：

于洪区项目（沈阳××项目四期一标段）施工图纸；

于洪区项目（沈阳××项目四期一标段）施工组织设计；

于洪区项目（沈阳××项目四期一标段）图纸会审纪要及联系单；

《混凝土结构工程施工质量验收规范》GB 50204—2015；

《建筑结构荷载规范》GB 50009—2012；

《建筑施工高处作业安全技术规范》JGJ 80—2016；

《建筑施工扣件式钢管脚手架安全技术规范》JGJ 130—2011；

《建筑施工模板安全技术规范》JGJ 162—2008；

《建筑施工安全检查标准》JGJ 59—2011；

《中天建设集团有限公司企业标准》2006 版。

2. 工程概况

（1）建筑设计简介（表 1-3-1）

建筑设计简介　　　　　　　　　　　表 1-3-1

项目			内容		
功能			住宅楼、商业用房		
建筑规模	建筑总面积		30792.730m²		
	建筑层数	地上	27 层		
		地下	1 层		
	建筑层高		2.900m		
建筑高度	±0.000 相当于绝对标高		44.100m	基底标高	−4.800m
	室内外高差		0.300m	建筑总高	79.500m
屋面	上人屋面		40mm 厚 C20 细石混凝土内配 4@250×250 钢筋网（分格缝双向@3000，缝宽 10mm，缝内嵌改性沥青密封膏） 3mm＋3mm 厚 SBS 改性沥青防水卷材，转角等部位设附加防水层 250mm 宽（高） 15mm 厚 1：2.5 水泥砂浆 挤塑聚苯板保温板（表观密度≥30kg/m³）		

续表

项目		内容
屋面	不上人屋面	3mm＋3mm厚SBS改性沥青防水卷材（上层自带保护层），转角等部位设附加防水层250mm宽（高） 30mm厚C15细石混凝土随打随抹平 聚苯保温板（表观密度≥18kg/m³）
外墙面		5层及以下干挂石材，5层以上为抗裂柔性耐水腻子两遍（专业分包）及涂料
内墙面		刮大白
内墙		为200（100）mm厚蒸压粉煤灰空心砌块，管道井采用100mm厚的蒸压粉煤灰空心砌块，防火墙应采用不燃烧体材料，其耐火极限为3h
顶棚		现浇混凝土板，板底腻子刮平，满刮大白2遍
门窗		外窗采用单框双玻LOW-E中空塑钢窗。沿街网点外窗采用断桥铝合金单框双玻LOW-E中空玻璃窗 门采用成品木门、防火门、防盗门等
防水	地下室外墙	采用结构主体抗渗钢筋混凝土自防水加SBS改性沥青防水卷材一道4mm厚
	基础底板	采用结构主体抗渗钢筋混凝土自防水加SBS改性沥青防水卷材一道4mm厚
	室内	本工程中卫生间采用1.2mm厚JS防水（转角部位上翻300mm高）
	屋面	屋面1：3mm＋3mm厚SBS改性沥青防水卷材（上层自带保护层），转角等部位设附加防水层250mm宽（高） 屋面2：1.5mm厚JS水泥基防水涂膜，迎窗面上反至窗台板处收口 屋面3：3mm＋3mm厚SBS改性沥青防水卷材，转角等部位设部位设附加防水层250mm宽（高）
节能保温		外墙采用100mm厚聚苯保温板，专用粘结剂、胀管螺栓及盘形垫圈固定（表观密度≥18kg/m³）

（2）结构设计简介（表1-3-2）

结构设计简介　　　　　　　　　　　　　　　　　表1-3-2

环境类别	环境类别：本工程±0.000以下与土壤接触的地下室外墙及底板的环境的环境类别为二（b）类；其他构件的环境类别为二（a）类；±0.000以上无保温措施的外露墙体、梁、板、女儿墙及悬挑等构件的环境类别为二（b）类；卫生间处构件的环境类别为二（a）类；其他构件的环境类别为一类			
基础类型	承台基础			
结构形式	全现浇钢筋混凝土剪力墙结构			
抗震等级	剪力墙	三级	抗震设防类别	标准设防类（丙类）
	框架	三级		
混凝土强度等级	混凝土垫层	其他	防水混凝土等级	
	C15	C25、30、35、40	底板及地下室外墙抗渗等级为P6	
钢筋接头型式	当d≥14mm时，采用焊接接头（或机械接头）			
	当d＜14mm时，采用搭接接头			
钢筋类别	HPB300级钢：Φ6、8、10mm			
	HRB400级钢：Φ8、10、12、14、16、18、20、22mm			
结构尺寸	钢筋混凝土剪力墙	200、300mm		
	楼板	100、120、140、150、190、200mm		
	底板厚	300mm		

（3）支模架体系介绍

本工程为框架-剪力墙结构，一层以上模板体系选择为标准层，模板体系选择见表1-3-3。

模板体系选择

表 1-3-3

结构部位	模板类型及材料	支撑系统
梁、柱	采用 15mm 厚双面覆膜多层板做面板	采有 $\phi48\times3.0$ 钢管支撑＋50mm×100mm 方木＋可调 U 托
地下室墙体	采用 15mm 厚双面覆膜多层板	采用 $\phi48\times3.0$ 钢管脚手架支撑
地上剪力墙	采用 15mm 厚双面覆膜多层板	采用钢结构背楞加固体系
框架柱	采用 15mm 厚双面覆膜多层板	采用 100mm×100mm 柱箍，$\phi48\times3.0$ 钢管斜向支撑
顶板	顶板模板采用高强釉面多层板	采有 $\phi48\times3.0$ 钢管支撑＋可调 U 托＋50mm×100mm 方木＋主龙骨 100mm×100mm 方木
楼梯	整体式木模板	采用 $\phi48\times3.0$ 钢管脚手架支撑＋100mm×100mm 方木

3. 模板配备数量

1）地下部分顶板、梁模板及支撑按 1 层满配考虑，分段施工。

2）柱子模板按 1 层满配考虑，分段施工。同时视施工损耗适当增配。

3）地上顶板、梁模板及支撑按 3 层满配考虑。

4）主楼剪力墙模板按 2 层满配考虑。

4. 施工准备

（1）技术准备

1）图纸会审

由各专业技术人员自行审查图纸，发现本专业施工图存在的问题，及时做好记录；项目总工主持项目内部的图纸会审会议，将各专业和专业配合中会出现的问题汇总，并组织大家进行分析，提出设计变更的建议。

建设单位负责组织由设计、建设、监理、施工单位参加的图纸会审会议，与会人员达成一致的意见，在会后由项目专业工程师及时同设计单位和业主办理工程洽商。

项目各专业技术人员应坚持日常的图纸审核制度，发现问题及时向项目总工汇报，重大问题由项目总工向公司技术部和总工程师汇报，同设计单位和业主协商解决。项目各相关管理人员及工长须严格按照图纸、会审记录及设计变更进行施工。

2）技术交底

工程在正式施工前，对参与施工的有关管理人员、技术人员和工人进行的一次技术性的交代与说明。包括设计交底、设计变更及工程洽商交底。

设计交底：通过向施工人员说明工程主要部位、特殊部位及关键部位的作法，使施工人员了解设计意图、建筑物的主要功能、建筑及结构的主要特点，掌握施工图的主要内容。

设计变更及工程洽商交底：专业工程师及时将设计变更和工程洽商的主要原因、部位及具体变更做法向相关专业技术人员、施工管理人员、施工操作人员交代清楚，以免施工时漏掉或仍按原图施工。

分项工程技术交底主要包括：施工准备、施工工艺、质量标准、成品保护、安全措施、注意事项。对非常规工序和新技术、新材料、新工艺和重点部位的特殊要求等，要编制作业指导书进行着重交代，把住关键部位的质量技术关。

交底必须有参加交底人员的签字，不得代签，并有签字记录，参加交底人员应包括项目相关主要管理人员、班组长及主要操作人员。

（2）劳动力组织

本工程对该工程所投入劳动力原则：素质好、安全意识较强、有较高的技术素质，并有类似工程施工经验的人员。人防地下室施工配备木工80人，主楼施工配备木工60人。

专职安全生产管理人员、特种作业人员的配置：本工程配置专职安全员3名，架子工15名，塔司4人，均持证上岗。

（3）设备配备（表1-3-4）

设备配备 表1-3-4

设备名称	规格型号	数量
塔式起重机	QTZ63	2
压刨		5
电锯		5
电刨		5

（4）周转材料准备

1）模板准备

① 地下室墙体

01.03.001
模板的种类按照
材料的性质分

地下室普通混凝土墙采用15mm覆膜多层板组拼。由木工工长根据图纸，进行模板组拼翻样，并提前提出材料计划，同时提出带止水环的穿墙定位螺栓、套管以及钢管、蝴蝶卡等配套的加工、进场计划。为模板准备堆放场地，模板进场后、组织验收和涂刷隔离剂，保证模板的质量。

② 顶板多层板木模

采用15mm覆膜多层板和钢管脚手架支撑体系。按施工进度、拆模要求，计划按混凝土构件展开面的75％配置，依据实际进度分次到位。

③ 门窗口模板

门窗口模板的组合模板，按实际总量的50％进行配置，现场加工。

④ 框架柱、梁模板

框架柱、梁模板采用18mm覆膜多层板，按构件展开面积75％进行配置，现场加工。

注：上述所用所有模板均应现由技术人员出具配模图，再在现场集中加工车间进行集中加工。

2）主要周转材料配备（表1-3-5）

主要周转材料配备 表1-3-5

材料名称	单位	数量	备注（顶板总量）
15mm厚多层板	m²	8000	配备75％
50mm×70mm方木	m³	700	配备75％
100mm×100mm方木	m³	200	配备75％
钢U托	个	12000	配备75％
钢管	m	130000	配备75％

（5）现场准备

放好模板边线，模板控制线线及标高控制线。

检查各种机械设备运转是否正常。

墙、柱模板底口粘贴海绵条。

模板使用前必须清理模板表面，表面涂刷脱模剂（油质）严禁使用废机油，为避免污染钢筋，脱模剂涂刷后，须用棉布或麻袋布擦干。

分规格，按部位将模板运至施工部位，码放整齐。

架子管、操作架搭设完毕；墙、柱底部已凿毛，并清理干净。

钢筋、混凝土、水、电专业与模板工长进行交接检。

子任务 2 模板安装

1. 垫层、底板、基础导墙模板

01.03.002
模板的种类 按照
结构构件的类型分

底板侧模使用 240mm 厚防水保护墙作为胎膜；集水坑部位采用定型多层板模板。60mm×80mm 方木做背楞，ϕ48×3.5 钢管做支撑。在底板马凳钢筋上焊好定位钢筋，以固定集水坑模板，防止浇筑混凝土时模板发生偏移。模板底部采用 ϕ25 钢筋焊在马凳上，以确保标高。

基础导墙模板施工前，提前制作 H 型钢筋支架，支架的一端与墙体竖筋点焊，另一端与底板马凳焊接固定，墙体内安装一道止水螺杆。模板拆除时，将高出底板的钢筋支架疲断。本工程中对于有防水卷材要求底板存在高低差段的采用砌筑页岩砖砌筑胎膜，砌筑砖胎膜所用砂浆为 M10 水泥砂浆，在砖墙防水面抹 1：2.5 水泥砂浆找平层 20mm 厚，并将表面压光，在转角处抹成半径为 50mm 的小圆弧，对于较深部位如电梯基坑砖胎膜为 240mm，基础底板外侧砖胎膜厚为 240mm，其他砖胎膜包括拉梁砖胎膜采用 120mm。

基础底板上的基坑模板采用吊模施工，支设模板时在相应模板位置上焊接钢筋支撑，注意钢筋支撑与底板钢筋焊接时防止造成基础底板钢筋的损伤，影响钢筋质量。然后在基坑内加设钢管支撑，以使吊模具有足够的稳定性及刚度。

（1）基础墙体模板施工工艺流程

测量放线、抄平→支设导墙内、外侧模板→放置钢板止水片→模板自检合格→报验。

1）测量放线、抄平：防水卷材施工结束且已经浇筑完细石混凝土保护层，此时根据现场已经放出的定位轴线和图纸中所给定的建筑物轴线相互关系为依据，在混凝土保护层上用全站仪放出各建筑物的定位线，然后依据各定位轴线点将拟建建筑物的墙体、柱子等相关尺寸线弹于混凝土保护层面上，用墨线将轴线弹出，对于轴线交点处用红色油漆醒目的标识出来，经自检合格后上报监理验收。对于引测的轴线及标高点，经复核无误后做好标记，同时做好对测量控制点的成品保护工作，今后的测量放线均以此为依据投放。

2）支设导墙内、外侧模板：基础底板钢筋绑扎完毕后将墙体钢筋按照图纸要求进行插筋，绑扎完毕后经监理验收合格后进行模板支设。导墙内外侧模板采用多层板。按照设计要求，本工程导墙高度设置为 350mm 高，并在施工缝处加设钢板止水带，钢板止水带为 3mm×400mm。导墙模板采用吊模施工，为保证今后施工支设模板的需要，在导墙位置从下往上200mm处留设对拉螺栓，对拉螺栓穿止水钢板处应四周与止水钢板焊接严密（图1-3-1）。

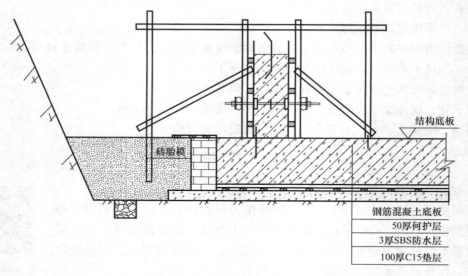

结构底板

钢筋混凝土底板
50厚何护层
3厚SBS防水层
100厚C15垫层

砖胎模

图1-3-1　导墙模板支设示意

3）放置钢板止水带：在钢筋绑扎完毕后，及时将钢板止水带按照相关位置搁置在施工后浇缝处，钢板止水带为3mm×400mm。如由于安装钢板止水带将墙拉筋切断的，则应将断筋焊接在止水钢板上，对于穿墙螺栓，则将螺栓与止水钢板焊接严密。

4）由于本工程有标高不一的基础底板或承台、集水坑、突出板底面的拉梁等，支设模板前，要求施工人员认真核对图纸尺寸及模板加工尺寸，防止漏做模板，将加工好的模板按照所在的位置编号，以防用错，在加工完毕后及时在模板的表面涂刷隔离剂（禁止使用油类）并将其分类码放好。对于下返的拉梁等采用砖胎膜砌筑，电梯基坑周边的模板采用砖胎膜砌筑，内基坑采用多层板支设（图1-3-2）。

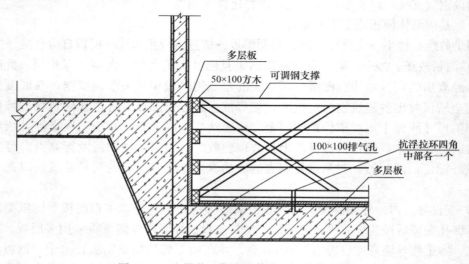

多层板
50×100方木
可调钢支撑
100×100排气孔
抗浮拉环四角中部各一个
多层板

图1-3-2　电梯井、集水坑等内基坑支模示意

5）基础模板支设完毕后，进行自检，合格后报监理验收，合格后方可进行下一步工序的施工。

2. 框架柱模板

地下车库框架柱模均采用定型 15mm 厚覆膜多层板柱模，柱模安装高度为梁下皮或柱帽的下皮，柱与主次梁节点处模板按配模图在现场加工车间集中加工。

01.03.003
混凝土结构构件的
施工-现浇柱模板

（1）柱模施工工艺流程

弹柱模位置线→模板就位→检查对角线、垂直度和位置→安装柱箍→全面检查校正。

（2）安装方法

模板按要求加工为 4 片，就位后先用铅丝与主筋绑扎临时固定，模板与模板交接处粘贴海绵条。

通排柱，先安装两端柱；经校正、固定后，拉通线校正中间各柱，并通过可调螺杆调节、校正柱模的垂直度；打混凝土时，利用通线观察模板有无变形走位及时调整。

柱模背楞为 60mm×80mm 方木，背楞间距小于等于 300mm。柱箍为双根 φ48×3.5 钢管，最下一道距地 200mm 布设，向上间距为 450mm；如柱截面大于 500mm×500mm，则在柱中增加一道穿墙螺栓，柱箍设置如图 1-3-3（背楞间距及柱箍间距应通过计算确定）。

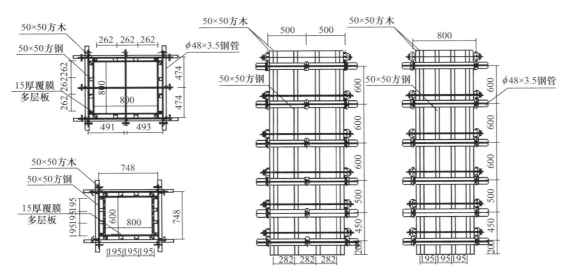

图 1-3-3　柱模板支设示意

柱脚固定：在距柱外皮 230～250mm 处，提前在楼板上预埋 φ16 钢筋棍，每边两个。柱脚固定如图 1-3-4 所示。

柱模的斜撑：柱上口柱箍采用 φ48 钢管，与 φ48 钢管斜支撑扣件固定。地锚用 φ14 钢筋环，钢筋环与柱距离为 1/2 柱高（斜撑与地面夹角宜为 45°～60°），钢筋环内穿钢管与斜支撑扣件固定。

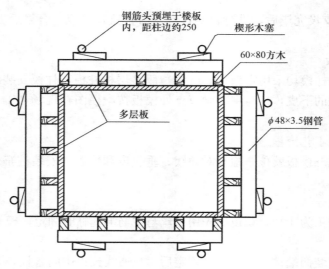

图 1-3-4 柱脚模板加固示意

柱与主次梁或柱帽交接处模板的柱头模板，采用 15mm 厚覆膜多层板模板制作，安装时与框架柱的搭接高度大于等于 250mm。

柱脚设 150mm×150mm 清扫口，每个柱子各设 2 个，在柱子两侧对称设置。

3. 墙体模板

（1）抗震剪力墙模板

本工程地下室抗震剪力墙墙体采用 15mm 厚覆膜多层板模板，现场加工。模板按地下室层高设计。

1）工艺流程

弹墙模位置线→粘贴海绵条→安装门窗洞口模板→安装模板→安装对拉螺栓→安装水平、竖向钢管→安装斜撑→紧固对拉螺栓→调整模板平整度、垂直度和截面尺寸。

2）安装方法

① 根据各施工段特点，现场组装木模板。

② 模板施工前应首先做好钢筋、水电预留洞的隐预检工作，并认真清理工作面。墙模下角粘贴海绵条，墙体内固定好模板支铁。

③ 弹好墙边线及 50cm 控制线、门窗口位置线、外模下口 20cm 水平线及外墙大角 10cm 控制线及角模位置线。在钢筋上弹出标高线。

④ 安装电梯井内模前，必须在板底下 200mm 处牢固地满铺一层脚手板。

⑤ 门洞口模板采用定型木制模板，门洞口模板（图 1-3-5）。

⑥ 门窗口固定 3 道钢筋顶棍与附加箍筋焊接牢固，然后沿模板周边靠模板一侧粘 1cm 厚密封条，密封条距口边 2mm，要粘贴平直牢固，确保无漏浆。在底板立模部位先用砂浆找平。并将施工缝部位凿毛，清理干净。

⑦ 模板就位前应首先将阴、阳角安装就位，并用 8 号铁丝与墙体立筋临时绑扎固定（图 1-3-6）。

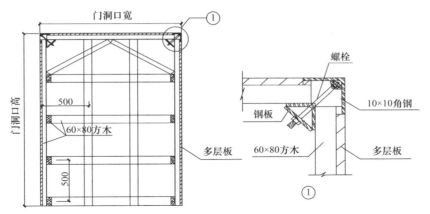

图 1-3-5   门洞口模板制作示意

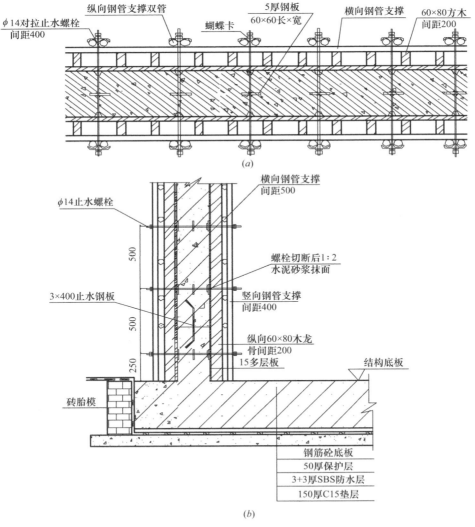

图 1-3-6   外墙体支模体系剖面示意

（a）横向；（b）纵向

⑧ 安装外墙模板时先按底板上的位置线将墙内侧模板吊装就位并用线锤校正后固定，安装止水螺栓。再安装外墙外侧模板。

⑨ 外墙板固定后校正加固阴阳角，用止水螺栓将阴阳角与墙模连接牢固（图1-3-7）防止漏浆。模板与模板接触面必须粘贴海绵条。为防下脚漏浆造成烂根，顶板混凝土施工时，将墙柱脚处混凝土抹平压光，立模前在模板下口粘贴海绵条。

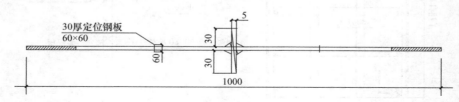

图1-3-7　止水螺栓示意

（2）地下室普通混凝土墙模板

地下室普通混凝土墙厚300mm，模板采用15mm厚覆膜多层板组拼。背楞竖肋采用60mm×80mm方木，方木间距按200mm布置，最下面一道距地面200mm。用 $\phi14$ 定位螺栓固定，墙内穿塑料套管。横向间距为400mm，纵向间距为500mm。

01.03.005
混凝土结构构件的
施工-现浇板模板

4. 地下室顶板模板

（1）脚手架搭设参数（表1-3-6）

脚手架搭设参数　　　　　　　　　　　　　　　　　　　表1-3-6

计算板厚（mm）	400
搭设参数	
支架形式	扣件式钢管模板支架，梁底采用双扣件与立杆连接
搭设高度（m）	3.6-0.18=3.42
板底方木	60×80@300
立杆纵距（mm）	800
立杆横距（mm）	800
立杆步距（mm）	1800
剪刀撑	在架体四周满布及内部纵横向每4跨设置竖向剪刀撑，并在水平方向从顶层开始每两步设置一道水平剪刀撑，顶层和最底层必须设置水平剪刀撑
扫地杆	离地（楼）面200mm高，纵横向连续设置
立杆基础	钢筋混凝土筏板基础
钢管类型	全部采用 $\phi48×3.5$（壁厚不小于3.0mm）

（2）工艺流程

搭设满堂钢管脚手架→安装可调钢托→安装水平双钢管→安装次龙骨→调整楼板下皮标高及起拱→铺设多层板模板→检查、调整模板上皮标高、平整度。

（3）多层板模板安装

1）对于不够整模板的楼板，拼缝不放在梁板、墙板交接处，尽量选在顶板大面处，拼缝严密，并用塑胶带进行粘贴。

2）梁板节点处，铺板时重点控制板头与梁侧模上口在一条线上，避免将来出现错台。

3）内、外墙与顶板节点：为保证墙与顶板按接处不留施工缝痕迹，墙体混凝土浇筑时高出 1cm；多层板与墙体接触面粘贴密封条，粘贴时，粘在多层板上口往下 5mm 位置，避免密封条吃进顶板。

4）楼板支撑采用满堂落地钢管脚手架体系支撑。地下室支柱纵、横向间距 800mm，步距为 1800mm，拉杆第一排距地 200mm，钢托自由端高度小于等于 200mm。多层板模板次楞采用 60mm×80mm 方木，间距小于等于 300mm；主楞两根 $\phi48×3.5$ 钢管，楼板按要求起拱，当跨度大于等于 4m 时，起拱高度为全跨度 2‰。

5）支架的支柱从边跨一侧开始，依次逐排安装，立杆支设时带通线。支架搭设完毕后，检查板下次楞与支柱连接及支架安装的牢固性，并依据给定的水平线，调节支模翼托的高度，将次楞找平。

6）满堂模板支架的四边与中间每隔四排支架立杆设置一道纵向剪刀撑，由底至顶连续设置；支架立杆应竖直设置，其构造须符合《建筑施工扣件式钢管脚手架安全技术规范》JGJ 130—2011。

7）除了要遵守《建筑施工扣件式钢管脚手架安全技术规范》JGJ 130—2011 的相关要求外，严格按以下内容搭设、施工：

① 立杆之间必须按步距满设双向水平杆，确保纵横向方向足够的设计刚度；

② 梁和楼板荷载相差较大时，可以采用不同的立杆间距，但只宜在一个方向变距、而另一个方向不变；

③ 纵、横向水平杆不宜小于 3 跨，纵、横向水平杆接长采用对接扣件连接；

④ 两根相邻水平杆的接头不宜设置在同步或同跨内；

⑤ 不同步或不同跨两个相邻接头在水平方向错开的距离不得小于 500mm；各接头中心至最近主节点的距离不得大于纵距的 1/3。

（4）支模体系的构造及安装要求

1）立柱纵横向间距应相等或成倍数。

2）立杆地步应设垫木和支座，垫板厚度不得小于 50mm，顶部应设可调支托，U 型托与楞梁两侧须塞紧，其螺杆伸出钢管顶部不得大于 200mm，对于 $\phi48×3.5$ 钢管螺杆外径不得小于 35mm，安装时应保证上下同心。

3）在立杆距地面 200mm 高处，沿纵横向水平方向应按纵下横上的程序来设置扫地杆。可调支托底部的立杆顶端应沿纵横向设置一道水平拉杆。在每一步距处纵横向应各设一道水平拉杆。所有水平拉杆的端部均应与四周建筑物顶紧顶牢。无处可顶时，应在水平拉杆端部和中部沿竖向设置连续式剪刀撑。

4）当立杆底部不在同一高度时，高处的纵向扫地杆应向低处延长不少于 2 跨，高度差不得大于 1m，立杆距边坡上方边缘不得小于 0.5m。

5）立杆接长严禁搭接，必须采用对接扣件连接，相邻两立杆的对接接头不得在同步内，且对接接头沿竖向错开的距离不宜小于 500mm，各接头中心距主节点不宜大于步距的 1/3。

6）严禁将上段的钢管立杆与下段钢管立杆错开固定在水平杆上。

7）满堂模板和共享空间模板支架立杆，在外侧周围应设由上到下的竖向连续式剪刀撑；中间在纵横向每隔 10m 左右设由上至下的竖向连续式剪刀撑，其宽度宜为 4～6m，并在剪刀撑部位的顶部、扫地杆部位设置水平剪刀撑。剪刀撑杆件的底端应与地面顶紧，夹角宜为45°～60°。

8）当支架立杆高度超过5m，应在立杆周圈外侧和中间有结构柱的部位，按水平间距6～9m、竖向间距2～3m与建筑结构设置一个固结点。

9）钢管立杆的扫地杆、水平拉杆、剪刀撑应采用 $\phi48\times3.5$ 钢管，用扣件与钢管立杆扣牢。钢管扫地杆、水平拉杆应采用对接，剪刀撑应采用搭接，搭接长度不小于500mm，并应采用两个旋转扣件分别在离杆端不小于100mm处进行固定。

（5）立杆步距的设计及搭设要求

1）当架体构造荷载在立杆不同高度轴力变化不大时，可以采用等步距设置。

2）高支撑架步距以0.9～1.5m为宜，不宜超过1.5m。

3）纵、横向水平杆件不得少于3道，即距地200mm扫地杆1道，距钢托底小于等于300mm1道，立杆中部1道。

4）立杆垂直度的偏差小于1/500，且最大值小于50mm。

（6）支撑架搭设的要求

1）严格按照设计尺寸搭设，立杆和水平杆的接头均应错开在不同的框格层中设置。

2）确保立杆的垂直偏差和横杆的水平偏差小于《建筑施工扣件式钢管脚手架安全技术规范》JGJ 130—2011的要求。

3）确保每个扣件和钢管的质量满足要求，每个扣件的拧紧力矩都要控制在45～60N·m，钢管不能选用已经长期使用发生变形的。

4）剪力墙与框架柱先浇筑，浇筑完毕后再支设顶板模板。

（7）施工使用的要求

1）精心设计混凝土浇筑方案，确保模板支架施工过程中均衡受载，本工程顶板混凝土浇筑：先浇筑柱帽底板混凝土，然后从板的跨部向两边扩展的浇筑方式。

2）严格控制实际施工荷载不超过设计荷载，对出现的超过最大荷载要有相应的控制措施，钢筋等材料不能在支架上方堆放，混凝土浇筑过程中严格控制集中堆载厚度不得大于500mm厚。

3）浇筑过程中，派人检查支架和支承情况，发现下沉、松动和变形情况及时解决。

（8）支撑体系的拉接

待墙体、框架柱结构混凝土强度达到50%以上后，模板承重架利用剪力墙或柱作为连接连墙件，采用钢性连接。立杆距剪力墙边小于200mm，水平杆端部与剪力墙顶紧，以加强整个架体的稳定性。

5. 梁模板

（1）脚手架搭设参数

本工程地下设备间一梁主要截面尺寸为400mm×800mm，层高5.05m，各截面梁搭设参数见表1-3-7。

01.03.006
混凝土结构构件的
施工-现浇梁模板

各截面梁搭设参数 　　　　　　　　　　　　　表1-3-7

主要截面（mm²）	400×800	400×800
计算截面（mm²）	200×500	200×400
计算跨度（mm）	4000	3000

续表

支架形式	扣件式钢管模板支架	扣件式钢管模板支架
搭设高度（mm）	4650	4650
梁底方木（mm²）	2 根 60×80（垂直于截面设置）	2 根 60×80（垂直于截面设置）
立杆横距（mm）	梁两侧立杆间距 1000	梁两侧立杆间距 1000
立杆纵距（mm）（跨度方向）	600	600
梁底支撑小横杆间距（mm）	450	450
立杆步距（mm）	1500	1500

（2）施工工艺流程

弹出梁轴线及水平线并复核→搭设梁模支架→安装梁底楞→安装梁底模板→梁底起拱→绑扎钢筋→安装梁侧模→安装斜撑和穿墙螺栓→校核梁模尺寸、位置→与相邻模板加固。

（3）支模体系的构造及安装要求

1）立杆地步应设垫木和支座，垫板厚度不得小于 50mm，顶部应设可调支托，U 型托与楞梁两侧须塞紧，其螺杆伸出钢管顶部不得大于 200mm，对于 φ48×3.5 钢管螺杆外径不得小于 35mm，安装时应保证上下同心。

2）在立杆距地面 200mm 高处，沿纵横向水平方向应按纵下横上的程序来设置扫地杆。可调支托底部的立杆顶端应沿纵横向设置 1 道水平拉杆。在每一步距处纵横向应各设 1 道水平拉杆。

3）当立杆底部不在同一高度时，高处的纵向扫地杆应向低处延长不少于 2 跨，高度差不得大于 1m，立杆距边坡上方边缘不得小于 0.5m。

4）立杆接长严禁搭接，必须采用对接扣件连接，相邻两立杆的对接接头不得在同步内，且对接接头沿竖向错开的距离不宜小于 500mm，各接头中心距主节点不宜大于步距的 1/3。

5）严禁将上段的钢管立杆与下段钢管立杆错开固定在水平杆上。

6）当支架立杆高度超过 5m，应在立杆周圈外侧和中间有结构柱的部位，按水平间距 6～9m、竖向间距 2～3m 与建筑结构设置 1 个固结点。

7）钢管立杆的扫地杆、水平拉杆、剪刀撑应采用 φ48×3.5 钢管，用扣件与钢管立杆扣牢。钢管扫地杆、水平拉杆应采用对接，剪刀撑应采用搭接，搭接长度不小于 500mm，并应采用 2 个旋转扣件分别在离杆端不小于 100mm 处进行固定。

（4）安装方法

1）在柱墙上弹出梁的轴线、位置线和水平线并复核。

2）带通线搭设梁支柱，立杆纵距小于等于 1.0m，横杆间距为小于等于 1.0m。

3）梁次楞与梁底模板预先加工好，并按要求起拱。当跨度大于等于 4m 时，起拱高度为全跨度 2‰。梁底设 10mm 宽清扫口。

4）梁侧模与 60mm×80mm 方木背楞预先加工成一体，待梁筋绑扎完毕，清除杂物后进行安装，模板拼缝处粘贴海绵条。

5）梁支撑体系为：梁底用 φ48 钢管做大楞，两端固定在顶板立柱上，若立柱间距大于750m，在ϕ48钢管中间加1道立柱，防止梁底弯曲变形。梁底大楞间距为450mm，立柱的间距（梁跨度方向）均为900mm。

6）立柱横杆第一道距地200mm，第二道距地1.5m。

7）在梁的下口安装夹具，通过ϕ12螺栓使夹具能够控制梁底不跑位，夹具间距600mm。当梁高大于750mm时，在梁内加1道ϕ12对拉螺栓，间距400mm；当梁高大于900mm时，在梁内加两道ϕ12对拉螺栓，间距400mm。

6. 楼梯模板

01.03.007
混凝土结构构件的施工
-现浇楼梯模板

1）楼梯底板模板采用多层板，次楞采用60mm×80mm方木，间距250mm，主楞为ϕ48×3.5钢管，间距为600mm。

2）楼梯踏步模板采用定型木模板。

3）楼梯支撑采用ϕ48×3.5钢管。

4）楼梯踏步在浇筑前按图纸要求预埋楼梯栏杆埋件（图1-3-8）。

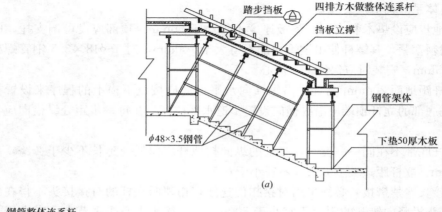

（a）

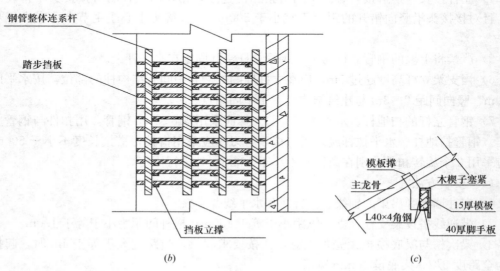

（b）

（c）

图1-3-8 楼梯支模体系示意

（a）楼梯支模体系剖面图；（b）楼梯支模架俯视图；（c）节点详图

7. 女儿墙模板

1）女儿墙模板采用 15mm 厚多层板，60mm×80mm 方木背楞定制大模，采用 φ48×3.5 钢管支撑，墙体穿墙螺栓直径为 12mm。穿墙螺栓水平间距为 600mm，竖向间距为 600mm。

2）墙体内楞采用 60mm×80mm 方木、外楞采用 φ48×3.5 钢管，内楞间距为 400mm（竖向），外楞（横向）间距为 500mm（双排）。

3）墙体内部设模板支撑铁，两端涂刷防锈漆，竖向设置 2 道（根据墙体高度）。第一排距地 20cm（图 1-3-9）。

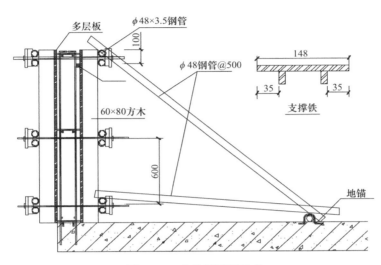

图 1-3-9　女儿墙模板示意

8. 后浇带模板

地下室顶板后浇带支撑体系按柱跨单独搭设，并与满堂脚手架采用刚性连接。

地下室顶板后浇带模板支设同基础底板后浇带做法。

基础底板后浇带支设方法如图 1-3-10 所示。

9. ±0.000 以上结构顶板

结构顶板厚度有 100mm、120mm，层高为 2900mm，楼板支撑采用轮扣体系支撑。支柱纵距 1200mm、横向间距 900mm，步距为 1800mm，钢拖自由端高度小于等于 200mm。多层板模板次楞采用 50mm×70mm 方木，间距小于等于 300mm；主龙骨采用 φ48×3.5 双钢管，间距小于等于 1.0m。楼板按要求起拱，当跨度大于等于 4m 时，起拱高度为全跨度 2‰（图 1-3-11）。

10. ±0.000 以上剪力墙模板安装

（1）模板选材及制作要求

模板制作要求牢固稳定，拼缝严密，尺寸准确，翻样尽量做到预制模板能通用、周转，便于组装和支拆。

模板制作和安装要实行样品先行制度，待样品验收合格后再大批量制作或安装，制作出的模板及时按类型、规格编号并注明标识。

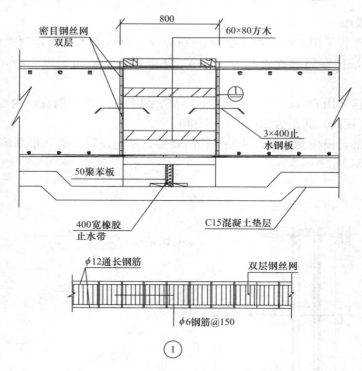

图 1-3-10 地下室底板后浇带模板示意

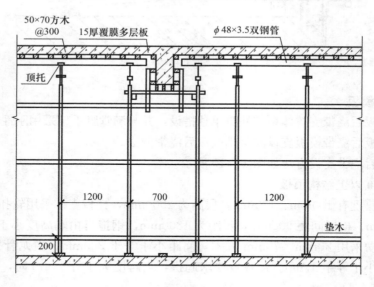

图 1-3-11 楼板支模体系示意

模板配制完成经验收合格后,小块模板吊入模板插放架码放整齐,大块模板按规格码放,以备使用,其中小块模板表面涂刷水性脱模剂。

(2)模板安装要求

模板安装位置、轴线、标高、垂直度应符合设计要求和标准。结构构件尺寸准确,门窗和大小洞口、水、电线盒、预埋件等位置尺寸准确,固定牢固。合模前,先检查钢筋、水电预埋件、门窗洞口模板、穿墙套管是否遗漏，位置是否准确，安装是否牢固。

模板安装前，施工缝处已硬化混凝土表面的水泥薄膜、松散混凝土及其软弱层剔凿、冲洗清理干净，受污染的钢筋清刷干净。模板安装应拼缝严密、平整、不漏浆、不错台、不胀模、不变形，模板拼缝处贴海绵条，不得突出模板面表面，严防浇入混凝土内。墙体模板下口堵缝用海绵条必须粘在模板上，不得直接粘在混凝土表面。顶板模板支撑要上层支架对准下层支架，并铺设垫板，拉杆、支撑牢固、稳定。

（3）施工工艺

1）按放线位置安装门洞模板，安放预埋件或木砖，把一面模板按位置线就位，然后安装拉杆、斜撑，安装 PVC 管和穿墙螺栓，穿墙螺栓采用 $\phi 14$ 圆钢制作，间距不大于 600mm，长度根据混凝土墙厚加工，墙模板采用方木（5cm×10cm）作模板拼缝处竖肋，其他处采用 5cm×5cm 方钢，间距不大于 250 mm；水平背楞采用型钢加固体系，间距不大于 500mm。

2）清理墙内杂物，再安另一侧模板，调整斜撑（拉杆），使模板垂直后，拧紧穿墙螺栓。

3）模板安装完毕后，应认真检查一遍螺母、螺栓是否紧固，模板的水平、垂直度是否达到规范要求。

4）墙模板立缝、下口、角缝要拼接严密。立缝、角缝要设于方木和胶合板形成的企口位置，以防漏浆错台。

5）墙模板的吊钩，设于模板上部，吊钩铁件（吊环）的连接应将面板和竖肋方木连接在一起。

6）要防止墙体混凝土厚薄不一致、墙上口过大、混凝土墙体表面粘连、角缝入墙过深、门窗洞口变形。

子任务3 模 板 拆 除

1. 模板拆除要求

1）模板的拆除措施应经技术主管部门或负责人批准，拆除模板的时间可按现行国家标准《混凝土结构工程施工质量验收规范》GB 50204—2015 的有关规定执行。冬期施工的拆模，应符合专门规定。

01.03.008
模板的拆除方法

2）当混凝土未达到规定强度或已达到设计规定强度，需提前拆模或承受部分超设计荷载时，必须经过计算和技术主管确认其强度能足够承受此荷载后，方可拆除。

3）在承重焊接钢筋骨架作配筋的结构中，承受混凝土重量的模板，应在混凝土达到设计强度的25%后方可拆除承重模板。当在已拆除模板的结构上加置荷载时，应另行核算。

4）大体积混凝土的拆模时间除应满足混凝土强度要求外，还应使混凝土内外温差降低到25℃以下时方可拆模。否则应采取有效措施防止产生温度裂缝。

5）后张预应力混凝土结构的侧模宜在施加预应力前拆除，底模应在施加预应力后拆除。当设计有规定时，应按规定执行。

6）拆模前应检查所使用的工具有效和可靠，扳手等工具必须装入工具袋或系挂在身上，并应检查拆模场所范围内的安全措施。

7) 模板的拆除工作应设专人指挥。作业区应设围栏，其内不得有其他工种作业，并应设专人负责监护。拆下的模板、零配件严禁抛掷。

8) 拆模的顺序和方法应按模板的设计规定进行。当设计无规定时，可采取先支的后拆、后支的先拆、先拆非承重模板、后拆承重模板，并应从上而下进行拆除。拆下的模板不得抛扔，应按指定地点堆放。

9) 多人同时操作时，应明确分工、统一信号或行动，应具有足够的操作面，人员应站在安全处。

10) 高处拆除模板时，应符合有关高处作业的规定。严禁使用大锤和撬棍，操作层上临时拆下的模板堆放不能超过3层。

11) 在提前拆除互相搭连并涉及其他后拆模板的支撑时，应补设临时支撑。拆模时，应逐块拆卸，不得成片撬落或拉倒。

12) 拆模如遇中途停歇，应将已拆松动、悬空、浮吊的模板或支架进行临时支撑牢固或相互连接稳固。对活动部件必须一次拆除。

13) 已拆除了模板的结构，应在混凝土强度达到设计强度值后方可承受全部设计荷载。若在未达到设计强度以前，需在结构上加置施工荷载时，应另行核算，强度不足时，应加设临时支撑。

14) 遇6级或6级以上大风时，应暂停室外的高处作业。雨、雪、霜后应先清扫施工现场，方可进行工作。

15) 拆除有洞口模板时，应采取防止操作人员坠落的措施。洞口模板拆除后，应按国家现行标准《建筑施工高处作业安全技术规范》JGJ 80—2016 的有关规定及时进行防护。

2. 支架立柱拆除

1) 当拆除钢楞、木楞、钢桁架时，应在其下面临时搭设防护支架，使所拆楞梁及桁架先落在临时防护支架上。

01.03.009
钢筋加工、模板施工及
混凝土施工安全技术

2) 当立柱的水平拉杆超出2层时，应首先拆除2层以上的拉杆。当拆除最后一道水平拉杆时，应和拆除立柱同时进行。

3) 当拆除4～8m跨度的梁下立柱时，应先从跨中开始，对称地分别向两端拆除。拆除时，严禁采用连梁底板向旁侧一片拉倒的拆除方法。

4) 对于多层楼板模板的立柱，当上层及以上楼板正在浇筑混凝土时，下层楼板立柱的拆除，应根据下层楼板结构混凝土强度的实际情况，经过计算确定。

5) 拆除平台、楼板下的立柱时，作业人员应站在安全处。

6) 对已拆下的钢楞、木楞、桁架、立柱及其他零配件应及时运到指定地点。对有芯钢管立柱运出前应先将芯管抽出或用销卡固定。

3. 条形基础、杯形基础、独立基础或设备基础的模板的拆除

1) 拆除前应先检查基槽（坑）土壁的安全状况，发现有松软、龟裂等不安全因素时，应在采取安全防范措施后，方可进行作业。

2) 模板和支撑杆件等应随拆随运，不得在离槽（坑）上口边缘1m以内堆放。

3) 拆除模板时，施工人员必须站在安全地方。应先拆内外木楞、再拆木面板；钢模板应先拆钩头螺栓和内外钢楞，后拆U形卡和L形插销，拆下的钢模板应妥善传递或用绳钩放至地面，不得抛掷。拆下的小型零配件应装入工具袋内或小型箱笼内，不得随处乱扔。

遵循先支后拆，后支先拆，自上而下，先拆侧向支撑，后拆竖向支撑；先拆不承重模板，后拆承重部分的原则。

4. 墙柱模板的拆除

1）当墙、柱混凝土拆模时，应先试拆一面或一个柱模，确定混凝土棱角不因拆模而受到破坏后，方可大面积进行拆除。

2）柱模拆除：先拆斜撑，再拆柱箍，然后用撬棍轻轻撬动模板，使模板与混凝土面脱离。拆卸模板时，应自上而下，模板及配料不得向地面抛掷。

3）墙模板拆除：拆除模板顺序与安装顺序相反，先拆外墙外侧模板、再拆内侧模板，先拆纵墙模板后拆横墙模板。首先拆下穿墙螺栓，再松开地脚螺栓，使模板向后倾斜与墙体脱开。

5. 梁及顶板模板的拆除

（1）强度要求（表 1-3-8）

现场随部位留置同条件试块，拆模以同条件试块的强度为依据。

【拓展提高 5】

底模拆除时混凝土强度规定 表 1-3-8

构件类型	构件跨度（m）	混凝土设计强度标准值的百分率（%）
板	≤2	≥50
	>2，≤8	≥75
	>8	≥100
梁、拱、壳	≤8	≥75
	>8	≥100
悬臂构件	—	≥100

（2）拆除顺序

下调楼板及模板支柱顶托，使底模下降→分段分片拆除楼板模板→拆除梁侧模板→拆除钢管架部分水平拉杆→拆除梁底模板及支撑系统。

拆模时要有专门负责人。谁支模谁拆除，并负责二次倒着使用，拆模时要严禁使大锤砸、撬棍乱撬，确保棱角不受损坏，拆模顺序应本着先支后拆，先上后下，先里后外，先拆除不承重模板，后拆承重模板为原则。

拆除梁下支柱时，先从跨中开始，分别向两端拆除。在任何时候拆除模板都必须两人以上进行，拆模时要环顾四周上下左右，以防材料突然坠落伤人伤己。

对活动部件必须一次拆除，拆完后方可停歇，如中途停止，必须将没有拆完的工作点、工作面、模板（活动部分）临时加设支顶，固定牢靠，以防坠落。所有模板及龙骨等要人工传递，不能往下扔，确保结构顶板表面不受损，严禁各种挂板自由坠落于地面。

对于所拆下的模板按编号及时码放整齐与清理干净，各种材料不要集中码放，以防止对结构本身带来不利影响。

子任务 4 质 量 检 查

1. 质量检查

主控项目：模板及其支架必须有足够的强度、刚度和稳定性。

一般项目：

1）模板接缝无漏浆，并浇水湿润。

2）模板与混凝土接触面清理干净并涂刷隔离剂。

3）浇筑混凝土前，模板内杂物清理干净。

现浇结构模板安装的允许偏差，要求符合表1-3-9的规定。

现浇结构模板安装的允许误差　　　　　　　　　　表1-3-9

项次	项目		允许偏差（mm）	控制偏差（mm）
1	轴线位置（柱、墙、梁）		3	3
2	底模上表面标高		±3	±3
3	截面尺寸（柱、墙、梁）		±3	±2
4	每层垂直度		3	2
5	相邻两板表面高低差		2	1
6	表面平整度		2	2
7	预埋管、预留孔中心线位置		2	2
8	预埋螺栓	中心线位置	2	2
		外露长度	＋5，0	＋5，－0
9	预留洞口	中心线位置	5	＋5，－0
		截面内部尺寸	＋5，0	＋5，－0

2. 质量保证措施

1）本项目开展全面质量管理工作，严格按照图纸要求、按照工艺标准、按照规范要求施工，并坚持自检、互检和交接检的工作方法。

2）由技术员、材料员、质检员对进场的模板、支撑和加工材料，进行认真检查，不合格的禁止采用。

3）为了保证施工质量，对进场的班组人员进行考核，通过后才可以上岗。

4）保证测量放线结构施工中轴线位置、标高位置的准确。

5）墙体模板在安装前用铁铲把模板上的灰浆清理干净，然后用拖布把灰尘清净，之后再均匀涂刷脱模剂，涂刷脱模剂的时间不可过早，防止板面粘灰尘，影响混凝土表面观感。

6）合模前，墙体及梁内设置模板支撑铁（长度为墙厚－2mm），支撑铁端头刷防锈漆。根据墙体高度，设置3～4道支撑铁，第一道距地15cm左右，水平间距1000mm，地下室外墙采用定位防水螺栓，以保证模板位置准确。

7）门洞口模板除了采用水平支撑，还在内侧加设45°斜撑，以确保刚度。

8）窗模在下口留设排气孔，确保空气排除以达到保证混凝土质量的目的。

9）墙、柱模板拼装前，先在墙根部，柱位置线以外粘贴海绵条。

10）所有支撑、龙骨及柱箍的规格、间距经计算确定，安装时严格执行。

11）梁板应按规格要求起拱；梁高大于700mm时加穿墙螺栓。

12）通排柱、剪力墙、主次梁要拉通线对模板进行校正，通线拉好后，不要撤，随打混凝土，设专人观察模板有无变形走位，及时调整模板。

13）所有模板拼缝处均粘贴海绵条，与混凝土面接触的模板面粘贴密封条。

14）严格执行同条件试块混凝土强度达标制度，不达标绝不拆模。

15）本工程提倡节约，反对浪费，严禁长料短用，对于浪费者、长料短用者一旦发现，给予本材料十倍罚款。

【课后自测及相关实训】

编制××工程模板工程施工方案（附件：××工程模板工程概况）。

单元 4　钢筋工程施工

【知识目标】　掌握钢筋工程施工方法和技术要求。

【能力目标】　能够组织实施钢筋工程相关工作；能分析处理钢筋工程施工过程中的技术问题，评价钢筋工程的施工质量；针对不同类型特点的工程，能编制钢筋工程施工方案。

【素质目标】　具有集体意识、良好的职业道德修养和与他人合作的精神，协调同事之间、上下级之间的工作关系。

【任务介绍】　沈阳××项目四期一标段 45 号、46 号楼位于沈阳市于洪区，建筑面积分别为 15226.4m²、15566.33m²。地上 27 层，为框架-剪力墙结构。根据实际情况编制钢筋工程施工方案。

【任务分析】　根据要求，确定钢筋工程施工需要做的准备工作，施工过程以及质量检查。

任务 1　钢筋工程施工方案编制

子任务 1　准备工作

1. 编制依据

《钢筋混凝土用钢 第 2 部分：热轧带肋钢筋》GB 1499.2—2007

《钢筋混凝土用钢 第 1 部分：热轧光圆钢筋》GB 1499.1—2008

《低碳钢热轧圆盘条》GB/T 701—2008

《钢筋混凝土用余热处理钢筋》GB 13014—2013

《建筑工程施工质量验收统一标准》GB 50300—2013

《混凝土结构工程施工质量验收规范》GB 50204—2015

《钢筋机械连接技术规程》JGJ 107—2016

《钢筋焊接及验收规程》JGJ 18—2012

《建筑物抗震构造详图》11G 329—1

《混凝土结构施工图平面整体表示方法制图规则和构造详图》16G 101—1

《混凝土结构施工图平面整体表示方法制图规则和构造详图》16G 101—2

《混凝土结构施工图平面整体表示方法制图规则和构造详图》16G 101—3

《钢筋混凝土结构预埋件》16G 362

《施工现场临时用电安全技术规范（附条文说明）》JGJ 46—2005

《建筑机械使用安全技术规程》JGJ 33—2012

《建筑施工安全检查标准》JGJ 59—2011

沈阳××项目四期一标段工程施工图

沈阳××项目四期一标段施组

2. 工程概况

同子项目三。

3. 施工安排

（1）施工机械配备

根据本工程的施工钢筋用量和各种钢筋型号比较多的特点，为保证施工质量及进度的要求，钢筋加工所需的机械见表 1-4-1。

钢筋加工所需的机械　　　　　　　　　表 1-4-1

序号	机具名称	数量	备注
1	切断机	8	用于直径 20mm 以上同型号 1 台；直径 20mm 以下同型号 1 台
2	弯曲机	12	用于直径 20mm 以上同型号 1 台；直径 20mm 以下同型号 1 台

续表

序号	机具名称	数量	备注
3	调直机	8	用于圆钢调直
4	砂轮机	6	用于螺纹钢的切断
5	电渣压力焊	20	大于等于14mm墙体竖向钢筋

后台机械按基础施工阶段总平面图进行布置，在钢筋加工前7d内调试到位，并安排专人进行维护，项目部由机械员专职负责，保证机械的正常使用及精确度的调整；施工工人准备好钢筋钩子、撬棍、扳子、绑扎架、钢丝刷子、手推车、粉笔、尺子等；所有钢筋加工机械，需作好防护工作，调直机械前搭设安全防护架，套丝机、调直机及弯曲机等使用油料的机械需设置接油盘。

（2）场区安排

1）根据施工总体安排，钢筋加工分4个部分，即钢筋原材区、钢筋调直区、钢筋加工区和成品堆放区，为有利进场材料的合理利用，进行统筹规划，按加工流水进行划分。

2）钢筋原材区：钢筋原材区设在钢筋加工棚的南侧，并浇筑混凝土枕基，钢筋分型号码放整齐并挂标识牌，标识牌上注明生产厂家、规格、型号、批号、出厂日期、检验状态等标证。

3）钢筋调直区、加工区：钢筋调直区、箍筋加工区、钢筋切断区、钢筋滚压直螺纹套丝区、马凳梯子筋加工区放在钢筋加工棚内。钢筋加工棚内地面使用混凝土硬化，同时加工棚周围设置排水沟，棚内地面随时保持干燥。钢筋调直设备的基础及地锚环均用1m³混凝土浇筑，保证调直工作的安全。每个钢筋加工区内必须挂牌标明该区文明施工负责人，项目部由钢筋工长负责钢筋区的文明施工，所有钢筋加工机械统一标识，并注明其使用状态，写明操作规程，在钢筋调直机前搭设钢管架，确保安全。

4）成品堆放区：钢筋的成品堆放设在钢筋加工棚的东侧，成品钢筋架空存放，所有钢筋成品堆放场地在塔式起重机覆盖范围内。

（3）劳动力安排（表1-4-2）

劳动力安排 表1-4-2

序号	工种	人数（人）	备注
1	钢筋下料	15	
2	钢筋绑扎	60	
3	电渣压力焊连接	20	
4	运料及清理	10	
	合计	83	

焊工必须持有效操作证上岗，辅助工人必须经过相应的培训方可上岗。技术工种进场后，必须对其进行考核分级，对考核不合格者必须退回。考核合格后，继续进行场内深化学习，学习后方可上岗。

4. 施工准备

（1）技术准备

1）图纸会审

① 图纸会审的程序：由各专业技术人员自行审查图纸，发现本专业施工图存在的问

题，及时做好记录；各专业施工图放在一起核对，检查尺寸、细部做法是否有相互冲突之处，发现问题及时记录。

② 项目总工主持项目内部的图纸会审会议，将各专业和专业配合中会出现的问题汇总，并组织大家进行分析，提出设计变更的建议。建设单位负责组织由设计、建设、监理、施工单位参加的图纸会审会议，与会人员达成一致的意见，在会后由项目专业工程师及时同设计单位和业主办理工程洽商。

③ 项目各专业技术人员应坚持日常的图纸审核制度，发现问题及时向项目总工汇报，重大问题由项目总工向公司技术部和总工程师汇报，同设计单位和业主协商解决。

④ 坚持做到施工前把图纸中存在的问题处理完毕，保证工程顺利进行。如果施工中出现本应该发现的问题，并影响了经济、进度，追究当事人一定的责任。

2）技术交底

① 工程在正式施工前，对参与施工的有关管理人员、技术人员和工人进行的一次技术性的交代与说明。包括设计交底、设计变更及工程洽商交底。

② 设计交底：通过向施工人员说明工程主要部位、特殊部位及关键部位的作法，使施工人员了解设计意图、建筑物的主要功能、建筑及结构的主要特点，掌握施工图的主要内容。

③ 设计变更及工程洽商交底：专业工程师及时将设计变更和工程洽商的主要原因、部位及具体变更做法向相关专业技术人员、施工管理人员、施工操作人员交代清楚，以免施工时漏掉或仍按原图施工。

④ 分项工程技术交底主要包括：施工准备、施工工艺、质量标准、成品保护、安全措施、注意事项。对非常规工序和新技术、新材料、新工艺和重点部位的特殊要求等，要编制作业指导书进行着重交代，把住关键部位的质量技术关。

（2）钢筋采购、运输、验收、堆放

1）项目材料室根据所审定钢筋计划，组织钢筋进场，进场时要有出厂质量证明和材质单，钢筋运到加工现场后由质检员、钢筋技术员共同进行外观检查（钢筋表面不得有裂纹、折痕和锈蚀等现象），外观检查合格后由技术部门通知试验员、监理单位做见证取样。

2）钢筋检验合格后，分规格、种类码放整齐，并准备防雨布。

3）扎丝：采用 22 号绑扎丝进行绑扎，扎丝的切断长度根据现场绑扎的要求，丝头允许露出 30mm，扎丝切断工根据现场实际测量长度，严格进行扎丝下料。

4）控制混凝土保护层用的砂浆垫块、塑料卡、各种挂钩或撑杆等，必须严格按照钢筋保护层的要求进行下料或订货，钢筋工长、技术员、质检员必须严格检查上述材料的规格、尺寸是否满足要求，如果不满足要求，当时通知退货或返工加工，保证到现场施工时，上述材料满足施工需要。

（3）钢筋加工准备

1）钢筋施工机械安装牢固，施工用电均有漏电保护和可靠接地。

2）工人提前熟悉图纸及钢筋下料单，尤其箍筋要放大样，控制好弯起点尺寸，如有问题及时解决。

3）加工完成的钢筋应作好标识牌，标明规格、型号，使用部位及钢筋检验状态，并画出简易的成型图形，钢筋装车由专人负责。

4) 提前作好钢筋放样工作,钢筋放样由有经验的钢筋工长或钢筋工程施工负责人担任,钢筋的放样单必须由项目钢筋工长或技术负责人签认后方可加工。钢筋的放样单由项目钢筋工长保存底单,该底单作为对钢筋用量及查核钢筋数量的原始依据。钢筋下料时统筹考虑,长短结合,提高钢筋的利用率。

5) 梯子筋、马凳、柱定位筋由专人焊制(地上采用成品马凳)。

(4) 钢筋绑扎准备

1) 材料准备:22号绑扎丝,钢筋马凳(支架),墙体钢筋梯子铁(尺寸必须下准)、拉钩、垫块、钢筋钩子、小撬杠、钢丝刷、粉笔、脚手架等。

2) 马凳铁可用下料剩下的短节焊接,底板马凳用 $\phi 20 \sim 22$,马凳底部采用涂防锈漆防锈。

3) 工长、工人提前熟悉图纸、交底、掌握钢筋绑扎连接顺序。

(5) 钢筋保护层垫块

基础底板及基础梁底钢筋:采用水泥砂浆垫块,间距600mm;墙、柱、梁侧钢筋采用塑料垫块,间距800mm;顶板、梁底钢筋:采用水泥垫块,间距600mm。

子任务2 施工过程

01.04.001
钢筋配料单及料牌的填写

1. 钢筋配料

1) 钢筋配料每个作业队各安排2名经验丰富的配料员专门负责,项目技术部设专人进行审核把关,以确保钢筋下料的准确性、统一性。

2) 节点放样,根据构件配筋图及设计构造图,利用计算机辅助手段做好钢筋节点放样。主要包括梁、柱、墙、板钢筋的锚固构造;梁柱节点、梁节点、梁与板之间钢筋的穿插顺序;板柱节点部位配筋构造;墙体截面突变部位钢筋的布置;洞口加强筋的设置以及特殊构造部位节点。对于设计图纸中钢筋配置的细节问题没有注明时,按构造要求处理。节点放样时对各节点进行编号并标明部位,通过节点放样,能够进一步熟悉图纸,同时使一些特殊构造部位变得清楚明了,重点突出,使钢筋配料时不至于盲目无章。

3) 根据配筋图及节点大样图,先绘出各种形状的单根钢筋简图并加以编号,然后分别计算钢筋下料长度和根数,填写配料单。配料时考虑钢筋的接头位置应相互错开,在绑扎搭接及焊接连接时,同一截面接头钢筋的面积在满足设计要求和施工规范要求的前提下有利于加工安装,尽量减少钢筋的截留损失。

4) 钢筋的下料长度计算:

① 钢筋下料长度计算时考虑弯起钢筋弯曲调整值的影响。

② 对于弯钩增加长度,根据施工经验值结合具体施工条件,根据钢筋试加工后的实测值,确定钢筋弯钩增加长度。

③ 对于变截面构件钢筋,采用按理论公式计算和钢筋试加工校核的办法,确定钢筋的下料长度。对外形比较复杂、采用理论计算钢筋长度比较困难时,用放足尺(1:1)或放小样(1:5)的办法求钢筋长度。

④ 钢筋弯曲时量度方法为统一量外包尺寸。

⑤ 钢筋配料时同时考虑施工中的附加钢筋,对附加钢筋应单独进行配料。

5) 所有放样料单均须符合设计及施工规范要求。

【拓展提高 6】

A. 钢筋下料长度的计算

已知某教学楼钢筋混凝土框架梁 KL1 的截面尺寸与配筋如图 1-4-1 所示，共计 5 根。混凝土强度等级为 C25。求各种钢筋下料长度。

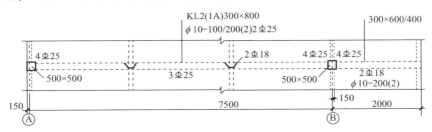

图 1-4-1　钢筋混凝土框架梁 KL1 平法施工图

解　1. 绘制钢筋翻样图

根据"配筋构造"的有关规定，得出：

(1) 纵向受力钢筋端头的混凝土保护层为 25mm；

(2) 框架梁纵向受力钢筋 Φ25 的锚固长度为 $35×25=875$mm，伸入柱内的长度可达 $500-25=475$mm，需要向上（下）弯 400mm；

(3) 悬臂梁负弯矩钢筋应有两根伸至梁端包住边梁后斜向上伸至梁顶部；

(4) 吊筋底部宽度为次梁宽＋$2×50$mm，按 $45°$ 向上弯至梁顶部，再水平延伸 $20d=20×18=360$mm。

对照 KL1 框架梁尺寸与上述构造要求，绘制单根钢筋翻样图（图 1-4-2），并将各种钢筋编号。

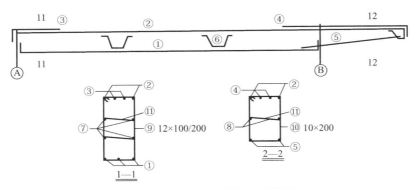

图 1-4-2　KL1 框架梁钢筋翻样图

2. 计算钢筋下料长度

计算钢筋下料长度时，应根据单根钢筋翻样图尺寸，并考虑各项调整值。

① 号受力钢筋下料长度为：

$(7800-2×25)+2×400-2×2×25=8450$mm

② 号受力钢筋下料长度为：

$(9650-2×25)+400+350+200+500-3×2×25-0.5×25=10888$mm

③ 号受力钢筋下料长度为：

$2745+400-2×25=3092$mm

④ 号受力钢筋下料长度为：

$4617+350-2\times25=4917$mm

⑤ 号受力钢筋下料长度为：

2300mm

⑥号吊筋下料长度为：

$350+2（1060+360）-4\times0.5\times25=3140$mm

⑦ 号腰筋下料长度为：

7200mm

⑧ 号腰筋下料长度为：

2050mm

⑨ 号箍筋下料长度为：

$2(770+270)+70=2150$mm

⑩ 号箍筋下料长度，由于梁高变化，因此要先按式（4-1）算出箍筋高差 Δ。

补充：变截面构件箍筋

根据比例原理，每根箍筋的长短差数 Δ，可按式（4-1）计算（图1-4-3）：

$$\Delta=\frac{l_c-l_d}{n-1} \qquad (4-1)$$

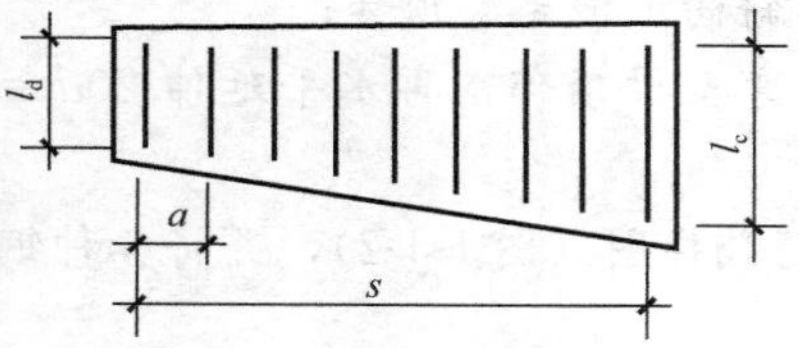

图1-4-3 变截面构件箍筋

式中 l_c——箍筋的最大高度；

l_d——箍筋的最小高度；

n——箍筋个数，等于 $s/a+1$；

s——最长箍筋和最短箍筋之间的总距离；

a——箍筋间距。

箍筋根数 $n=(1850-100)/200+1=10$，箍筋高差 $\Delta=(570-370)/(10-1)=22$mm

⑩$_1$ 号箍筋下料长度为：

$(270+570)\times2+70=1750$mm

⑩$_2$ 号箍筋下料长度为：

$(270+548)\times2+70=1706$mm

⑩$_3$ 号箍筋下料长度为：

$(270+526)\times2+70=1662$mm

⑩$_4$ 号箍筋下料长度为：

$(270+504)\times2+70=1618$mm

⑩$_5$ 号箍筋下料长度为：

$(270+482)\times2+70=1574$mm

⑩$_6$ 号箍筋下料长度为：

$(270+460)\times2+70=1530$mm

⑩$_7$ 号箍筋下料长度为：

$(270+437)\times2+70=1484$mm

⑩$_8$ 号箍筋下料长度为：

（270＋415）×2＋70＝1440mm

⑩₉号箍筋下料长度为：

（270＋393）×2＋70＝1396mm

⑩₁₀号箍筋下料长度为：

（270＋370）×2＋70＝1350mm

⑩₁₁号单支箍下料长度为：

266＋3×8×2＝314mm

KL1 钢筋配料单见表 1-4-3。

KL1 钢筋配料单　　　　　　　　　　　　　　　表 1-4-3

钢筋编号	简图	钢号	直径 (mm)	下料长度 (mm)	单位根数	合计根数	重量 (kg)
①	400 ⌐ 7750 ⌐	Φ	25	8450	3	15	488
②	400 9600 500 350 200	Φ	25	10887	2	10	419
③	2742 400	Φ	25	3092	2	10	119
④	4617 350	Φ	25	4917	2	10	189
⑤	2300	Φ	18	2300	2	10	46
⑥	360 1060 350 1060 360	Φ	18	3140	4	20	126
⑦	7200	Φ	14	7200	4	20	174
⑧	2050	Φ	14	2050	2	10	25
⑨	270 770	Φ	10	2150	46	230	205
⑩₁	270 570	Φ	10	1750	1	5	
⑩₂	548×270	Φ	10	1706	1	5	
⑩₃	526×270	Φ	10	1662	1	5	
⑩₄	504×270	Φ	10	1626	1	5	48
⑩₅	482×270	Φ	10	1574	1	5	
⑩₆	460×270	Φ	10	1530	1	5	
⑩₇	437×270	Φ	10	1484	1	5	
⑩₈	415×270	Φ	10	1440	1	5	
⑩₉	393×270	Φ	10	1396	1	5	
⑩₁₀	370×270	Φ	10	1350	1	5	
⑪	266	Φ	8	334	28	140	18
							总量 1957

B. 钢筋代换

当施工中遇有钢筋的品种或规格与设计要求不符时，为确保施工质量和进度，往往提出钢筋变更和代换的问题。钢筋变更和代换可参照以下原则进行。

（A）代换原则

A）等强度代换：当构件受强度控制时，钢筋可按强度相等原则进行代换。

B）等面积代换：当构件按最小配筋率配筋时，钢筋可按面积相等原则进行代换。

C）当构件受裂缝宽度或挠度控制时，代换后应进行裂缝宽度或挠度验算。

（B）等强度代换方法

计算公式见式（4-2）。

$$n_2 \geqslant \frac{n_1 d_1^2 f_{y1}}{d_2^2 f_{y2}} \tag{4-2}$$

式中　n_2——代换钢筋根数；

　　　n_1——原设计钢筋根数；

　　　d_2——代换钢筋直径；

　　　d_1——原设计钢筋直径；

　　　f_{y2}——代换钢筋抗拉强度设计值，见表 1-4-4；

　　　f_{y1}——原设计钢筋抗拉强度设计值。

钢筋强度设计值（N/mm²）　　　　　　　　　　　　　　　　表 1-4-4

钢筋种类		符号	抗拉强度设计值 f_y	抗压强度设计值 f_y
热轧钢筋	HPB300	ϕ	270	270
	HRB335	Φ	300	300
	HRB400	Φ	360	360
	RRB400	Φ_R	360	360
冷轧带肋钢筋	CRB550		360	360
	CRB650		430	380
	CRB800		530	380

（C）等面积代换方法

钢筋按等强代换后，有时由于受力钢筋直径加大或根数增多而需要增加排数，则构件截面的有效高度 h_0 减小，截面强度降低。通常对这种影响可凭经验适当增加钢筋面积，然后再作截面复核。

对矩形截面的受弯构件，可根据弯矩相等，按式（4-3）复核截面承载力。

$$N_2 \left(h_{02} - \frac{N_2}{2 \times f_c b} \right) \geqslant N_1 h_{01} - \frac{N_1}{2 \times f_c b} \tag{4-3}$$

式中　N_1——原设计的钢筋拉力，$N_1 = A_{s1} f_{y1}$（A_{s1}——原设计钢筋的截面面积，f_{y1}——原设计钢筋的抗拉强度设计值）；

　　　N_2——代换钢筋拉力，$N_2 = A_{s2} f_{y2}$（A_{s2}——原设计钢筋的截面面积，f_{y2}——原设计钢筋的抗拉强度设计值）；

　　　h_{01}——原设计钢筋的合力点至构件截面受压边缘的距离；

　　　h_{02}——代换钢筋的合力点至构件截面受压边缘的距离；

F_c——混凝土的抗压强度设计值，见表 1-4-5；

b——构件截面宽度。

混凝土的抗压强度设计值表　　　　　　　　　　　　　　表 1-4-5

混凝土强度等级	抗压强度设计值 f_c （N·mm^{-2}）
C20	9.6
C25	11.9
C30	14.3

（D）代换注意事项

钢筋代换时，必须充分了解设计意图和代换材料性能，并严格遵守现行混凝土结构设计规范的各项规定；凡重要结构中的钢筋代换，应征得设计单位同意。

A）对某些重要构件，如吊车梁、薄腹梁、桁架下弦等，不宜用 HPB300 级光圆钢筋代替 HRB335 和 HRB400 级带肋钢筋。

B）钢筋代换后，应满足配筋构造规定，如钢筋的最小直径、间距、根数、锚固长度等。

C）同一截面内，可同时配有不同种类和直径的代换钢筋，但每根钢筋的拉力差不应过大（如同品种钢筋的直径差值一般不大于 5mm），以免构件受力不匀。

D）梁的纵向受力钢筋与弯起钢筋应分别代换，以保证正截面与斜截面强度。

E）偏心受压构件（如框架柱、有吊车厂房柱、桁架上弦等）或偏心受拉构件作钢筋代换时，不取整个截面配筋量计算，应按受力面（受压或受拉）分别代换。

F）当构件受裂缝宽度控制时，如以小直径钢筋代换大直径钢筋，强度等级低的钢筋代替强度等级高的钢筋，则可不作裂缝宽度验算。

【例题】

今有一块 6m 宽的现浇混凝土楼板，原设计的底部纵向受力钢筋采用 HPB300 级 Φ12 钢筋@120，共计 50 根。现拟改用 HRB335 级 ⏀12 钢筋，求所需 ⏀12 钢筋根数及其间距。

解：本题属于直径相同、强度等级不同的钢筋代换，采用式（4-2）计算：

$$n_2 = 50 \times \frac{270}{300} = 45 \text{ 根}, \quad \text{间距} = 120 \times \frac{50}{45} = 133.3 \text{ 取 } 130\text{mm}$$

【例题】

今有一根 400mm 宽的现浇混凝土梁，原设计的底部纵向受力钢筋采用 HRB335 级 ⏀22 钢筋，共计 9 根，分二排布置，底排为 7 根，上排为 2 根。现拟改用 HRB400 级 ⏀25 钢筋，求所需 ⏀25 钢筋根数及其布置。

解：本题属于直径不同、强度等级不同的钢筋代换，采用式（4-3）计算：

$$n_2 = 9 \times \frac{22^2 \times 300}{25^2 \times 360} = 5.18 \text{ 根，取 6 根。}$$ 一排布置，增大了代换钢筋的合力点直构件代换钢筋的合力点直构件截面受压边缘的距离 h_0，有利于提高构件的承载力。

2. 钢筋加工

（1）钢筋调直

用 GT 6-14 型调直机调直钢筋时，要根据钢筋的直径选用调直模和传送压辊，并正确掌握调直模和压辊的压紧程度，调直模的偏移量要根据其磨耗程度及钢筋品种通过试验确定，调直后切割的长度应按照施工现场的

01.04.003
钢筋加工钢筋的调直、
钢筋的切断、钢筋的弯曲

钢筋长度要求进行断料，以最大限度的节约钢筋。调直筒两端的调直模一定要在等孔二轴心线上，若发现钢筋不直时，应及时调整调直模的偏移量，调整后仍不能调直到位应及时通知机修人员修理。钢筋调直时，盘圆钢筋必须通过调直机前的安全防护栏，应保证调直后钢筋平直、无局部弯折。

（2）钢筋除锈

钢筋表面应洁净，油渍、漆污或用锤击时能剥落的浮皮、铁锈等在使用前应清除干净。钢筋在调直过程中除锈，此外，还可采用钢丝刷子、砂盘等进行手工除锈；锈渍较严重的用酸除锈进行处理。在除锈过程中发现钢筋表面的氧化铁皮鳞脱落严重并已损伤截面，或在除锈后钢筋表面有严重的麻坑、斑点伤蚀截面时，通过试验的方法确定钢筋强度，确定降级使用或剔除不用。

（3）钢筋切断

1）同种规格钢筋根据不同长度长短搭配，统筹排料，先断长料，后断短料，减少损耗。

2）在工作台上标出尺寸刻度线并设置控制断料尺寸用的挡板，控制断料长度。

3）钢筋切断时应核对配料单，并进行钢筋试弯，检查料表尺寸与实际成型的尺寸是否相符，无误后方可大量切断成型。

4）钢筋切断时，钢筋和切断机刀口要成垂线，并严格执行操作规程，确保安全。在切断过程中，如发现钢筋有劈裂、缩头较严重的接头，立即进行切除处理。如发现钢筋的硬度与该钢筋品种有较大的出入时，必须及时向技术人员反映，查明情况。

（4）钢筋弯曲成型

1）弯钩弯折的规定（图1-4-4）

① HPB300级钢筋末端除板的上铁做直角弯钩外，其余均作180°弯钩，弯钩圆弧弯曲直径（D）不小于钢筋直径（d）的2.5倍，平直部分长度不小于钢筋直径（d）的3倍。

01.04.004
钢筋的弯曲值

② 钢筋需作成90°或135°弯折时，HRB335级钢筋的弯弧内径（D）不小于钢筋直径（d）的4倍，HRB400级钢筋的弯弧内径（D）不小于钢筋直径（d）的5倍，弯钩弯后的平直部分为10d或图纸设计要求。

③ 弯起钢筋中间部位弯折处的圆弧弯曲直径（D）不得小于钢筋直径（d）的5倍。弯曲点处不得有裂缝，如一根钢筋有2拐，两拐应在同一平面上，对于弯曲钢筋，弯曲点的位置位移情况也应注意。

④ 箍筋末端作135°弯钩，弯钩弯曲直径（D）大于受力钢筋直径（d），且不小于箍筋直径（d）的2.5倍，弯钩平直部分长度为箍筋直径（d）的10倍。

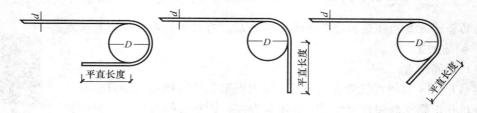

图1-4-4 钢筋弯钩示意

2）弯曲成型工艺

① 钢筋弯曲前根据钢筋料牌上标明的尺寸，用石笔将弯曲点位置画出。

② 考虑到采用弯曲成型机弯曲时，成型轴和心轴同时转动会带动钢筋向前滑移，当采用 90°弯钩时，弯曲点线约与心轴内边缘齐，弯曲 180°时，弯曲点线距心轴内边缘为 1.0～1.5d。

③ 曲线形钢筋成型时，先在工作台上放出钢筋弧线控制弯曲形状。

3）所有钢筋在大批量加工之前，均先进行试加工，检查钢筋形状、尺寸是否与配料单一致。并在加工过程中经常检查核对。

（5）钢筋加工质量要求

1）钢筋拉直应平直，无局部弯折。

2）钢筋切断口不得有马蹄形或起弯等现象，钢筋的长度应力求准确。

3）钢筋弯曲成型形状正确，平面上没有翘曲不平现象。

4）钢筋加工的允许偏差，见表 1-4-6。

钢筋加工允许偏差　　　　　　　　　　　　　　　　表 1-4-6

项目	允许偏差（mm）
受力钢筋顺长度方向全长的净尺寸	±10
弯起钢筋的起弯点位移	±20
弯起钢筋的弯起高度	±5

3. 钢筋锚固长度（表 1-4-7）

钢筋锚固长度　　　　　　　　　　　　　　　　表 1-4-7

钢筋种类	抗震等级	混凝土强度等级								
		C20	C25	C30	C35	C40	C45	C50	C55	>C60
HPB300	一、二级（l_{abE}）	45d	39d	35d	32d	29d	28d	26d	25d	24d
	三级（l_{abE}）	41d	36d	32d	29d	26d	25d	24d	23d	22d
	四级（l_{abE}）非抗震（l_{ab}）	39d	34d	30d	28d	25d	24d	23d	22d	21d
HPB335 HRBF335	一、二级（l_{abE}）	44d	38d	33d	31d	29d	26d	25d	24d	24d
	三级（l_{abE}）	40d	35d	31d	28d	26d	24d	23d	22d	22d
	四级（l_{abE}）非抗震（l_{ab}）	38d	33d	29d	27d	25d	23d	22d	21d	21d
HRB400 HRBF400 RRB400	一、二级（l_{abE}）	—	46d	40d	37d	33d	32d	31d	30d	29d
	三级（l_{abE}）	—	42d	37d	34d	30d	29d	28d	27d	26d
	四级（l_{abE}）非抗震（l_{ab}）	—	40d	35d	32d	29d	28d	27d	26d	25d
HRB500 HRBF500	一、二级（l_{abE}）	—	55d	49d	45d	41d	39d	37d	36d	35d
	三级（l_{abE}）	—	50d	45d	41d	38d	36d	34d	33d	32d
	四级（l_{abE}）非抗震（l_{ab}）	—	48d	43d	39d	36d	34d	32d	31d	30d

受拉钢筋基本锚固长度 l_{ab}、l_{abE}

受拉钢筋锚固长度 l_a、抗震锚固长度 l_{aE}			受拉钢筋锚固长度修正系数 ζ_a			
非抗震	抗震	注：	锚固条件		ζ_a	
		1. l_a 不应小于 200。	带肋钢筋的公称直径大于 25		1.10	
		2. 锚固长度修正数 ζ_a 按右表取用，当多于一项时，可按连乘计算，但不应小于 0.6。	环氧树脂涂层带肋钢筋		1.25	
			施工过程中易受扰动的钢筋		1.10	
$l_a = \zeta_a l_{ab}$	$l_{aE} = \zeta_{aE} l_a$	3. ζ_{aE} 为抗震锚固长度修正系数，对一、二级抗震等级取 1.15，对三级抗震等级取 1.05，对四级抗震等级取 1.00。	锚固区保护层厚度	$3d$	0.80	注：中间时按内插位，d 为锚固钢筋直径。
				$5d$	0.70	

注：1. HPB300 级钢筋末端应做 180°弯钩，弯后平直段长度不应小于 $3d$，但作受压钢筋时可不做弯钩。

2. 当锚固钢筋的保护层厚度不大于 $5d$ 时，锚固钢筋长度范围内应设置横向构造钢筋，其直径不应小于 $d/4$（d 为锚固钢筋的最大直径）；对梁、柱等构件间距不应大于 $5d$，对板、墙构件间距不应大于 $10d$，且均不应大于 100（d 为锚固钢筋的最小直径）。

4. 钢筋连接

（1）连接方式

本工程中地上竖向钢筋直径大于等于 14mm 时采用电渣压力焊连接，其他钢筋采用绑扎搭接。

（2）钢筋电渣压力焊连接

1）本工程机械连接接头均采用Ⅱ级接头。钢筋接头宜设置在受力较小处，同一纵向受力钢筋不宜设置两个或两个以上接头。接头末端至钢筋弯起点的距离不能小于钢筋直径的 10 倍。机械接头连接件之间净间距大于等于 25mm。

2）钢筋焊接连接的连接区段长度应按 $35d$ 计算，在同一连接区段内有接头的受力钢筋截面面积占受力钢筋总截面面积的百分率，应符合下列规定：

① 在同一连接区段内的Ⅲ级接头的接头百分率不应大于 25%；Ⅱ级接头的接头百分率不应大于 50%；Ⅰ级接头的接头百分率可不受限制。

② 接头宜避开有抗震设防要求的框架梁端、柱端箍筋加密区；当无法避开时；应采用Ⅰ级接头或Ⅱ级接头，且接头百分率不应大于 50%。

③ 对直接承受动力荷载的结构构件，接头百分率不应大于 50%。

（3）钢筋的搭接长度（表 1-4-8）

纵向受拉钢筋的搭接长度 $l_{lE} = \zeta l_a l_{aE}$。

纵向受拉钢筋的搭接长度　　　　　　　　　　　　表 1-4-8

纵向受拉钢筋搭接长度修正系数			
纵向受拉钢筋搭接接头面积百分率（%）	≤25	50	100
ζ	1.2	1.4	1.6

注：1. 钢筋绑扎搭接接头连接区段的长度为 1.3 倍搭接长度，凡搭接接头中点位于该连接区段内的搭接接头均属于同一连接区段。

2. 当不同直径的钢筋搭接时，其 l_{lE} 与 l_1 值按较小的直径计算。

3. 在任何情况下，纵向受拉钢筋绑扎搭接接头的搭接长度不应小于 300mm。

（4）本工程钢筋接头位置及接头百分率

1）基础筏板通长钢筋接头位置：上铁应设在支座附近，下铁设在跨中附近，接头错开，同一连接区段内的接头百分率不应大于 50％。

2）框架柱及暗柱钢筋接头：相邻纵向钢筋连接接头应相互错开，在同一截面内钢筋接头面积百分率不应大于 50％。

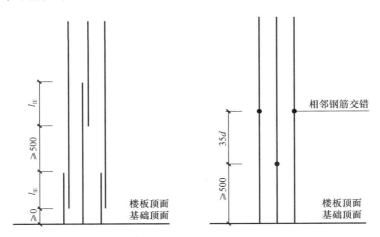

图 1-4-5　剪力墙约束边缘构件纵向钢筋连接构造

3）剪力墙竖向及水平分布筋的搭接接头位置相互错开，每次连接的钢筋数量不能超过 50％，错开净距不小于 500mm（图 1-4-5）。

4）框架梁上铁通长钢筋接头位置：上铁在梁跨中 1/3 净跨范围内，下铁在支座处，同一连接区段内的接头百分率不应大于 50％。

5）楼面板通长钢筋接头位置：下铁应在支座附近，上铁应在跨中附近，接头错开，同一连接区段内的接头百分率不应大于 50％钢筋总量。

5. 基础底板钢筋绑扎

（1）作业条件

1）按施工现场平面图规定的位置，将钢筋堆放场地进行清理、平整。将钢筋堆放台清理干净，按钢筋绑扎顺序分类堆放，并标识清楚，内容包括使用部位、数量、钢筋直径、钢筋长度等，并将锈蚀清理干净。

2）核对钢筋的级别、型号、形状、尺寸及数量是否与设计图纸及钢筋加工配料单相同。

3）项目测量工在施工过程中加强边坡位移的监测，发现问题及时与项目总工汇报。

4）熟悉图纸，确定钢筋穿插就位顺序，并与有关工种作好配合工作，如预埋管线与绑扎钢筋的关系，确定施工方法，作好技术交底。

（2）工艺流程

画钢筋位置线→X 向底板下铁→Y 向底板下铁→放置垫块→马凳钢筋→Y 向底板上铁→X 向底板上铁→墙、柱等插筋。

1）因本工程底板，先用黑墨弹出轴线、墙柱边线、集水坑位置线，再用红墨弹出底板下部钢筋位置线。

弹轴线时，每隔 5m 左右，用红油漆做三角标记，并注明轴线号，如 1-B 轴，如图 1-4-6 所示。

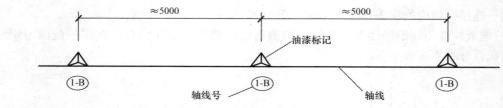

图1-4-6 1-B轴轴线标记

图1-4-7 墙边线标记

墙边线阳角处，用红油漆做三角标记，如图1-4-7所示。

2）双向底板下铁应满铺，东西向底板下铁的第一根筋距基础梁角筋垂直面为1/2板筋间距，并算出底板实际需用的钢筋根数（查钢筋料单），钢筋就位时，按照钢筋位置线进行摆放钢筋。

3）集水坑下铁待防水保护层做完根据坑的实际尺寸加工，实测时，应注意坑的阴角处的尺寸必须认真准确。

4）板上下铁钢筋绑扎：梁、板钢筋采用满绑，"八字扣"绑扎，以保证钢筋不移位。

① 放置基础底板垫块，间距600mm，梅花形布置。

② 底板钢筋马凳采用ϕ25钢筋制作，马凳应放在下网下铁之上。马凳脚下铁长300mm，马凳脚间距1500mm左右，马凳摆放间距1200mm。

③ 底板上铁开始绑扎前应在钢筋马凳上（或上网下铁上）用粉笔画出钢筋位置线，严格按所画钢筋位置线绑扎底板上铁，必要时还应拉麻线找直。底板钢筋按短向包住长向的原则进行绑扎，即短向筋在外，长向筋在内。

5）绑扎墙柱插筋时，用吊线的方法把墙柱位置弹在底板上网筋上，并用红油漆做标记。不便于吊线或地梁较高时，必须二次弹线，即用经纬仪或全站仪把墙柱位置弹在底板上网筋上，再依此绑扎墙柱插筋、定位筋。

6）基础底板墙柱插筋（图1-4-8、图1-4-9）

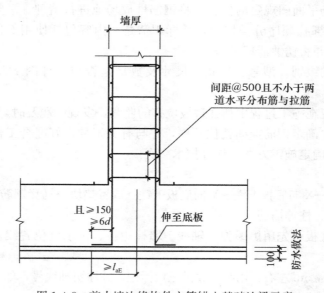

图1-4-8 剪力墙边缘构件主筋锚入基础地梁示意

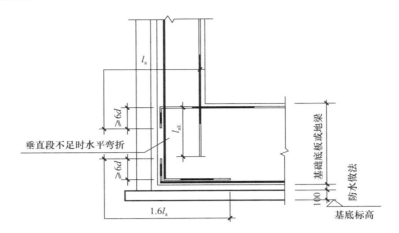

图 1-4-9　地下室外墙钢筋锚固示意

6. 墙体及暗柱钢筋绑扎

（1）作业条件

1）完成钢筋加工工作，核对钢筋的级别、型号、形状、尺寸及数量是否与设计图纸及加工配料单相同，做好预检记录。

2）根据弹好的外皮尺寸线，检查下层预留搭接钢筋的位置、数量、长度，如不符合要求，进行处理，绑扎前先整理调直下层伸出的搭接筋，并将锈及砂浆污垢清理干净。

3）根据标高检查下层伸出搭接筋处混凝土表面标高（柱顶、墙顶）是否符合图纸要求，如有松散不实之处，应剔除并清理干净。

4）钢筋焊接型式检验及现场工艺检验合格。

5）各种定位筋根据现场实际需要加工成型。

6）按需要搭好操作脚手架。

（2）墙体及暗柱钢筋绑扎

1）钢筋绑扎顺序

搭设操作脚手架→调整预留筋→套柱箍筋→连接竖向受力筋→画箍筋间距线→绑箍筋→墙体竖向钢筋→墙体水平钢筋→过梁钢筋→洞口附加筋 S 钩拉筋→洞口加强筋。

① 操作脚手架搭设详见墙、柱脚手架搭设方案。

② 调整预留筋，根据弹好的外皮尺寸线，检查预留钢筋的位置、数量、长度。绑扎前先整理调直预留筋，并将其上的砂浆等清除干净。

③ 套柱箍筋：按图纸要求间距，计算好每根柱箍筋数量，先将箍筋套在下层伸出的预留钢筋上。箍筋端头弯成 135°，弯钩平直段长度满足 10d（ϕ10 为 100mm；ϕ12 为 120mm；ϕ14 为 140mm；ϕ16 为 160mm；）对于不合格的箍筋严禁使用。

④ 连接竖向受力筋：钢筋丝扣加工后，随即加护套。直螺纹套筒连接时，首先两端画上标记检查线，丝扣是否有破坏，如丝扣有破坏要及时通知项目部技术人员进行处理。连接钢筋按标记拧入套筒，保证接头中间无缝隙；钢筋接头两端外露螺纹长度相等，且丝扣外露部分不超过一个完整丝扣。

01.04.006
混凝土结构构件的施工-现浇柱钢筋

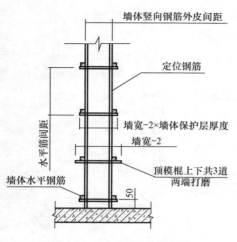

图1-4-10 墙体竖向梯子筋

⑤ 画箍筋间距线：在立好的柱竖向受力筋上，按图纸要求用粉笔画好箍筋间距线，第一道箍筋距板面为50mm。

⑥ 柱箍筋绑扎：a. 按画好的箍筋位置线，将已套好的箍筋向上移动，由上向下绑扎，采用缠口扣绑扎。b. 箍筋与主筋要垂直，箍筋转角处与主筋交点采用兜扣绑扎，箍筋与主筋非转角部分的相交点成梅花形交错绑扎。c. 箍筋的弯钩叠合处沿柱子竖筋交错布置，并绑扎牢固。

⑦ 先立墙梯子筋（图1-4-10、图1-4-11），间距1.2m，然后在梯子筋下部处绑两根水平钢筋，并在水平筋上画好分格线，最后绑竖向钢筋及其余水平钢筋。

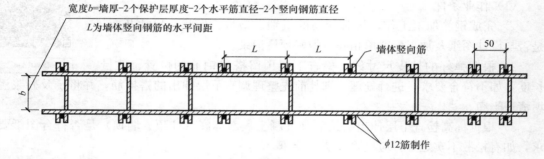

图1-4-11 墙体水平梯子筋

⑧ 墙钢筋逐点绑扎，两侧和上下应对称进行，钢筋的搭接长度及位置应符合钢筋连接要求。第一个水平筋接头距暗柱边大于等于150mm。

⑨ 绑扎过梁，先在门窗洞口的两侧暗柱上画好梁的上皮和下皮标高线，根据洞口宽度将所需要的箍筋数量套入过梁上部钢筋，将过梁上部筋绑牢在暗柱主筋上，再将过梁的下部钢筋插入箍筋内绑在暗柱上，然后在过梁横筋上画分格线，根据分格线绑好过梁箍筋，过梁箍筋的高度应为过梁高度减去50mm的保护层，第一个箍筋距暗柱边50mm。过梁主筋、洞口附加筋的锚固长度必须符合设计要求和施工规范。

⑩ 为确保混凝土构件的几何尺寸和混凝土保护层的准确，本工程在墙柱的上、中、下部位及梁侧采用混凝土顶棍与墙柱的上口采用混凝土定距框固定。混凝土顶棍的长度比所顶断面小2mm，混凝土顶棍安装时用22号扎丝绑扎固定。

⑪ 本工程挡土墙除图纸注明外，竖筋在内，水平筋在外，钢筋之间用$\phi6$拉结钢筋连接，间距详见施工图，梅花状布置，拉筋与外皮钢筋钩牢。内墙剪力墙竖筋在内，水平筋在外，钢筋之间设$\phi6$拉筋，间距如图1-4-12所示，梅花状布置。在钢筋外侧垫塑料垫块，以控制保护层厚度。

⑫ 剪力墙水平钢筋构造如图1-4-13所示。

⑬ 剪力墙竖向钢筋构造如图1-4-14所示。

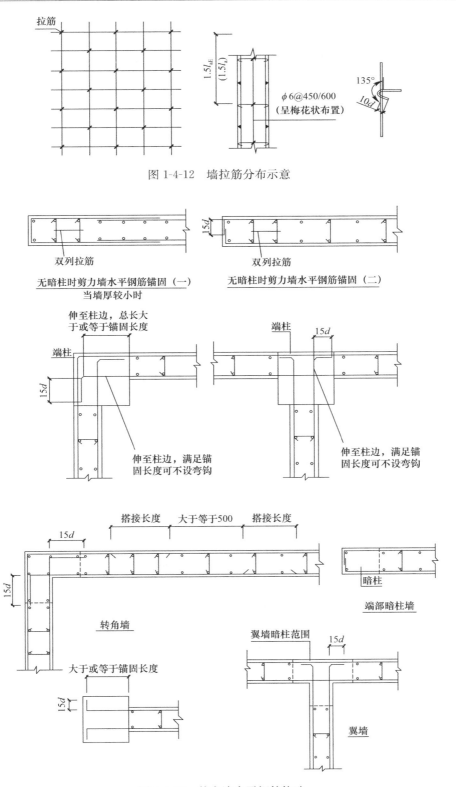

图 1-4-12　墙拉筋分布示意

图 1-4-13　剪力墙水平钢筋构造

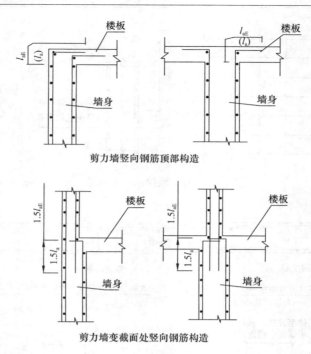

剪力墙竖向钢筋顶部构造

剪力墙变截面处竖向钢筋构造

图1-4-14 剪力墙竖向钢筋构造

⑭ 墙上有洞时，在洞口竖筋上划好标高线，洞口按设计要求加附加钢筋，洞口上下梁两端锚入墙内长度符合钢筋锚固要求。

⑮ 剪力墙及连梁洞边加筋详见结构构造做法。

（3）绑扎时的主要操作要点

1）暗柱第一道箍筋距板面50mm，墙体第一道水平筋距板面为50mm，箍筋水平开口方向沿暗柱四角交错放置，连梁箍筋竖直，箍筋距暗柱主筋两侧50mm，箍筋开口向上交错布置，箍筋的双肢平行，弯钩的弯曲直径大于主筋直径。

2）暗柱主筋要用线坠吊垂直，吊好后用钢管或钢筋临时定位，保证垂直度。

3）所有的墙体水平钢筋在绑扎时必须拉线，保证钢筋横平竖直。

4）暗柱主筋与箍筋绑扎采用缠扣，梁主筋与箍筋采用套扣，墙体钢筋绑扎均采用八字扣逐个绑扎牢固，并隔行换向；钢筋搭接处在搭接头中心和两端均绑牢，绑丝要量好尺寸，绑好后的绑丝外露长度不超过20mm，绑丝圆头朝向墙中，并将绑丝尾拨入。

5）钢筋绑扎过程中要使用各种定位卡具，以保证钢筋的间距、排距。顶模棍两端刷防锈漆。顶板内的水平钢筋和箍筋浇筑完墙体混凝土再绑，防止混凝土污染，暗柱绑扎时箍筋距梁下50mm，梁内箍筋绑扎梁时再绑扎。

6）水电通风各专业需在剪力墙体和连梁上开洞，必须有钢筋工配合，洞口四周加筋或加梁，加筋的钢筋规格必须符合设计和规范要求。

7. 顶板钢筋绑扎

（1）施工顺序

弹分格线→摆下部受力主筋→摆下部分布筋→钢筋绑扎成网→安装水电管线，预留孔洞→放马凳铁、摆上部分布筋→摆上部负弯筋→上部钢筋

01.04.007
混凝土结构构件的
施工-现浇板钢筋

绑扎成网→垫顶板下部钢筋保护层垫块→绑上部钢筋马凳铁。

1）绑扎钢筋前将模板上垃圾杂物清扫干净，用粉笔在模板上画好主筋、分布筋的分档间距，并弹出分格线。

2）按弹好的分格线，对单向板，先放受力主筋，后放分布筋，对双向板，则应先放短跨方向受力筋，后放长跨方向受力筋。板钢筋绑扎采用八字扣，顶板筋的交点全部绑扎，提前在主筋下设垫块。对阳台、雨篷、挑檐、空调板等悬挑结构，要严格控制保护层厚度、负筋的位置，防止变形。

3）待各种预埋管线、铁件、预留洞口安装好以后，再开始绑负弯矩筋，绑扎时先绑分布筋和马凳铁，后绑负弯矩筋，负弯矩筋与分布筋每扣必须绑扎牢固，顶板筋全部绑扎完以后，在受力主筋下每隔 600mm 左右垫一块 15mm 厚垫块。

4）在双层配筋之间设置 $\phi12\sim16$ 间距 1200mm 马凳筋控制上、下筋的间距，顶板马凳必须采用定型模具加工。马凳高度 h＝顶板厚度－上下保护层－下网下铁直径－上网钢筋直径，如图 1-4-15 所示。

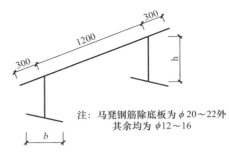

注：马凳钢筋除底板为 $\phi20\sim22$ 外其余均为 $\phi12\sim16$

图 1-4-15 工字马凳

5）顶板负弯矩筋处由于钢筋直径小，易产生变形，负弯矩筋处的马凳间距为 600mm，每个与结构钢筋的交点都要绑扎，如图 1-4-16 所示。

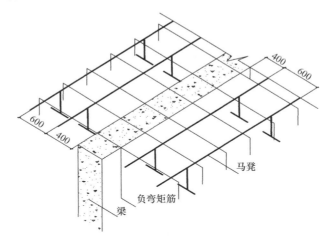

图 1-4-16 顶板负弯距筋处马凳摆放

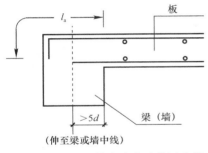

图 1-4-17 板钢筋在支座处锚固大样

6）板的底部钢筋采用 HPB300 级钢筋时，端部另加 180°弯钩，采用 HRB335 级钢筋时，端部不加弯钩。

7）板的中间支座上部钢筋（负弯矩筋）两端设直钩，板的边支座负弯矩筋设弯钩并伸至墙梁外皮留保护层厚度，伸入墙梁内应满足最小锚固长度，如不能满足锚固长度，加弯钩垂直段长度至满足锚固长度，如图 1-4-17 所示。

8）现浇板洞口加筋示意如图 1-4-18 所示。

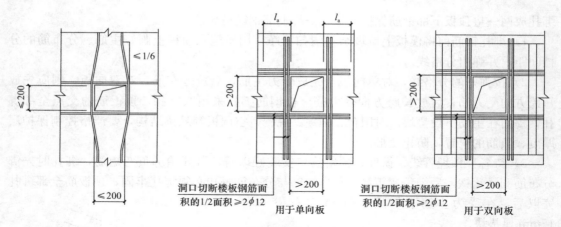

图 1-4-18 现浇板洞口加筋示意

8. 楼梯

01.04.008
混凝土结构构件的
施工-现浇楼梯钢筋

1）在楼梯支好的底模上，弹上主筋和分布筋的位置线。按设计图纸中主筋和分布筋的排列，先绑扎主筋，后绑扎分布筋，每个交点均应绑扎。如有楼梯梁时，则先绑扎梁钢筋，后绑扎板钢筋，板钢筋要锚固到梁内。

2）底板钢筋绑扎完，待踏步模板支好后，再绑扎踏步钢筋，并垫好垫块。

3）楼梯平台及平台梁在墙体混凝土浇筑完毕后再施工，楼梯梁在墙体内预埋聚苯留洞，聚苯用宽胶带包裹，防止聚苯颗粒掉入墙内，楼梯平台钢筋预埋在墙体内，钢筋沿平台板方向横向布置，待墙体混凝土浇筑完毕后剔出调直。

9. 二次结构

构造柱、抱框柱、框架填充墙过梁、墙体拉结筋等在主体结构施工时应首先考虑预埋。钢筋绑扎及连接详见装修施工方案。

【拓展提高7】

A. 钢筋连接方法

钢筋接头有三种连接方法：即绑扎搭接接头、焊接接头、机械连接接头。

钢筋连接的原则：钢筋接头宜设置在受力较小处，同一根钢筋不宜设置2个以上接头，同一构件中的纵向受力钢筋接头宜相互错开。

直径大于12mm以上的钢筋，应优先采用焊接接头或机械连接接头。

轴心受拉和小偏心受拉构件的纵向受力钢筋；直径 $d>28$mm 的受拉钢筋、直径 $d>32$mm 的受压钢筋不得采用绑扎搭接接头。

直接承受动力荷载的构件，纵向受力钢筋不得采用绑扎搭接接头。

钢筋连接常用的连接有以下7类：

01.04.009
钢筋的焊接连接
闪光对焊

焊接连接——闪光对焊接头、电阻点焊接头、电弧焊接头、电渣压力焊接头、气压焊接头、机械连接——套筒冷压接头、锥形螺纹钢筋接头。

（A）焊接连接

A）闪光对焊

闪光对焊具有成本低、质量好、工效高的优点，闪光对焊工艺又分为连续闪光焊、预热闪光焊、闪光—预热—闪光焊 3 种。钢筋闪光对焊是将 2 根钢筋安放成对接形式，利用焊接电流通过两根钢筋接触点产生的电阻热，使接触点金属熔化，产生强烈飞溅，形成闪光，迅速施加顶锻力完成的一种压焊方法。

a. 连续闪光焊。连续闪光和顶锻过程。施焊时，先闭合一次电路，使两根钢筋端面轻微接触，此时端面的间隙中即喷射出火花般熔化的金属微粒闪光，接着徐徐移动钢筋使两端面仍保持轻微接触，形成连续闪光。当闪光到预定的强度，使钢筋端头加热到接近熔点时，就以一定的压力迅速进行顶锻。先带电顶锻，再无电顶锻到一定长度，焊接接头即告完成。这种焊接形式适于焊接直径 $d<25mm$ 的钢筋。

b. 预热闪光焊。在连续闪光焊前增加一次预热过程，以扩大焊接热影响区。其工艺过程包括：预热、闪光和顶锻过程。施焊时先闭合电源，然后使两根钢筋端面交替地接触和分开，这时钢筋端面的间隙中即发出断续的闪光，而形成预热过程。当钢筋达到预热温度后进入闪光阶段，随后顶锻而成。这种焊接形式适用于焊接直径大且端面较平的钢筋。

c. 闪光—预热—闪光焊是在预热闪光焊前加一次闪光过程，目的是使不平整的钢筋端面烧化平整，使预热均匀。其工艺过程包括：一次闪光、预热、二次闪光及顶锻过程。施焊时首先连续闪光，使钢筋端部闪平，然后同预热闪光焊。这种焊接形式适用于焊接直径大且端面不平整的钢筋。

d. 质量控制

(a) 不同直径钢筋可以对焊，但其截面积之比不得超过 1.5。

(b) 外观检查：全数检查。要求接头处表面无裂纹和明显烧伤；接头处有适当镦粗的均匀的毛刺；接头处的弯折角不得大于 30°；接头处的轴线偏移不大于 $0.1d$，且不大于 2mm。外观检查不合格的接头，可将距接头左右各 15mm 处切除重焊。

(c) 机械性能试验：同一台班、同一焊工完成的 300 个同牌号、同直径接头为一批；当同一台班完成的接头数量较少，可在一周内累计计算，仍不足 300 个时应作为一批计算。从每批接头中随机切取 6 个接头，其中 3 个做抗拉试件，3 个做弯曲试验。

B) 电渣压力焊

电渣压力焊（简称竖焊）是将 2 根钢筋安放成竖向对接形成，利用焊接电流通过 2 根钢筋端面间隙，在焊剂层下形成电弧过程和电渣过程，产生电弧热和电阻热，熔化钢筋，加压完成的一种压焊方法。该工艺操作简单、工效高、成本低、比电弧焊接头节电 80% 以上，比绑扎连接和帮条焊节约钢筋 30%。多用于施工现场直径 $\phi14\sim40mm$ 的竖向或斜向（倾斜度 4∶1）钢筋的焊接接长（图 1-4-19）。

01.04.010
钢筋的焊接连接
电渣压力焊

a. 焊接程序

钢筋端部 120mm 范围内除锈→下夹头夹牢下钢筋→扶直上钢筋并夹牢于活动电极中→上下钢筋对齐在同一轴线上→安装引弧导电铁丝圈→安放焊剂盒→通电、引弧→稳弧、电渣、熔化→断电并持续顶压几秒钟。

(a) 下夹钳夹住下钢筋；

(b) 扶直上钢筋并夹牢于上夹钳中，使上下钢筋处于同一铅垂线上；

(c) 安装引弧导电铁丝圈；

(d) 套上焊剂盒；

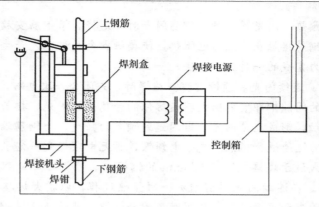

图 1-4-19　钢筋电渣压力焊设备示意

（e）将焊剂装入焊剂盒，并用棒条插捣；

（f）将焊机的负极线连接于上钢筋；

（g）通电后，摇动手柄将上钢筋略上提引弧，稳定电弧，使上下钢筋两端面均匀烧化；

（h）电弧稳定燃烧、上钢筋熔化；

（i）电弧熄灭转为电渣过程，渣池产生大量电阻热使钢筋端部继续熔化；

（j）切断电流、迅速顶压并持续几秒钟。焊接完成后，回收剩余的焊剂，可重复使用。焊接完成后的接头被包围在渣壳中，让接头保温半小时左右。待冷却后敲去渣壳，露出带金属光泽的鼓包接头。

b. 质量控制

（a）取样数量：从同一楼层中以 300 个同类型接头为一批（不足 300 时仍为一批），切 3 个接头进行拉伸试验。

（b）外观检查：电渣压力焊接头应逐个进行，要求接头焊包均匀、突出部分高出钢筋表面 4mm，不得有裂纹和明显的烧伤缺陷；接头处钢筋轴线偏离不超过 $0.1d$，且不大于 2mm；接头处的弯折角不得大于 30°。

C）电弧焊

电弧焊是电焊机送出低压强电流，使焊条与焊件之间产生高温电流，将焊条与焊件金属熔化，凝固后形成一条焊缝。电弧焊在现浇结构中的钢筋接长、装配式结构中的钢筋接头、钢筋与钢板的焊接中应用广泛。

接头形式：主要有帮条焊、搭接焊、坡口焊、窄间隙焊和熔槽帮条焊 5 种形式。

a. 帮条焊与搭接焊

帮条焊宜采用双面焊，不能双面焊时方可单面焊。帮条牌号与主筋相同时，帮条直径可与主筋相同或小一个规格；当帮条直径与主筋相同时，帮条牌号可与主筋相同或低一个牌号。帮条长度 l：被焊钢筋为 HPB300 级钢时，单面焊大于等于 $8d$，双面焊大于等于 $4d$；被焊钢筋为 HRB335、HRB400 级钢时，单面焊大于等于 $10d$，双面焊大于等于 $5d$（d 为主筋直径）。

帮条焊时，两主筋端面的间隙为 2～5mm。正式施焊前，帮条焊应在帮条和主筋之间用四点定位焊固定，施焊时，引弧应在帮条钢筋的一端开始，收弧时应在帮条钢筋端头上（图 1-4-20）。

搭接焊宜采用双面焊，不能双面焊时方单面焊。搭接焊前，先将钢筋端部按搭接长度预弯，保证被焊的两钢筋的轴线在同一直线上（图 1-4-21）。

搭接焊的搭接长度 l 与帮条长度相同。施焊前，两主筋之间用两点定位焊固定，定位焊缝应距搭接端部 20mm 以上。施焊时，引弧应在搭接钢筋的一端开始，收弧应在搭接钢筋端头上（图 1-4-21）。帮条焊和搭接焊的焊缝长度不应小于帮条或搭接长度，焊缝厚度 $s \geqslant 0.3d$；焊缝宽度 $b \geqslant 0.7d$（图 1-4-22）。

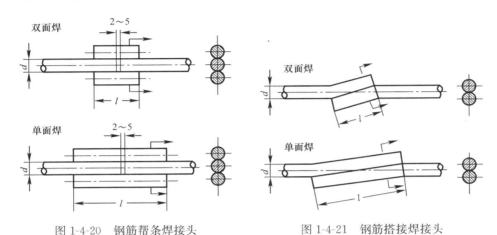

图 1-4-20　钢筋帮条焊接头　　　　　图 1-4-21　钢筋搭接焊接头

b. 坡口焊

施焊前应检查钢筋坡口面平顺，凹凸不平度不超过 1.5mm；坡口平焊时，V 形坡口角度为 55°～65°；立焊时，坡口角度为 45°～55°，其中下钢筋为 0～10°，上钢筋为 35°～45°。钢筋根部间距，平焊时为 4～6mm，立焊时为 3～5mm，最大间隙均不宜超过 10mm。加强焊缝的宽度应超过 V 形坡口的边缘 2～3mm，其高度也为 2～3mm（图 1-4-23）。

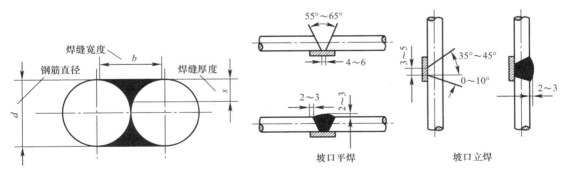

图 1-4-22　焊缝尺寸示意　　　　　图 1-4-23　钢筋坡口焊接头

c. 预埋件与钢筋的焊接

预埋件 T 形接头电弧焊的接头形式分贴角焊和穿孔塞焊 2 种。采用贴角焊时，焊缝的焊角 K 不小于 $0.5d$（HRB300 级钢筋）～$0.6d$（HRB335、HRB400 级钢筋）。

采用穿孔塞焊时，钢筋的孔洞应作成喇叭口，其内口直径应比钢筋直径 d 大 4mm，倾斜角为 45°，钢筋缩进 2mm。施焊时，电流不宜过大，严禁烧伤钢筋（图 1-4-24）。

钢筋与钢板搭接焊时，搭接长度不小于 $4d$（HPB300 级钢筋）～$5d$（HRB335、

HRB400 级钢筋），焊缝宽度 b 不小于 0.6d，焊缝厚度 s 不小于 0.35d（图 1-4-25）。

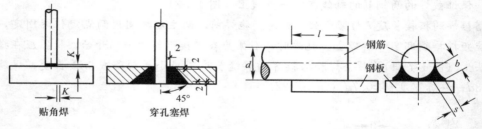

图 1-4-24　预埋件 T 型接头焊接　　　　图 1-4-25　钢筋与钢板搭接焊接头

D）电阻点焊

钢筋电阻点焊是将 2 根钢筋安放成交叉叠接形式，压紧于两电极之间，利用电阻热熔化母材金属，加压形成焊点的一种压焊方法。

01.04.012
钢筋的焊接连接-电阻点焊

E）气压焊

钢筋气压焊是采用氧乙炔火焰或其他火焰对两钢筋对接处加热，使其达到塑性态，加压完成的一种压焊方法。由于加热和加压使接合面附近金属受到镦锻式压延，被焊金属产生强烈的塑性变形，促使两接合面接近到原子间的距离，进入原子作用的范围内，实现原子间的互相嵌入扩散及键合，并在热变形过程中，完成晶粒重新组合的再结晶过程而获得牢固的接头。

01.04.013
钢筋的焊接连接-气压焊

钢筋气压焊工艺具有设备简单、操作方便、质量好、成本低等优点，但对焊工要求严，焊前对钢筋端面处理要求高。被焊两钢筋直径之差不得大于 7mm。

F）焊接接头检验

a. 拉伸试验

合格品：3 个试件的抗拉强度均不小于该牌号钢筋规定的抗拉强度；RRB400 钢筋接头试件的抗拉强度均不小于 570N/mm²。

不合格品：有 2 个试件的抗拉强度小于规定值或 3 个试件均在焊缝或热影响区发生脆性断裂时，则该批接头为不合格品。

复检：试验结果有 1 个试件的抗拉强度小于规定值或 2 个试件在焊缝或热影响区发生断裂，其抗拉强度均小于规定值的 1.1 倍时，则应切取 6 个试件进行复检。复检结果仍有 1 个试件的抗拉强度小于规定值，或有 3 个试件断于焊缝或热影响区，呈脆性断裂，其抗拉强度均小于规定值的 1.1 倍时，则该批接头为不合格品。

b. 弯曲试验

闪光对焊接头、气压焊接头应进行 900 弯曲试验。

合格品：弯至 900 时，有 2 个或 3 个试件外侧（含焊缝或热影响区）未发生破裂，则该批接头弯曲试验合格；

不合格品：当 3 个试件均发生破裂，则一次判定该批接头为不合格品。

复检：当有 2 个试件发生破裂，则应切取 6 个试件进行复检。复检结果仍有 3 个试件发生破裂时，则该批接头为不合格品。

注：当试件外侧横向裂纹宽度达到 0.5mm 时，应认定已经破裂。

（B）机械连接

A）套筒冷挤压接头

带肋钢筋套筒挤压连接是将2根待接钢筋插入钢套筒，用挤压连接设备沿径向挤压钢套筒，使之产生塑性变形，依靠变形后的钢套筒与被连接钢筋纵、横肋产生的机械咬合成为整体的钢筋连接方法（图1-4-26）。这种接头质量稳定性好，可与母材等强，但操作工人工作强度大，有时液压油污染钢筋，综合成本较高。钢筋挤压连接，要求钢筋最小中心间距为90mm。

01.04.014
钢筋机械连接-
钢筋套管挤压连接

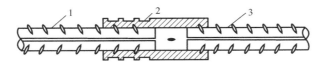

图1-4-26　钢筋套筒挤压连接

1—已挤压的钢筋；2—钢套筒；3—未挤压的钢筋

B）锥形螺纹钢筋接头

钢筋锥螺纹套筒连接是将2根待接钢筋端头用套丝机做出锥形外丝，然后用带锥形内丝的套筒将钢筋两端拧紧的钢筋连接方法（图1-4-27）。这种接头质量稳定性一般，施工速度快，综合成本较低。近年来，在普通型锥螺纹接头的基础上，增加钢筋端头预压或锻粗工序，开发出GK型钢筋等强锥螺纹接头，可与母材等强。

01.04.015
钢筋机械连接-钢筋套管
锥螺纹、直螺纹套管连接

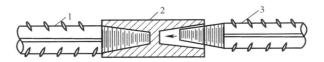

图1-4-27　钢筋锥螺纹套筒连接

1—已连接的钢筋；2—锥螺纹套筒；3—待连接的钢筋

C）直螺纹钢筋接头

这种连接是利用直螺纹套筒将2段钢筋对接在一起，也是利用螺纹的机械咬合力传递应力。

钢筋螺纹连接采用的是锥螺纹连接钢筋的新技术。锥螺纹连接套是在工厂专用机床上加工制成的，钢筋套丝的加工是在钢筋套丝机上进行的。钢筋螺纹连接速度快，对中性好，工期短，连接质量好，不受气候影响，适应性强。

子任务3　质量检查

1. 施工过程质量控制及要求

（1）钢筋原材质量控制

1）钢筋原材要求

① 进场热轧圆盘条钢筋必须符合《钢筋混凝土用钢 第1部分：热轧光圆钢筋》GB 1499.1—2008 的要求；进场热轧带肋钢筋必须符合《钢筋混凝土用钢 第2部分热轧带肋钢筋》GB 1499.2—2007 的规定。每次进场钢筋必须具有原材质量证明书。

② 进场钢筋表面必须清洁无损伤，不得带有颗粒状或片状铁锈、裂纹、结疤、折叠、油渍和漆污等。堆放时，钢筋下面要垫以垫木，离地面不得少于 20cm，以防钢筋锈蚀和污染。

2）钢筋原材复试

3）热轧带肋钢筋

取样：同一牌号、同一罐号、同一规格、同一交货状态，同冶炼方法的钢筋每不大于 60t 为一验收批。同一牌号、同一规格、同一冶炼方法而不同炉号组成的混合批的钢筋不大于 30t 可作为一批，但每批不大于 6 个炉号，每炉号含碳量之差应不大于 0.02%，含锰量之差应不大于 0.15%，否则应按炉号分别取样。每一验收批取一组试件（拉伸、弯曲各 2 个）。

必试项目：拉伸试验、弯曲试验。

4）热轧圆盘条

取样：在上述条件下取一组试件（拉伸 1 个、弯曲 2 个，取自不同盘）。

必试项目：拉伸试验、弯曲试验。

原材复试中见证取样数必须大于等于总试验数的 30%。

5）钢筋接头试验

① 班前焊（可焊性能试验）：在工程开工或每批钢筋正式焊接前，应进行现场条件下的焊接性能试验。合格后，方可正式生产。试件数量与要求，应与质量检查与验收时相同。

② 直螺纹连接：接头的现场检验按验收批进行。同一施工条件下采用同一批材料的同等级、同形式、同规格的接头每 500 个为一验收批，不足 500 个接头也按一批计，每一验收批必须在工程结构中随机截取 3 个试件做单向拉伸试验。在现场连续检验 10 个验收批，其全部单向拉伸试件一次抽样均合格时，验收批接头数量可扩大一倍。

6）配料加工方面

① 配料时在满足设计及相关规范、本方案的前提下要有利于保证加工安装质量，要考虑附加筋。配料相关参数选择必须符合相关规范的规定。

② 成型钢筋形状、尺寸准确，平面上没有翘曲不平。弯曲点处不得有裂纹和回弯现象。

（2）钢筋绑扎安装质量标准

1）钢筋绑扎安装必须符合《混凝土结构工程施工质量验收规范》GB 50204—2015、《钢筋焊接及验收规程》JGJ 18—2012 要求。

2）主控项目和一般项目

钢筋品种、质量、机械性能必须符合设计、施工规范、有关标准规定；钢筋表面必须清洁，带有颗粒状或片状老锈，经除锈后仍留有麻点的钢筋严禁按原规格使用；钢筋规格、形状、尺寸、数量、间距、锚固长度、接头位置必须符合设计及施工规范规定。

3）允许偏差项目（表 1-4-9）

允许偏差项目 表 1-4-9

序号	项目		允许偏差（mm）	检查方法
1	绑扎骨架	宽、高	±5	尺量
		长	±10	
2	受力主筋	间距	±10	尺量
		排距	±5	
		弯起点位置	±15	

续表

序号	项目		允许偏差（mm）	检查方法
3	箍筋，横向钢筋网片	间距	±10	尺量 连续5个间距
		网格尺寸	±10	
4	保护层厚度	基础	±5	尺量
		柱、梁	±3	
		板、墙	±3	
5	直螺纹接头外露丝扣	套筒外露整扣	≤1扣	目测
		套筒外露半扣	≤3扣	
6	梁、板受力钢筋搭接锚固长度	入支座、节点搭接	±10，−5	尺量
		入支座、节点锚固	±5	
7	预埋件	中心线位置	5	尺量
		水平高差	+3，0	尺量和塞尺

2. 质量控制要点

1）认真、细致审图，特别是梁柱节点；墙洞口加强筋、暗柱等部位，如钢筋过密，振捣棒无法插入时。提前放样，与设计单位协商解决。

2）弹线，以保证钢筋位置准确。

3）检查钢筋甩头、错开距离是否符合设计要求、规范规定。

4）检查垫块是否有足够强度，厚度是否准确。不同厚度的垫块是否分类保管。

5）制作钢筋定位框，以保证钢筋位置准确。

6）检查钢筋是否锈蚀、污染，锈蚀、污染钢筋经除锈、清理合格才能用于绑扎。

7）加工成型的钢筋尺寸、角度是否正确，弯曲、变形钢筋要调直。

8）检查主梁与次梁钢筋，梁柱节点钢筋关系是否正确。

9）检查钢筋锚固长度是否符合设计及规范要求。

10）检查钢筋接头是否按设计、规范错开；检查钢筋弯勾朝向是否正确。

11）检查箍筋加密区是否符合设计要求。

12）绑扎铁丝扣尾部是否朝向梁、墙、柱、板内，是否有缺扣、松扣。

13）检查箍筋是否垂直主筋，箍筋间距均匀。

14）检查双层底板钢筋，根据不同的厚度，上筋有无保护不被踩坏。上下筋的弯钩朝向。

15）对混凝土工进行教育，使其充分重视对钢筋工程的保护。在混凝土浇筑时设置看筋人员，随时拉线调整被碰移位的钢筋。

16）雨期钢筋堆场设防护棚，防止雨水淋湿钢筋使钢筋表面锈蚀。

3. 质量管理措施

1）工程部根据实际进度计划牵头，提出合理的钢筋进场计划，尽可能做到进场钢筋及时加工安装，减少现场钢筋堆放量、生锈量和占用场地量。

2）较为复杂的墙、柱、梁节点由现场技术人员按图纸要求和有关规范进行钢筋摆放放样，并对操作工人进行详细的交底。

3）对钢筋连接接头的检查，项目经理部专职质检员、项目监理部人员验收后分别分区打上不同颜色的标记（标记所用的印记不得过大，以免影响混凝土与钢筋的握裹力），确保每一个接头都为合格品。

4）墙板上的预留洞位置要准确，预留刚、柔性套管时，要与洞边附加筋焊牢。

4. 质量管理流程（图1-4-28）

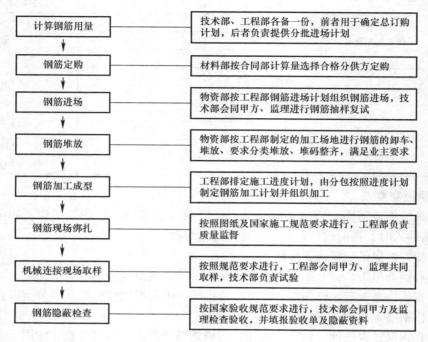

图 1-4-28　质量管理流程

5. 质量保证措施

（1）人员素质保证

施工前技术人员、工长、班组长必须认真熟悉、消化图纸，图纸中有疑问的地方，必须在施工前明确；项目技术负责人必须对作业人员进行详细的技术交底；特殊工种，如钢筋的焊接等作业人员必须持证上岗；加强对作业人员的工程质量意识教育，实行岗位责任制，认真执行质量奖罚制度。

（2）材料质量控制

材料质量必须符合设计要求及国家标准，进场材料必须有质量保证书、合格证、复试报告，不合格的材料不得用于本工程。

（3）机具质量控制

钢筋连接所用机具经检测合格后方可使用，并安排专人作周检、维修、保养，保证机具的工作质量。

【课后自测及相关实训】

编制××工程钢筋工程施工方案（附件：××工程钢筋工程概况）。

单元 5　混凝土工程施工

【知识目标】　掌握混凝土工程的施工方法和技术要求。

【能力目标】　能够组织实施混凝土施工工作；能分析处理混凝土施工过程中的技术问题，评价混凝土工程的施工质量；针对不同类型特点的工程，能编制混凝土工程施工方案。

【素质目标】　具有集体意识、良好的职业道德修养和与他人合作的精神，协调同事之间、上下级之间的工作关系。

【任务介绍】 沈阳××项目四期一标段 45 号、46 号楼位于沈阳市于洪区，建筑面积分别为 15226.4、15566.33m²。地上 27 层，为框架-剪力墙结构。根据实际情况编制混凝土工程施工方案。

【任务分析】 根据要求，确定混凝土工程施工需要做的准备工作、施工过程、施工的方法以及质量的检查。

任务 1 混凝土工程施工方案编制

子任务 1 准 备 工 作

1. 编制依据

《混凝土结构工程施工质量验收规范》GB 50204—2015；

《建筑工程施工质量验收统一标准》GB 50300—2013；

《混凝土结构工程施工规范》GB 50666—2011；

《地下防水工程质量验收规范》GB 50208—2011；

《高层建筑混凝土结构技术规程》JGJ 3—2010；

《混凝土泵送施工技术规程》JGJ/T 10—2011。

2. 工程概况

（1）设计简介

1）混凝土：除图中注明外，混凝土要求如下：网点部分见各图中说明。

2）基础和外挡墙采用抗渗混凝土，抗渗等级为 P6

3）剪力墙和外挡墙混凝土强度等级：

① 梁、板混凝土强度等级：C30 用于标高－0.100m 结构层；C25 用于其他各层。

② 柱混凝土强度等级：C30。

③ 楼梯、女儿墙及其他构件采用 C25 混凝土；构造柱、过梁、圈梁采用 C20 混凝土。

3. 现场概况

本工程结构全部采用预拌混凝土，由于现场场地狭窄，在浇筑过程中，合理安排、疏导车辆进出，加强与搅拌站的联系，保证混凝土的供应速度，确保混凝土浇筑的连续性。

4. 施工准备

（1）技术准备

本工程混凝土全部采用预拌混凝土。为保证预拌混凝土质量，在正式开始施工前与预拌混凝土搅拌站签定正式合同并附加技术条款，并在每次浇筑混凝土施工前一天填写"预拌混凝土浇灌申请"，根据每次混凝土施工的不同情况，天气、环境条件以及规定混凝土罐车单车运送时间做出相应的规定和要求。在夏季施工时保证混凝土罐车 30min 以内到达工地现场。

1）材料要求

水泥：采用普通 42.5 级硅酸盐水泥，并经建委认证的水泥产品。地下室混凝土预防碱集料反应，混凝土的碱含量应小于 3kg/m³。

粗骨料：粒径为 5～40mm，针片状颗粒含量小于 10%，含泥量小于 1%。抗渗混凝土：含泥量小于 1%，泥块含量小于 0.5%。

细骨料：采用中粗砂，细度模数 2.4～3.1，含泥量小于 3%，泥块含量不大于 0.5%。

普通混凝土水灰比不大于 0.65，抗渗混凝土水灰比不大于 0.5。

混凝土初凝和终凝时间：混凝土初凝时间不小于 4～6h，终凝时间均不大于 12h。混凝土从出机到现场的时间不超过 1h。

混凝土运到工地的坍落度控制：底板为 160±20mm，柱、墙体为 180±20mm，标准层顶板为 160±20mm。

外加剂：所有的外加剂必须满足混凝土坍落度、初凝时间的要求。同时，所有的外加剂均不得对钢筋有腐蚀性，且地下室部分所有外加剂均为低碱外加剂。

搅拌站必须按大连市建委的要求提供相应的技术资料。

2）技术交底准备

认真核实现场实际情况，依据本施工方案制订出适宜操作的施工技术措施，并向施工队提出、落实各项有关的技术要求。

按照施工进度，提前准备好所需机械、器具，组织、安排好现场管理人员和具体操作人员。

3）试验工作准备

① 在施工现场建立试验室，主要负责标准混凝土试块制作及养护。

② 试验室设标养室，配备自动喷淋保湿系统和温度湿度显示仪、100mm×100mm 标准试模、抗渗试模、坍落度筒等试验设备。

③ 试块制作数量：每盘、每工作班、每楼层、每 100m³ 的同配比混凝土，取样次数不得少于 1 次，每次浇筑数量不足 100m³ 时，也应取样 1 次。防水混凝土每 500m³ 制作 2 组抗渗试块。

④ 每次取样数量：

常温下，标养制作 1 组试块。

顶板另留 4 组同条件养护试块，以检验其强度是否达到设计强度的 100%，确定能否拆除顶板模板。

制定详细的试验计划，详见《试验方案》。

（2）生产准备

本工程地下室结构阶段主要使用汽车泵输送，地上结构阶段使用地泵。地泵布置在施工现场南侧大门口处，地泵旁设沉淀池 1 个，洗泵污水先经沉淀池沉淀后，再经排水沟排入场地内污水井。现场设 4 台 P370BLE 型混凝土地泵，布料杆采用 HG—12，2 台，作用半径为 12m，泵管直径为 125mm。

地泵主要参数如下：

混凝土输送量：低压：68m³/h，高压：42m³/h。

最大输送高度：低压：160m，高压：275m。

最大输送距离：低压：800m，高压：1375m。

主体阶段，泵管由建筑物的南侧进入建筑物，引至电梯间沿电梯间楼板预留洞垂直向上布管，至作业层后水平引向施工部位，所有机具见表 1-5-1。

机具准备一览 表 1-5-1

序号	机具名称	数量	备注
1	混凝土地泵	4台	
2	汽车泵	2台	
3	泵管	根据实际情况而定	根据工程进度进料
4	人工布料杆	2台	臂长 12m
5	振捣棒	$\phi50$，6m长5根；$\phi30$，6m长5根	
6	振捣器	5台	
7	平板振捣器	3台	楼板混凝土浇筑用
8	铁锹	30把	
9	4m 刮杆	10把	
10	塑料布	5000m²	混凝土养护及雨期备用
11	标尺杆	8把	墙柱混凝土浇筑分层用

（3）劳动力组织

本工程所有的结构混凝土浇筑要求专业而且要有丰富的施工经验人员施工，要求各施工队混凝土工长1人，班组长2人，工人20人，根据混凝土浇筑量的多少，随机安排，负责对进入现场的混凝土的放卸、出机、浇筑、振捣、收面等。各施工对工种人员分配情况见表 1-5-2。

各工种人员分配 表 1-5-2

序号	工种	人数
1	振捣工	3
2	收面工	10
3	壮工	7

子任务 2 施 工 过 程

1. 混凝土拌制

为确保商品混凝土的质量，本工程将选用具有三级资质且具有相应生产规模、技术实力和具有可靠质量保证能力且能提供良好服务的混凝土供应商两家（选一备一），以保证混凝土的质量稳定、供货及时，满足现场混凝土连续浇筑的要求，确保浇筑过程中不出现冷缝。

01.05.001
混凝土的搅拌

施工过程中应严格控制其坍落度、配合比、水灰比以及相关资料，施工前与搅拌站办理好合同，提出相关的技术要求，并应考虑预防混凝土碱集料反应的技术措施。

2. 混凝土运输

（1）输送泵的选择及布置

混凝土输送泵的选项应根据工程特点、混凝土输送高度和距离、混凝土工作性确定。混凝土输送泵管应根据输送泵的型号、拌合物的性能、总输出量、单位输出量、输送距离以及粗骨料粒径等进行选择。当混凝土粗

01.05.002
混凝土的运输
（含有坍落度实验）

骨料最大粒径不大于 25mm 时，可采用内径不小于 125mm 的输送泵管；混凝土粗骨料最大粒径不大于 40mm 时，可采用内径不小于 150mm 的输送泵管。

向上输送混凝土时，地面水平输送泵管的直管和弯管总的折算长度不宜小于竖向输送高度的 20%，且不宜小于 15m。输送泵管倾斜或垂直向下输送混凝土，且高差大于 20m 时，应在倾斜或竖向管下端设置直管或弯管，直管和弯管总的折算长度不宜小于高差的 1.5 倍。输送高度大于 100m 时，混凝土输送泵出料口的输送泵管位置设置截止阀。

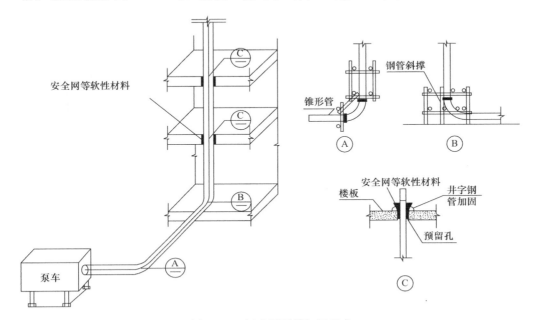

图 1-5-1 标准层泵管加固示意

泵管的支撑加固在每个管卡处设立，井字架在每个管卡下部加固，加固时，在钢管与泵管之间垫放木条或旧车胎，避免泵管与钢管直接接触，如图 1-5-1 所示。

为了减少混凝土浇筑时临时水平管的铺设，充分利用布料杆的旋转半径，布置布料杆时，本着"稳固、方便、就近"的原则布置。

布料杆不能放置在正在浇筑混凝土的顶板模上，应放置在相邻的施工段下层顶板上，以防破坏顶板模板和钢筋，影响结构质量。

（2）现场混凝土的接收

在混凝土到达现场后，现场派专人负责混凝土的接收工作，检查预拌混凝土小票上的各项内容是否符合现场技术要求，避免误用而造成质量事故；检查罐车在路上的行走时间，控制好混凝土的初凝时间，确保混凝土的浇筑质量，同时，现场派专职试验人员负责检查混凝土的坍落度，制作试块。

（3）混凝土的泵送操作要求

混凝土的泵送是一项专业性技术工作，混凝土泵司机必须经过专业培训并持证上岗。混凝土泵安装处的路面必须硬化，同时在混凝土泵附近设沉淀池，以便于混凝土泵的清洗。泵送时，必须严格按照混凝土泵使用说明进行操作，同时必须做到以下几点：

1）混凝土泵与泵管连接好后，先进行全面检查，确定接口、机械设备正常后方可开机。

2）混凝土泵启动后，先泵送适量的水，以湿润料斗、活塞、管壁等，经检查混凝土泵及泵管内没有异物并且没有渗漏后，采用同配比的减石子砂浆润管。

3）开始泵送时，混凝土泵必须处于慢速、匀速并可能随时进行反泵，然后逐渐加速，同时观察混凝土泵的压力和各系统的工作情况，待确认系统正常后再开始正式泵送。

4）泵送时，活塞的行程尽可能保持最大，以提高输出效率，也有利于机械的保护，混凝土泵的水箱或活塞清洗室必须保持盛满水。

5）当需要接管时，必须对新接管内壁进行湿润。

6）浇筑时，必须由远及近，连续施工。

7）当用布料杆布料时，管口应距模板50mm左右，将混凝土卸在卸料平台上，用铁锹间接下料，不得直接冲击模板和钢筋，在浇筑顶板混凝土时，不得在同一处连续布料，要在2~3m范围内水平移动布料，管口垂直于模板。

3. 基础底板混凝土施工

地下车库底板厚度为300mm。

01.05.003
混凝土结构构件的
施工-现浇柱混凝土

4. 框架柱混凝土施工

（1）特点及难点对策

1）混凝土初凝时间短，必须及时浇筑和振捣，否则易出现冷缝。

2）因层高较高，浇筑高度较高，必须分层浇筑，否则极易发生蜂窝孔洞。

3）混凝土水化热大，内部温度高，必须及时养护，防止混凝土强度增长受影响和形成贯通温度裂缝。

（2）施工工艺

1）工艺流程

模板、钢筋验收→混凝土泵、管布置→混凝土浇筑、振捣→混凝土养护→拆模后检查验收。

2）混凝土浇筑前应对模板进行检查，做好预检手续。浇筑前15min由专人负责放同配比减石子砂浆3~5cm厚，避免石子过多造成烂根、蜂窝。

01.05.004
混凝土的浇筑及振捣

3）混凝土的浇筑

采用分层浇筑法，每层浇筑高度不得超过500mm，用标尺杆和手电筒进行控制。上下层混凝土浇筑间隔时间应控制在混凝土初凝时间内，以免出现冷缝。

柱子混凝土浇筑高度应比楼板、梁、柱帽底面标高高出3cm，拆模后，由板底向上5mm弹线，剔除上部2.5cm厚浮浆。

4）混凝土的振捣

选用φ50、φ30振捣棒，采用垂直振捣，随浇筑随振捣，振捣棒要求快速插至底部，稍作停留，慢慢向上拔起，上下略微抽动，至表面泛浆无气泡时移至下一点，间距不得超过400mm。浇筑上一层混凝土时，振捣棒要插入下一层5cm，如图1-5-2所示。

独立柱振捣时，严格执行分层浇筑，分层振捣，根据标尺杆测出的浇筑高度，分层振捣，并采取振捣棒插入下一层混凝土5~10cm的做法，保证两层混凝土之间接茬的密实。

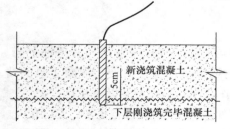

新浇筑混凝土
5cm
下层刚浇筑完毕混凝土

图1-5-2 新旧混凝土
交界处混凝土振捣示意

5. 墙体混凝土施工

（1）特点及难点对策

1）墙体钢筋较密，部分墙体截面尺寸较小，门窗洞口及预留套管较多。

2）地下室外墙留有竖向和水平施工缝，混凝土的浇筑和振捣十分关键，否则容易发生渗漏。

01.05.005
混凝土结构构件的
施工-现浇墙混凝土

（2）施工工艺

1）工艺流程

模板、钢筋验收→混凝土泵、管布置→混凝土浇筑、振捣→混凝土养护→拆模后检查验收。

2）混凝土浇筑前应对模板进行检查，做好预检手续。浇筑前 15min 由专人负责放同配合比减石子砂浆 3～5cm 厚，避免石子过多造成烂根、蜂窝。

3）墙体混凝土的浇筑

采用分层浇筑法，每层浇筑高度不得超过 500mm，用标尺杆和手电筒进行控制。上下层混凝土浇筑间隔时间应控制在混凝土初凝时间内，以免出现冷缝。混凝土下料点应选在一道墙体的中部，避免在墙拐角处下料，以使混凝土向两侧流淌。对于门窗洞口及一些较大的（500mm 以上）的预留预埋洞（套管）的部位，必须保证两侧同时下料，使两侧混凝土下料高度基本保持一致，避免洞口位移。为保证窗下口混凝土流满密实，除两侧同时下料外，需在窗口模板下部开 2～3 个 $\phi20\sim\phi30$ 排气溢浆孔，并在模板相应位置开观察孔，以便随时观察混凝土是否已满，掌握控制振捣时间。墙体混凝土浇筑高度应比楼板底面高出 3cm，拆模后，由板底向上 5mm 弹线，剔除上部 2.5cm 厚浮浆。

4）墙体混凝土的振捣

选用 $\phi50$、$\phi30$ 振捣棒及附着式振捣器，采用垂直拖振，随浇筑随振捣，振捣棒要求快速插至底部，稍作停留，慢慢向上拔起，上下略微抽动，至表面泛浆无气泡时移至下一点，间距不得超过 400mm。浇筑上一层混凝土时，振捣棒要插入下一层 5cm。施工中一定严禁底板混凝土流入墙体中，加强层相差 3 个强度等级混凝土。防止措施是浇筑墙体混凝土时保证墙体振捣完成后墙体混凝土沿着墙体侧面流到板顶距离 100mm，以保证在浇筑板混凝土时混凝土流入墙体（图 1-5-3）。

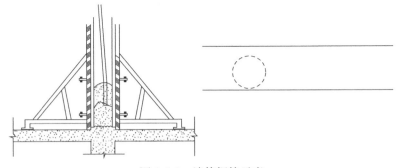

图 1-5-3　墙体振捣示意

5）施工缝的留置及处理

墙体竖向施工缝的处理：墙体竖向施工缝可用 15mm×15mm 的双层钢丝网绑扎在墙体钢筋上，外用 15mm 厚竹胶板封挡混凝土。当墙模拆除后，在距施工缝 50mm 处的墙面上两侧均匀弹线，用云石机沿墨线切一道深 5mm 的直缝，然后用钢钎将直缝以外的混凝土软弱层剔掉至露石子,清理干净。

墙体顶部水平施工缝处理:在墙体混凝土浇筑时,墙体混凝土表面高于两侧高于顶板底30mm,留平缝。拆除墙体模板后,弹出顶板底线,在墨线上5mm处用云石机切割一道深5mm的水平直缝,将直缝以上的混凝土软弱层剔掉至露石子,清理干净。

墙体底部施工缝处理:首先弹出墙体位置线,沿位置线墙内5mm,用砂轮切割机(换金刚片)切齐,深度视浮浆厚度而定,一般为10mm。剔凿至露石子,清理干净。

(3)地下室外墙防水构造和节点处理

1)防水要求

本工程的地下室防水等级为Ⅱ级,混凝土的抗渗等级为P6,所有地下室外墙均为抗渗混凝土。其中所有施工缝、外墙穿墙套管、模板的对拉螺栓、后浇带等节点部位均要做防水处理。

2)施工缝的处理

因外墙施工缝属于极易发生渗漏的部位,此处的处理对于地下室外墙的防水质量尤为重要。

3)对拉螺栓的节点处理

因外墙墙体模板的对拉螺栓需穿过外墙墙体,为了防止发生墙体对拉螺栓处发生渗漏,本工程地下室外墙墙体的对拉螺栓采用新型委外加工的对拉螺栓,如图1-5-4所示。

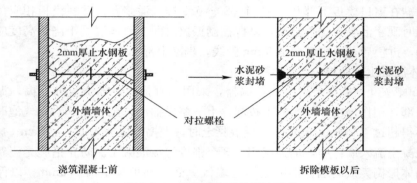

图1-5-4 外墙墙体对拉螺栓示意

4)外墙穿墙套管的防水构造

对于必须穿过外墙墙体的所有套管,在混凝土浇筑前,按照如图1-5-5所示进行留设,防止发生渗漏。

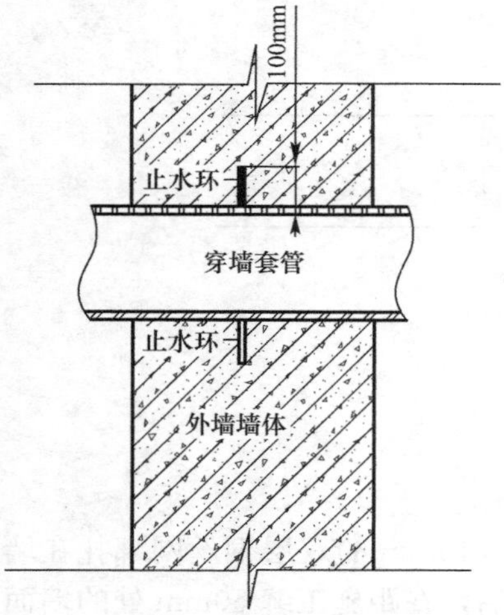

(4)墙体混凝土的养护

墙体混凝土的养护对于墙体的增长十分重要,故对于墙体的养护采取以下措施:

1)地下室墙体施工期间,采取不间断的浇水养护,保持墙体湿润,养护期为14d。

2)标准层施工阶段,正好处于冬期,为了保证混凝土强度的增长,做好混凝土保温。

6. 楼板混凝土施工

(1)楼板混凝土的浇筑

1)在浇筑以前,将楼板与墙体、柱子的施工缝剔

图1-5-5 外墙穿墙套管节点

凿完毕，清理干净，并用水润湿，保证接茬处的质量。在混凝土浇筑前，提前铺设脚手板，防止踩乱钢筋，并设专人看筋。

2）根据浇筑方量，提前确定浇筑顺序和混凝土的进场顺序，保护钢筋，保证混凝土初凝以前浇筑完毕。

<table><tr><td>01.05.006</td><td>01.05.007</td></tr><tr><td>混凝土的养护</td><td>混凝土结构构件的施工-现浇梁混凝土</td></tr></table>

3）楼板内有梁的部位混凝土浇筑时，首先保证梁内混凝土浇筑到板底位置，随即进行振捣，然后再浇筑楼板混凝土，保证梁内混凝土的密实。

4）标准层楼板的厚度较薄，统一为 C30 混凝土。楼板混凝土沿结构短边浇筑（即沿南北方向浇筑），往复推进，保证初凝以前的混凝土浇筑完毕。

5）标准层梁板混凝土与墙柱混凝土相差 2 个强度等级，核心区浇筑如图 1-5-6 所示。

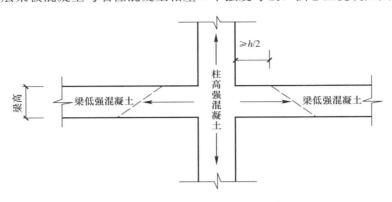

图 1-5-6　梁、柱节点混凝土示意

（2）楼板混凝土的振捣

1）现浇楼板施工面积较大，容易漏振，振捣工应站位均匀，避免造成混乱而发生漏振。双层筋部位采用插振，每次移动位置的距离不应大于 400mm，单层筋采用振捣棒拖振间距 300mm。

2）楼板混凝土振捣除采用振捣棒振捣外，还用平板振动器满振 1 遍，平板振动器移动时应成排依次振捣前进，前后位置和排与排间相互搭接应有 3～5cm，防止漏振，保证混凝土的绝对密实。

3）对于有下沉梁的部位加强振捣，避免漏振，振捣时如图 1-5-7 所示，将振捣棒插入梁内振捣。

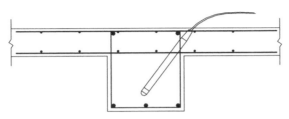

图 1-5-7　板下有梁处的振捣

4）混凝土收面时，用 4m 以上刮杆刮平，特别是墙体大模板的位置由专人做专项控制，一定要保证标高准确、平整。整个楼板面的收面按楼地面一样三遍成活，最后一遍用应扫把将表面浮浆搓掉，注意要顺着同一方向，使混凝土表面平整无裂缝，纹路通顺美观。

（3）楼板施工缝的处理

1）施工缝处顶板下铁垫15mm厚木条，以保证钢筋保护层厚度，上下铁间用木模板封堵混凝土料，木模板上按钢筋间距做豁口，以卡住钢筋，控制顶板钢筋净距，最上层用15mm厚木条封堵严。木条间加垫1cm厚海绵条，避免漏浆（图1-5-8）。

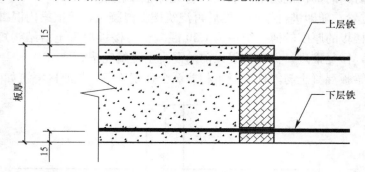

图1-5-8　楼板施工缝的处理

2）顶板混凝土强度达到1.2MPa后，拆除施工缝处模板，剔除表面松软层，露出石子至坚硬处。下次混凝土浇筑前，洒水湿润。

7. 楼梯混凝土施工

楼梯段混凝土自下而上浇筑，先将平台处混凝土振实，达到踏步位置时再与踏步混凝土一次浇筑成型，不断连续向上进行，并随时用木抹子将踏步面抹平，楼梯段的施工缝留置在与楼板同平面的休息平台的梯段梁内。

8. 女儿墙混凝土施工

1）裙房屋面女儿墙包括墙体和附墙，上部有压梁，故女儿墙的混凝土分为3次浇筑，即先浇筑附墙柱，然后浇筑墙体，最后浇筑压顶。

2）浇筑附墙柱时，浇筑要点同框架柱，并将竖向施工缝留在柱子两侧，水平施工缝留于压顶梁底部；浇筑完后施工缝进行清理和剔凿，保证混凝土的结合密实。

3）将附墙柱模办拆除以后，二次支设女儿墙模板，浇筑墙体混凝土至压顶梁底部。

4）墙体浇筑完毕以后，支设压顶梁的模板，绑扎钢筋，浇筑压顶梁的混凝土，在表面进行拉毛，及时养护。

5）混凝土浇筑完毕以后，及时进行浇水养护，并在附壁柱的阳角和压顶梁的阳角及时用竹胶板做阳角保护。

9. 出现应急情况时施工缝的预留及处理

如在施工过程中，遇有现场施工过程中混凝土堵管、供应不及时及停电等不利因素现象发生，则必要时在结构剪力较小且便于施工的部位设置施工缝。

1）当混凝土泵送管堵塞时，可采用下述方法进行排出：

① 遇有混凝土泵堵塞现象，首先项目部土建工长第一时间要求混凝土搅拌站暂停混凝土的发送，立即调度另一台备用混凝土泵，等混凝土泵车到场就位后再发混凝土。此时间不得超过混凝土初凝时间。然后要立即去了解堵管原因，按照以往经验重点会在哪些部

位容易出现堵管现象要求工人及时查找堵泵位置，及时疏通。

② 使混凝土输送泵反复进行反泵和正泵，逐步吸出堵塞处的混凝土拌合物至料斗中，重新加以搅拌后再进行正常泵送。

③ 用木锤敲击输送管，查明堵塞部位，将堵塞处混凝土拌合物击松后，再通过混凝土泵的反泵和正泵排除堵塞。

④ 当采用上述两种方法都不能排除混凝土堵塞物时，可在混凝土泵卸压后拆除堵塞部位的输送管排除混凝土堵塞物后，再重新泵送。

⑤ 泵送过程中的废弃的和泵送终止时多余的混凝土拌合物，应按预先确定的场所和处理方法及时进行妥善处理。

2）如遇混凝土浇筑中停电，应采用如下措施：

① 立即向监理公司及建设单位汇报停电的施工部位。

② 已浇筑混凝土的部位留好施工缝。

③ 查明停电原因，如停电时间过长应暂停混凝土的浇筑。

3）施工缝设置位置留置及处理方法：

梁、板施工缝位置的留设，楼梯部位施工缝留置在休息平台支座 1/3 范围之内，施工缝的表面应与梁轴线或板面垂直，不得留斜槎。

施工缝处须待已浇筑混凝土抗压强度达到 1.2MPa 以上时，才允许继续浇筑。在浇筑前应将施工缝混凝土表面凿毛，清除松动石子，用水冲洗干净，继续浇筑混凝土前，先浇一层水泥浆，然后正常浇筑混凝土，仔细振捣密实，使结合良好。

10. 混凝土的拆模（表 1-5-3）

混凝土试块留置以及拆模时间　　　　　　　　　　　　　　表 1-5-3

结构类型	拆模要求	试块留置	组数
悬臂梁板	强度达 100%	留置同条件试块	根据浇筑方量确定
竖向结构	强度达 100%		根据浇筑方量确定
楼板（跨度＜8m）	强度达 75%	按 75% 强度留置	根据浇筑方量确定
楼板（跨度＞8m）	强度达 100%	按 100% 强度留置	根据浇筑方量确定

具体试块留置制作计划表详见《检验试验专项施工方案》。

11. 混凝土养护措施

1）混凝土浇筑完后，顶部接好 DN20 塑料管浇水，养护 1～2d，松动模板的螺栓，让模板离混凝土墙体有 2～3mm 的间隙，浇水养护间隔时间为 2h。拆除模板后，继续淋水养护 14d。

2）混凝土表面要保持足够湿润。

3）覆盖浇水养护应在混凝土浇筑完毕后的 12h 以内进行。

4）采用硅酸盐水泥、普通硅酸盐水泥或矿渣硅酸盐水泥配制的混凝土，不应少于 7d；采用其他品种水泥时，养护时间应根据水泥性能确定

5）采用缓凝型外加剂、大掺量矿物掺合料配制的混凝土，不应少于 14d。

6）地下室底层墙、柱和上部结构首层墙、柱，宜适当增加养护时间。

7）当日最低温度低于 5℃时，不应采用洒水养护。

【拓展提高8】

A. 搅拌机工作容量

老式搅拌机以进料容量计（L）。

新式搅拌机以出料容量计（L）：50、150、250、350、500、750、1000、1500、3000、……

出料容量＝进料容量×出料系数（0.625）。

B. 施工配比及配料计算

（A）混凝土配合比确定的步骤

初步计算配合比（用绝对体积法或假定容重法，经试配调整为）→实验室配合比（据现场砂石含水量调整为）→施工配合比（随气候变化等随时调整，据搅拌机出料容量计算得)→每盘配料量。

（B）混凝土施工配合比换算方法

已知实验室配比：水泥：砂：石=$1 : X : Y$，水灰比为W/C

又测知现场砂、石含水率：W_x、W_y

则施工配合比：水泥：砂：石：水$=1 : X(1+W_x) : Y(1+W_y) : (W-X \cdot W_x - Y \cdot W_y)$

（C）配料计算

根据施工配合比及搅拌机一次出料量计算出一次投料量，使用袋装水泥时可取整袋水泥量，但超量不大于10%。

【例题】 某混凝土实验配比为$1 : 2.28 : 4.47$，水灰比0.63，水泥用量为285kg/m³，现场实测砂、石含水率为3%和1%。拟用装料容量为400L的搅拌机拌制，试计算施工配合比及每盘投料量。

解：1）混凝土施工配合比为：水泥：砂：石：水$=1 : 2.28(1+0.03) : 4.47(1+0.01) : (0.63-2.28×0.03-4.47×0.01)=1 : 2.35 : 4.51 : 0.52$

2）搅拌机出料量：$400×0.625=250L=0.25m^3$

3）每盘投料量：

水泥——$285×0.25=71kg$，取75kg，则：

砂——$75×2.35=176.25kg$

石——$75×4.51=338.25kg$

水——$75×0.52=39kg$

子任务3 质量检查

1. 过程控制

1）建立混凝土施工前各专业会签制度，填写混凝土浇筑申请单。

2）做好混凝土小票的签收整理工作：每次混凝土施工记录好每车混凝土进场时间→核对与上一车间隔时间→核对小票与配合比通知单内容是否相符→实测坍落度→测温（冬施）→使用混凝土→记录浇完时间→签收小票→混凝土浇筑完毕将小票收集齐全，填写混凝土小票记录，整理成册。

01.05.009
钢筋混凝土工程质量的检查和评定及质量事故的处理

3）浇筑前的验收工作：钢筋工程要有隐检，模板工程要有预检，地下室部分的施工缝处理要有隐检，地上部分施工缝要有预检。

4）浇筑过程中对混凝土坍落度的测试：做到每车必测。由试验员负责对当天施工的混凝土坍落度进行测试，主管技术员进行抽测，检查是否符合本次混凝土的技术要求，并做好坍落度测试记录。

5）混凝土的现场调度：由项目部调度员负责调度混凝土罐车的进场时间、发车时间、现场罐车的行走路线等，保证供应及时，不等车、不压车。

6）在混凝土浇筑过程中应派专人看护模板，发现模板有变形、位移时立即停止浇筑，并在已浇筑的混凝土凝结前修正完好。

7）混凝土浇筑完毕后凝固前，及时用湿抹布将墙上局部流浆和落在钢筋上的水泥浆擦干净，掉在模板和地面上的混凝土清除干净。

8）拆模申请制度：为保证混凝土强度和养护质量，拆模前必须填写拆模申请书，经批准后方可拆模。能否拆模必须依据同条件试块试压后的强度报告，冬期施工时墙模拆模的强度必须达到 4.0MPa 以上，常温施工时必须达到 1.2MPa 以上。顶板的拆模取决于板的跨度，跨度在 2～8m 时，同条件试块强度值必须在 75％以上，8m 以上的必须在 100％以上。

2. 混凝土施工中质量通病的预防

1）蜂窝、麻面：施工中，振捣时间应充分且不得有过振和漏振。拆模时间应严格控制，防止拆模过早，造成粘模。

2）龟裂：浇筑时混凝土上下层接槎应振捣均匀，并控制好混凝土坍落度，避免因坍落度过大，混凝土产生收缩裂缝，施工中有专人负责看管钢筋和模板。

3）施工缝夹渣：在混凝土浇筑前认真清理施工缝，清除已硬化的混凝土面上的松散骨料，并冲洗干净，浇筑时要振捣密实。

3. 质量标准

（1）主控项目

现浇结构的外观质量不应有严重缺陷。对已经出现的严重缺陷，应由施工单位提出技术处理方案，并经监理（建设）单位认可后进行处理。

现浇结构不应具有影响结构性能和使用功能的尺寸偏差。混凝土设备基础不应有影响结构性能和设备安装的尺寸偏差。

检查数量：全数检查。

检验方法：观察、检查技术处理方案。

（2）基本项目

现浇结构的外观质量不宜有一般缺陷。

检查数量：全数检查。

检验方法：观察、检查技术处理方案。

（3）允许偏差项目表 1-5-4

允许偏差项目　　　　　　　　　　　　　　　　　　　表 1-5-4

序号	项目		允许偏差（mm）	检验方法
1	轴线位置	基础	15	用尺量检查
		独立基础	10	
		墙、柱、梁	8	
		剪力墙	3	

续表

序号	项目		允许偏差（mm）	检验方法
2	标高	层高	±10	水准仪或拉线、钢尺检查
		全高	±30	
3	垂直度	层高　≤5m	8	经纬仪或吊线、钢尺检查
		层高　>5m	10	
		全高（H）	H/1000 且≤30	经纬仪、钢尺检查
4	截面尺寸		+8，−5	钢尺检查
5	表面平整度		8	2m靠尺和塞尺检查
6	电梯井	井筒长宽对定位中心线	+25，0	钢尺检查
		井筒全高（H）垂直度	H/1000 且≤30	经纬仪、钢尺检查
7	预埋设施中心线位置	预埋件	10	钢尺检查
		预埋螺栓	5	
		预埋管	5	
8	预留洞中心线位置		15	钢尺检查

4. 质量保证措施

1）施工员要根据施工方案，向作业队技术交底，提出质量要求。

2）混凝土浇筑前质量检查员与钢筋、木工、混凝土工长共同检查、验收钢筋、模板。

3）混凝土拌合物入模温度不应低于5℃，且不应高于35℃。

4）混凝土运输、输送、浇筑过程中严禁加水，且过程中散落的混凝土严禁用于混凝土结构构件的浇筑。

5）在浇筑混凝土时如果出现其他特殊意外情况，混凝土浇筑突然停止有可能在混凝土初凝前无法正常施工，如必须停止施工。混凝土采用超长时间缓凝剂（缓凝12h），必须立刻在操作面上进行插筋处理，并在下次浇筑混凝土前将表面100mm厚的混凝土凿掉，表面做凿毛处理，保证混凝土接槎处强度和抗渗指标。

6）在混凝土浇筑后，做好混凝土的保温养护，缓缓降温，充分发挥徐变性，减低温度应力，夏季应注意避免暴晒，注意保湿，冬期应采取措施保温覆盖，以免急剧的温度梯度发生。

7）加强测温和温度监测与管理，实行信息化控制，随时控制混凝土内的温度变化、内外温差控制在25℃以内，及时调整保温及养护措施，使混凝土的温度梯度和温度不至过大，以有效控制有害裂缝的出现。

8）合理安排施工程序，控制混凝土在浇筑过程中均匀上升，避免混凝土拌合物堆积过大高差。在结构完成后及时回填，避免其侧面长期暴露。

【课后自测及相关实训】

编制××工程混凝土工程施工方案（附件：××工程混凝土工程概况）。

单元6 砌筑工程施工

【知识目标】 掌握砌筑施工过程的施工方法和技术要求。

【能力目标】 能够组织实施砌筑工程施工工作；能分析处理砌筑施工过程中的技术问题，评价砌筑工程的施工质量；针对不同类型特点的工程，能编制砌筑工程施工方案。

【素质目标】 具有集体意识、良好的职业道德修养和与他人合作的精神，协调同事之间、上下级之间的工作关系。

【任务介绍】 沈阳××项目四期一标段 45 号、46 号楼位于沈阳市于洪区，建筑面积分别为 15226.4、15566.33m²。地上 27 层，为框架-剪力墙结构。根据实际情况编制砌筑工程施工方案。

【任务分析】 根据要求，确定砌筑工程需要做的准备工作，施工过程、施工的方法以及质量的检查。

任务 1 砌筑工程施工方案编制

子任务 1 准 备 工 作

1. 编制依据

《住宅建筑规范》GB 50368—2005；

《建筑工程施工质量验收统一标准》GB 50300—2013；

《砌体结构工程施工质量验收规范》GB 50203—2011；

《混凝土小型空心砌块填充墙建筑结构构造》14J102—214G614；

《砌体填充墙结构构造》12G614—1；

《建筑材料放射性核素限量》GB 6566—2010；

《建筑抗震构造详图（单层工业厂房）》11G329—3；

《钢筋混凝土过梁（2013 年合订本）》G322—1～4。

2. 工程概况

（1）建筑设计简介（表 1-6-1）

建筑设计简介　　　　　　　　　　　　　　　　　表 1-6-1

项目			内容		
功能			住宅楼、商业用房		
建筑规模	建筑总面积		30792.730m²		
	建筑层数	地上	27 层		
		地下	1 层		
	建筑层高		2.900m		
建筑高度	±0.000 相当于绝对标高		44.100m	基底标高	−4.800m
	室内外高差		0.300m	建筑总高	79.500m
屋面	上人屋面		40mm 厚 C20 细石混凝土内配 4@250×250 钢筋网（分格缝双向@3000，缝宽 10mm，缝内嵌改性沥青密封膏） 3mm＋3mm 厚 SBS 改性沥青防水卷材，转角等部位设附加防水层 250mm 宽（高） 15mm 厚 1：2.5 水泥砂浆 挤塑聚苯板保温板（表观密度≥30kg/m³）		
	不上人屋面		3mm＋3mm 厚 SBS 改性沥青防水卷材（上层自带保护层），转角等部位设附加防水层 250 宽（高） 30mm 厚 C15 细石混凝土随打随抹平 聚苯板保温板（表观密度≥18kg/m³）		

续表

项目	内容
外墙面	5 层及以下干挂石材，5 层以上为抗裂柔性耐水腻子 2 遍（专业分包）及涂料
内墙面	刮大白
内墙	为 200（100）mm 厚蒸压粉煤灰空心砌块，管道井采用 100mm 厚的蒸压粉煤灰空心砌块，防火墙应采用不燃烧体材料，其耐火极限为 3h
顶棚	现浇混凝土板，板底腻子刮平，满刮大白两遍
门窗	外窗采用单框双玻 LOW-E 中空塑钢窗。沿街网点外窗采用断桥铝合金单框双玻 LOW-E 中空玻璃窗 门采用成品木门、防火门、防盗门等
防水	**地下室外墙** 采用结构主体抗渗钢筋混凝土自防水加 SBS 改性沥青防水卷材一道 4mm 厚 **基础底板** 采用结构主体抗渗钢筋混凝土自防水加 SBS 改性沥青防水卷材一道 4mm 厚 **室内** 本工程中卫生间采用 1.2mm 厚 JS 防水（转角部位上翻 300mm 高） **屋面** 屋面 1：3mm＋3mm 厚 SBS 改性沥青防水卷材（上层自带保护层），转角等部位设附加防水层 250mm 宽（高） 屋面 2：1.5mm 厚 JS 水泥基防水涂膜，迎窗面上翻至窗台板处收口 屋面 3：3mm＋3mm 厚 SBS 改性沥青防水卷材，转角等部位设附加防水层 250mm 宽（高）
节能保温	外墙采用 100mm 厚聚苯保温板，专用粘结剂、胀管螺栓及盘形垫圈固定（表观密度≥18kg/m³）

（2）结构设计简介（表 1-6-2）

结构设计简介　　　　　　　　　　　　　　　　　　　　　　表 1-6-2

环境类别	环境类别：本工程±0.000 以下与土壤接触的地下室外墙及底板的环境类别为二（b）类；其他构件的环境类别为二（a）类；±0.000 以上无保温措施的外露墙体、梁、板、女儿墙及悬挑等构件的环境类别为二（b）类；卫生间处构件的环境类别为二（a）类；其他构件的环境类别为一类			
基础类型	承台基础			
结构形式	全现浇钢筋混凝土剪力墙结构			
抗震等级	剪力墙	三级	抗震设防类别	标准设防类（丙类）
	框架	三级		
混凝土强度等级	混凝土垫层	其他	防水混凝土等级	
	C15	C25、30、35、40	底板及地下室外墙抗渗等级为 P6	
钢筋接头型式	当 d≥14mm 时，采用焊接接头（或机械接头）			
	当 d<14mm 时，采用搭接接头			
钢筋类别	HPB300 级钢：Φ 6、8、10mm HRB400 级钢：Φ 8、10、12、14、16、18、20、22mm			
结构尺寸	钢筋混凝土剪力墙	200、300mm		
	楼板	100、120、140、150、190、200mm		
	底板厚	300mm		

3. 施工准备

（1）技术准备

1）砌筑前认真熟悉图纸，核实门洞口位置及洞口尺寸，明确预留、预埋位置，确定窗台、过梁定位标高，熟悉设计图纸及规范中相关的材料、构造等各项要求。

01.06.001
砌筑施工的准备工作

2）准备好施工需用的测量设备，并确保其在检验有效期内且各项使用功能正常。

3）主管工长需依据本方案对施工作业人员进行详细交底。

（2）材料准备

1）蒸压粉煤灰空心砖

① 蒸压粉煤灰空心砖以水泥、轻骨料、砂、水等预制成的。蒸压粉煤灰空心砖主规格尺寸为 390mm×190mm×190mm。按其孔的排数有：单排孔、双排孔等。

② 蒸压粉煤灰空心砖按尺寸偏差、外观质量分为：优等品、一等品和合格品。

③ 蒸压粉煤灰空心砖的尺寸允许偏差应符合表 1-6-3 的规定。

蒸压粉煤灰空心砖尺寸允许偏差　　　　　　　　表 1-6-3

项目	优等品	一等品	合格品
长度（mm）	±2	±3	±3
宽度（mm）	±2	±3	±3
高度（mm）	±2	±3	+3，−4

注：最小外壁厚和肋厚不应小于 20mm。

④ 蒸压粉煤灰空心砖的外观质量应符合表 1-6-4 的规定。

蒸压粉煤灰空心砖外观质量　　　　　　　　表 1-6-4

项目		优等品	一等品	合格品
缺棱掉角（个数）	不多于	0	2	2
3 个方向投影的最小值（mm）	不大于	0	20	30
裂缝延伸投影的累计尺寸（mm）	不大于	0	20	30

⑤ 蒸压粉煤灰空心砖的密度应符合表 1-6-5 的规定。

蒸压粉煤灰空心砖密度　　　　　　　　表 1-6-5

密度等级	砌块干燥表观密度的范围	密度等级	砌块干操表观密度的范围
700kg/m³	610～700kg/m³	1200kg/m³	1010～1200kg/m³

注：值允许最大偏差为 100kg/m³。

2）混合砌筑砂浆

① 水泥：采用普通硅酸盐水泥 42.5 级，进场水泥应按品种、强度等级、出厂日期分别堆放，并保持干燥。不同品种的水泥不得混合使用。

② 砂：采用中砂，拌制前过筛，筛除其中含有的草根等杂物，砂的含泥量不得超过5%。在搅拌地点设磅秤，砂子按配合比要求的用量过称后，倒入搅拌机内（或定量独轮小斗车）。

③ 水：拌制用水采用自来水。

④ 砌筑砂浆的抗压强度应符合设计文件的要求。

⑤ 每立方米砌筑砂浆的水泥（42.5R）用量应为 240kg。

⑥ 砌筑砂浆的保水性、流动性、触变性、粘连性与抗垂挂性能应符合相关要求。

（3）砌筑混合砂浆的调配与应用

1）每立方砌筑砂浆的配比：

水泥：砂：水＝240：1450：270

2）现场采用锥形反转出料式搅拌机，每次（或每罐）搅拌"傻瓜"配合比为：2包水泥（60kg/包）：4斗车满砂（160kg/斗车）：4桶石灰膏（6.5kg/桶）。砌筑砂浆必须拌合均匀，随拌随用，砂浆的稠度以8cm为宜。

（4）检验

检验：砌块检验项目按国家标准及出厂合格证进行验收，必要时，可现场取样进行检验。

1）粉煤灰砖：按每3.5万块为一批，不足该数量时，仍按一批计。强度检验的样品，从尺寸偏差和外观质量检查合格的样品中按随即抽样法抽取，共15块。大面抗压、条面抗压各5块，备用5块。

2）混凝土砌块：用同一种原料配成同强度等级的混凝土，用同一种工艺制成的同等级的1万块为一批，砌块数量不足1万块时亦为一批，由外观合格的样品中随即抽取5块做抗压强度检验。

3）砂的现场检验批量：产地、规格相同的400m³为一批量，不足400m³的亦为一批量。从料堆上取样应在均匀分布的不同部位，顶部、中部、底部抽取数量大致相同的3份砂总量30～50kg。主要检验项目为颗粒级配、含泥量、有害物质含量、表观密度、堆积密度、空隙率、细度模数、泥块含量。

4）水泥的现场检验批量：同厂家、同品种和强度等级，数量不超过200t为一批量。主要检验项目为抗压、抗折、凝结时间、安定性，其他检验项目为细度，有害物含量。取样应有代表性，可连续取，也可从20个以上不同部位取等量样品，总量至少取12kg。出厂日期超过3个月的不得使用。

5）砌筑砂浆试件的留置应按每一楼层、每250m³砌体的砂浆、每一种强度等级、每一品种的砌筑砂浆、每一台搅拌机应至少检验一次，每次至少制作一组试件（每组6块）。如砌筑的强度等级或配合比变更时，还应制作试件。砂浆在施工中的取样，应在使用地点的砂浆槽、砂浆运送车或搅拌机出料口，至少从3个不同部位集取。

（5）材料堆放

装卸时，严禁倾斜丢掷，并应堆放整齐。要在进场当晚把黏土砖运至施工楼层，数量按图纸估算，要控制准确。在施工楼层中按各施工段所需数量分别整齐码放（间隔式码放，留有清理散落砂浆的通道）于各个施工段待砌墙体边上（与墙体平行，间距在1.2～1.5m）堆放现场必须平整，并做好排水。按施工平面布置图所要求位置码放整齐，且高度不得超过1.5m。

（6）现场准备

1）正式施工前，将楼地面基层水泥浮浆及施工垃圾清理干净。

2）弹出楼层轴线及墙身边线，经复核，办理相关手续。

3）根据标高控制线及窗台、窗顶标高，预排出砌块的皮数线（干法砌筑、灰缝3mm），皮数线可画在框架柱上，并标明拉结筋、洞口过梁的尺寸、标高，皮数线经技术、质检部门复核并办理相关手续。

4）构造柱钢筋绑扎、隐蔽验收完毕。

5）现场各项安全防护设施布置完毕。

6）外脚手架复检合格，墙体与外脚手架之间的间隙按规定做好水平防护，防止坠物；同时准备好工具式脚手架，在楼内边使用。

7）砌块进入施工现场卸车、堆放时，为避免砌块破损，不得采用抛、翻等野蛮装卸的方法，应轻拿轻放，砌块应按品种、规格、强度等级分别堆码整齐；现场堆放高度不宜超过1.5～2m；砌块堆垛间应留有通道，并在堆垛上设有标志。

8）进场砌块不得露天堆置，必须按需就近存放在建筑物附近，并采取适当的遮挡措施，避免淋雨。地面要求平整、干燥。尽可能减少二次搬运次数，如果发生二次搬运时，应采用专用运输车（即平板式车）不宜采用工地常用的翻斗车。

9）对缺棱掉角的砌块，其影响程度不应超过有关规定，否则在使用时应用手提式电锯切割成规则长方体，绝不允许刀劈斧砍，这主要是避免造成制品内部产生微裂而影响到砌体的寿命。

4. 机具准备

搅拌机、手推车、切割机、钢卷尺、灰斗、胶皮管、3mm筛子、铁锹、灰斗、喷水壶、皮数杆、托线板、线坠、水平尺、小白线、大铲、瓦刀、切割机、便携式（工具式）脚手架、工具袋等。

5. 与相关工种协调

根据总工期安排施工，在具体施工时根据专业安装管线情况灵活安排。每段墙体砌筑之前，应与各专业配合，互相协商，以满足双方的设计要求为前提，使工程顺利、快速地进行。

（1）墙体放线就位后，电气专业检查结构楼板上的预埋管是否准确，并进行调整就位，距地300mm的电盒先安装，距地1100mm的开关位置做好标识，土建砌砖时预留，待墙体砌完后安装电盒。

（2）通风专业穿插墙洞口待放线后，在墙体控制线上做明显标识，把洞口大小、标高等明确，砌墙时预埋。

（3）暖卫专业砌体施工时，派专人与土建配合，在穿墙管处预留各种套管，避免最后剔凿。

（4）需在砌块上固定较重设备处，专业预先与土建协商，在明显位置上用预制密实混凝土块或局部混凝土梁代替空心砌块，保证设备固定牢固。

（5）小型洁具等设备，专业队待抹灰结束后固定改进后的双向胀管、跟头钉、螺旋胀钉等新型锚固件固定。

子任务2 施工过程

1. 施工过程

（1）工艺流程（图1-6-1）

（2）制备砂浆

本工程砂浆采用强制搅拌机拌合。搅拌混合砂浆时，应先将砂、水泥、石灰膏投入，干拌均匀后，再加水搅拌均匀。混合砂浆搅拌时间，自投料完算起不得少于2min。拌成后的砂浆，其稠度应在70～90mm之间，分层度不应大于20mm，颜色一致。砂浆拌成后和使用时，均应盛入贮灰器。如砂浆出现泌水现象，应在砌筑前要用铁锹或铁抹子等工具人工再次拌合，但不得加水。砂浆随拌随用，拌制好的水泥混合砂浆必须在4h内使用完毕，水泥砂浆应在2h内用完，不得使用过夜砂浆。

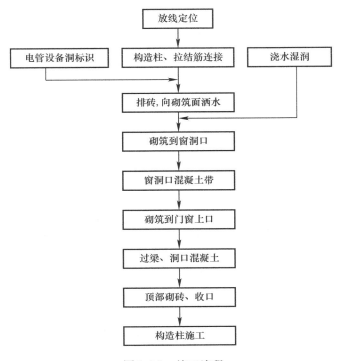

图 1-6-1　施工流程

（3）楼地面弹线

砌体施工前，应将楼层结构面按标高找平，依据砌体图放出第一皮砌体的轴线、边线和洞口线。

（4）砌块浇水

蒸压粉煤灰空心砌块砌筑时，砌块含水率宜小于15％，如砌块干燥，砌筑前向砌筑面适量浇水。砌筑时禁止用水管对着砌块淋水，宜用小勺浇水或喷淋，浇水量控制方法：a. 砌块渗水深度小于8mm；b. 手摸有润泽感。采用专用砌筑砂浆时，砌体表面可不用喷水处理。

（5）砌筑顺序

先施工样板间，样板间选在45号楼二层楼面，样板间质量经项目部、监理、甲方检查合格再大面积展开施工。

（6）砌筑高度

砌至梁板底部。

（7）砌体排列：

在砌筑前，应根据工程设计施工图、结合砌块的品种、规格，绘制砌体的排列图，经审核无误，按图排列砌块。墙体砌筑位置尺寸应符合排砖模数，若不符合模数时，可用七分头排在不明显位置进行调整，门窗洞口两边顺砖层的第一块砖应为七分头，各楼层排砖和门窗洞口位置应与底层一致。另外在排砖时还要使在门窗洞口上边的砖墙合拢时不出现破活。砌块排列上下皮应错缝搭砌，搭砌长度一般为砌块的1/2，不得少于1/3。

01.06.002
砖砌体的组砌形式

（8）砌块就位与校正

砌块砌筑前冲去浮尘，清除砌块表面的杂物后方可吊运就位。砌筑就位应先远后近，先上后下，先外后内；每层开始时，应从转角或定位砌块处开始。应吊砌一皮，校正一皮，每皮拉线控制砌体标高和墙面平整度。

（9）选砖

砌筑时，应先根据墙体类别和部位选砖。砌正面时，应选尺寸合格、棱角整齐、颜色均匀的砖。

（10）盘角

砌筑时先盘角，每次不得超过5层，随盘随吊线，使砖的层数、灰缝厚度与皮数杆子相符。

（11）挂线

砌一砖半厚及其以上的墙应两面挂线，一砖半厚以下的墙可单面挂线。线长时，中间应设置支线点，拉紧线后，应穿线看平，使水平缝均匀一致，平直通顺，砌一砖混水墙时宜采用外手挂线，可以照顾砖墙两面平整。

（12）砌砖

砌砖宜采用一铲灰、一块砖、一挤揉的"三一"砌筑法，即满铺、满挤操作法。砖要砌得横平竖直，灰缝饱满，不得游丁走缝。每砌五皮左右要用靠尺检查垂直度和平整度，随时纠正偏差，严禁事后凿墙。水平灰缝和竖向灰缝的宽度宜为10mm，不小于8mm，也不大于12mm。水平灰缝砂浆饱满度不得小于80%；竖缝宜采用挤浆或加浆方法，使其砂浆饱满，严禁用水冲浆灌缝，不得出现透明缝、瞎缝、假缝，随砌随将舌头灰刮尽。

01.06.003
砌筑方法：一顺一丁、梅花丁、三顺一丁、全顺、全丁、两平一侧

（13）砌筑高度要求

墙体每日砌筑高度不宜超过1.8m，雨天不宜超过1.2m。

（14）留槎

外墙转角处应同时砌筑，内外墙砌筑必须留斜槎，槎长与高度的比不得小于2/3，槎子必须平直、通顺，分段位置在门窗口角处；临时间断处的高度差不得超过一部脚手架的高度，如图1-6-2～图1-6-4所示。

01.06.004
砌筑的基本要求及注意事项

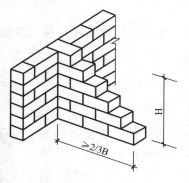

图1-6-2　砌块墙斜槎

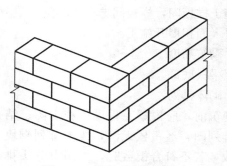

图1-6-3　砌块墙转角砌法

（15）预留槽

本工程室内设计要求高，细部深化设计将进一步完善，对预留孔洞及安装穿墙等均应

按设计要求砌筑，墙上埋设电线管时，只能垂直埋设，应使用专用镂槽工具。不得水平镂槽，不得用锤斧剃凿。埋好后用水冲去粉末，再用1∶2.5水泥砂浆填实。对于管线密集较多即超过3根时，用铁丝网满铺，管线埋设应在抹灰前完成。

（16）封顶

砌到接近上层梁、板底时，至少须隔7d，待下部砌体变形稳定后，用斜砖顶砌挤紧，砖倾斜度为60°左右，砂浆应饱满。

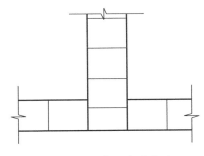

图1-6-4 砌块丁字墙砌法

（17）混凝土预制块的预埋

窗框、塑钢门框、钢门框固定支座处的混凝土块的预埋件为现场预制的素混凝土块，尺寸同墙厚，数量由洞口高决定：洞口高在1.2m内每边放2块，高1.2～2m每边放3块，高2～3m每边放4块。

（18）墙体拉结筋

砌筑墙体拉结筋采用植筋方式。

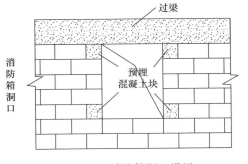

图1-6-5 消防箱洞口设置

（19）过梁下预埋混凝土块

消防箱洞口上部除设置预制过梁外，在洞口四角处均需设一块预制混凝土块，以便消防箱的安装固定，消防箱预制混凝土块的做法如图1-6-5所示。

2. 砌筑施工技术要求

（1）砌体底部处理

在砌块墙底部应用C20细石混凝土反坎（卫生间），其高度宜不小于300mm。

（2）不同砌块不得混砌

不同干密度和强度等级的砌块不应混砌。但在墙底、墙顶局部采用小块实心砖和多孔砖砌筑不视为混砌。

（3）砌体灰缝要求

内外墙体灰缝应双面勾缝，缝深4～5mm；灰缝应横平竖直，砂浆饱满。水平灰缝厚度为8～12mm，最大不得大于15mm。竖向灰缝宜用内外临时板夹住后灌缝，其宽度不得大于20mm。水平缝饱满度大于90%，竖缝饱满度大于90%。

（4）门窗洞口过梁设置要求

墙体门窗洞口及施工洞口上部均应设过梁，每边支撑长度不小于200mm。

（5）墙体拉结钢筋设置要求

砌块墙与承重墙或柱交接处，应在承重墙或柱的水平灰缝内预埋拉结钢筋，拉结钢筋沿墙或柱高每400～600mm左右（与砌块模数相同）设一道，每道为2根直径6mm的钢筋（带弯钩），拉结钢筋通长设置，在砌筑砌块时，将此拉结钢筋伸出部分埋置于砌块墙的水平灰缝中。拉结筋采取预埋方式设置，砌筑前需检查拉结钢筋数量及位置，对于不准确或缺漏的拉结钢筋，建议按照实际排砖位置钻孔（深度100mm以上），孔洞需清理干净后灌环氧树脂胶进行植筋，后植的拉结钢筋需牢固。

（6）砌块切锯要求

切锯砌块应使用专用工具（锯），不得用斧或瓦刀任意砍劈。

（7）每天砌筑高度要求

墙每天砌筑高度不宜超过1.5m或一步脚手架高度内。但在停砌后最高一皮砖因其自重太轻而容易造成与砂浆的胶结不充分而产生裂缝，应在停砌时最高一皮砖上以一皮浮砖压顶，第二天继续砌筑时再将其取走。

（8）墙洞口设置要求

外墙墙体严禁设置脚手架眼，脚手架连接杆等构件采用墙柱梁外侧预埋钢板或钢筋并与之焊接固定。穿墙洞口应采用机械开孔或预制，孔洞里高外低，高差不小于20mm；采用预制块，在抹灰前预制块周边应挂网处理。

（9）蒸压粉煤灰砖要求

设计无规定时，不得有集中荷载直接作用在蒸压粉煤灰砖墙上，否则，应设置梁垫或采取其他措施。

（10）浇水养护要求

现浇混凝土养护浇水时，不能长时间流淌，避免发生砌体浸泡现象。

（11）砌体顶部斜顶砖要求

砌到接近上层梁、板底约200mm，浮砖压顶待下部砌体沉缩。在抹灰前（间隔时间不少于7d），宜用灰砂砖或其他实心砖斜砌挤紧，砖倾斜度为60°左右，砂浆应饱满。

（12）不得在下列墙体或部位设置脚手眼

1）120mm厚墙和独立柱。

2）过梁上与过梁成60°角的三角形范围及过梁净跨度1/2的高度范围内。

3）宽度小于1000mm的窗间墙。

4）砌体门窗洞口两侧200mm和转角处450mm范围内。

5）设计上不允许设置脚手眼的部位。

3. 构造要求

（1）构造柱

1）构造柱的位置

① 宽度大于2m的洞口的两侧。

② 长度超过2.5m的独立墙体的端部。

01.06.005
配筋砌体施工

③ 为了增加墙体的抗震能力，当墙体水平长度超过6m时，应在墙体中每3m设一构造柱。

④ 外墙的阳角应设置构造柱（图1-6-6）。

2）构造柱的构造要求（图1-6-7、图1-6-8）

① 构造柱的截面尺寸不应小于墙厚×200mm，混凝土强度等级为C20。

② 构造柱的纵向钢筋不应少于4Φ12，箍筋宜采用Φ6@200。

③ 构造柱应与楼层圈梁或基础梁锚固。

④ 构造柱与墙体连接处的砌体宜砌平，沿墙高度每隔600mm设置2Φ6拉结钢筋，钢筋每边伸入墙内通长设置。

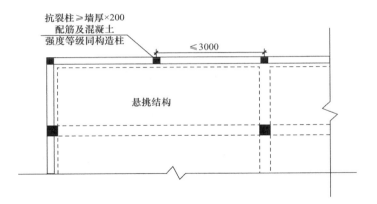

图 1-6-6 构造柱设置

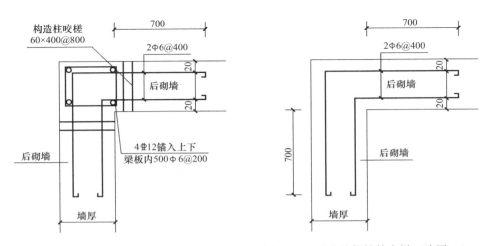

图 1-6-7 后砌墙构造柱大样（墙厚≥200mm）　　图 1-6-8 后砌墙拉结筋大样（墙厚<200mm）

⑤ 必须先砌墙，后浇构造柱。

（2）圈梁、窗台配筋带

1）窗台配筋带构造

砌体工程的顶层和底层应设置通长现浇钢筋混凝土窗台梁，高度不宜小于 120mm，纵筋不少于 4Φ12，箍筋Φ6@200；其他层在窗台标高处应设置通长现浇钢筋混凝土板带，板带厚度不小于 100mm；板带的混凝土强度等级不应小于 C20，纵向配筋不宜少于 3Φ10。

2）圈梁的位置

① 自由端的墙体顶面。

② 高度大于 4m 单体墙。

③ 其他设计及规范要求设置圈梁的部位。

3）圈梁、配筋带的构造要求

① 圈梁或配筋带宜连续地设置在同一水平面上，并形成封闭状；当圈梁或配筋带被门窗洞口截断时，应在洞口上部增设相同截面的附加圈梁或附加配筋带。附加圈梁或附加配筋带与圈梁或配筋带的搭接长度不应小于 2H（H 为圈梁与附加圈梁的垂直距离），且不应小于 1m。

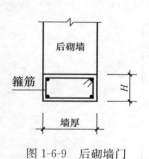

图 1-6-9 后砌墙门
洞顶过梁大样

② 圈梁或配筋带的截面宽度应与墙厚相同；圈梁的截面高度不应小于200mm，配筋带的截面高度不应小于100mm；圈梁的纵向配筋不宜少于4Φ10，箍筋不宜少于Φ6@250，配筋带的纵向配筋不宜少于3Φ10，横向配筋不宜少于Φ6@250；混凝土强度等级不宜低于C20。

③ 圈梁、配筋带应采用现浇钢筋混凝土。

（3）过梁（图1-6-9）

砌体墙中的门窗洞及设备预留孔洞，其洞顶均需设置过梁，过梁按表1-6-6设置。

门窗洞过梁截面尺寸及配筋   表 1-6-6

编号	截面尺寸	配筋			门窗洞
	宽×高（mm²）	架立筋	底筋	箍筋	宽度（mm）
GL1	120×180	2Φ10	2Φ10	Φ6@200	≤1200
GL2	180×180	2Φ12	3Φ12	Φ6@200	≤1800
GL3	180×240	2Φ12	3Φ12	Φ6@200	≤2400

注：1. 过梁的支座长度大于等于200mm，混凝土用C20；
　　2. 当洞顶与结构梁（板）底的间距小于上述各类过梁高度时，过梁顶与结构梁（板）浇筑成。

（4）墙体与梁底的连接

砌块墙顶面与钢筋混凝土梁（板）底面间应按设计留空隙，空隙内的填充物宜在墙体砌筑完成7d后进行。在墙顶每一砌块中间部位两侧用经防腐处理的木楔楔紧固定，再在木楔两侧用水泥砂浆或柔性材料嵌严。

（5）墙体水平拉接筋设置

当填充墙与构造柱、剪力墙或框架柱相连时，每隔400～600mm高应设2Φ6拉结筋。两端均做180°弯钩（植筋的一端除外），水平拉接筋设置如图1-6-10所示。

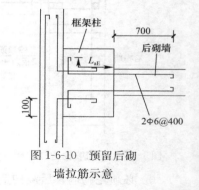

图 1-6-10 预留后砌
墙拉筋示意

子任务3 质 量 检 查

蒸压粉煤灰砖砌筑时，其产品龄期应超过28d。炉渣空心砖的运输、装卸过程中，严禁抛掷和倾倒。进场后应按品种、规格分别堆放整齐，堆置高度不宜超1.5m。填充墙砌体砌筑前块材应提前2d浇水湿润。

炉渣空心砖砌筑时，墙底部应砌粉煤灰实心砖，或现浇混凝土坎台等，其高度不宜小于300mm。

1. 质量标准

（1）主控项目

砖和砌筑砂浆的强度等级应符合设计要求。

检验方法：检查砖或砌块的产品合格证书、产品性能检测报告和砂浆试块试验报告。

（2）一般项目

填充墙砌体一般尺寸的允许偏差应符合表1-6-7的规定。

01.06.006
砖砌体的质量要求
及质量通病的防治

填充墙砌体一般尺寸的允许偏差　　　　　　　表 1-6-7

项次	项目		允许偏差（mm）	检验方法
1	轴线位移		10	用尺检查
	垂直度	小于或等于 3m	5	用 2m 托线板或吊线、尺检查。
		大于 3m	10	
2	表面平整度		8	用 2m 靠尺和楔形塞尺检查
3	门窗洞口高、宽（后塞口）		±5	用尺检查
4	外墙上、下窗口偏移		20	用经纬仪或吊线检查

抽检数量：

1）对表中 1、2 项，在检验批的标准间中随机抽查 10％，但不应小于 3 间；大面积房间和楼道按两个轴线或每 10 延长米按一标准间计数。每间检验不应小于 5 处。

2）对表中 3、4 项，在检验批中抽检 10％，且不应少于 5 处。

2. 质量检查

（1）炉渣空心砖砌筑时，不应与其他块材混砌。

抽检数量：在检验批中抽检 20％，且不应小于 5 处。

检验方法：外观检查。

（2）填充墙砌体的砂浆饱满度及检验方法应符合表 1-6-8 的规定。

抽检数量：每步架子不少于 3 处，且每处不应小于 3 块。

砂浆饱满度检验　　　　　　　表 1-6-8

灰缝	饱和度及要求	检验方法
水平	≥80％	采用百格网检查块材底面砂浆的粘接痕迹面积
垂直	≥80％	

（3）填充墙砌体留置的拉结钢筋的位置应与块体皮数相符合。拉结钢筋应置于灰缝中，竖向位置偏差不应超过一皮高度。

抽检数量：在检验批中抽检 20％，且不应小于 5 处。

检验方法：观察和用尺量检查。

（4）填充墙砌筑时应错缝搭砌，炉渣空心砖搭砌长度不应不应小于 90mm；竖向通缝不应大于 2 皮砖。

抽检数量：在检验批的标准间中抽查 10％，且不应少于 3 间。

检查方法：观察和用尺检查

（5）填充墙砌体的灰缝厚度和宽度应正确。炉渣空心砖的砌体灰缝应为 8～12mm。

抽检数量：在检验批的标准间中抽查 10％，且不应少于 3 间。

检查方法：用尺量 5 皮砌块的高度和 2m 砌体长度折算。

（6）填充墙砌至接近梁、板底时，应留一定空隙，待填充墙砌筑完并应至少间隔 7d 后，再将其补砌挤紧。

抽检数量：每验收批抽 10％填充墙片，且不应小于 3 片墙。

检验方法：观察检查。

3. 质量保证措施

1）使用的原材料和砌块品种、强度必须符合设计要求，质量应符合标准规定的各项技术性能指标，并有出厂合格证或试验报告。规定的试验项目必须符合标准。

2）砂浆的品种、强度等级必须达到设计要求。

3）转角处必须同时砌筑，灰缝均匀一致。砌筑错缝应符合规定，严禁留直槎，交接处应留斜槎。不得出现竖向通缝。

4）墙体竖向通缝不应大于2皮，灰缝均匀一致。

5）砂浆应密实、饱满，砌块应平顺，不得出现破槎、松动，做到接槎部位严实。砂浆饱满度达到80%以上。

6）拉接筋规格、根数、间距、位置、长度应符合设计要求。

7）砂浆不得使用过期水泥，计量要准确，保证搅拌时间，均应符合规定。

8）墙体顶面不平直，墙砌到最顶时不好拉线，墙体容易里出外进不平顺，应在梁底或板底弹出墙边线，认真按线砌筑，确保顶部墙体平直通顺。

9）每日砌筑高度不得超过1.8m。

10）适当推迟装饰面层施工的时间，待砌体干缩稳定后再进行。

【拓展提高9】

A. 砌体防裂措施

由于砌块与钢筋混凝土主体结构的热膨胀系数不同，在温度变化的时候，混凝土结构与砌体之间会产生开裂。为了防止此类现象的出现，将采取如下4项措施：

（A）对砌块材料本身加以控制：砌块从制作出厂到材质稳定有一个成熟期，到成熟期过后再使用砌块，可防止因砌块自身性质未稳定而出现的开裂。

（B）填充墙与梁、柱混凝土交界处抹灰前应加铺300mm宽加强型玻纤布（网），并绷紧钉牢，即在两种不同砌筑材料结合处加铺300mm宽加强型玻纤布（网），每面墙各压150mm，防止两种不同材料因温度变化而产生裂缝。

（C）构造柱、墙拉筋、顶部做法等措施既能增强墙体刚度稳定性，也能防止墙体开裂。

（D）不同干密度和强度等级的砌块不得混砌，也不得与其他实心砖和砌块混砌。

B. 其他应注意的质量问题

（A）砂浆强度不够：注意不使用过期水泥，计量要准确，保证搅拌时间，砂浆试块的制作、养护及试压均应符合规定。

（B）墙体顶面不平直：砌块砌到最顶部时不好拉线，墙体容易里出外进造成顶面墙体不平顺，应在梁底或板底弹出墙边线，认真按线砌筑，确保顶部墙体平直通顺。

（C）砌块墙后别凿：孔洞、埋件应按设计图纸的位置、标高、尺寸准确预留或埋设，避免事后别凿开洞，影响质量。

（D）拉结筋不合砖行：混凝土墙、柱内预埋拉结筋，经常不能与空心砖行灰缝吻合，应预先计算好砖行模数，保证拉结筋与空心砖行吻合，不应将拉结筋弯折使用。

（E）预埋在墙、柱内的拉结筋可任意弯折、切断；墙、柱外露的拉结筋应注意保护，不得随意弯折或切断。

（F）留槎不符合要求：砌体的转角和交接处，应同时砌筑或砌成斜槎，不得留直槎。

【课后自测及相关实训】

编制××工程砌筑工程施工方案（附件：××工程砌筑工程概况）。

单元 7　脚手架工程施工

01.07.001
脚手架的分类

【知识目标】　掌握脚手架施工过程的施工方法和技术要求。

【能力目标】　能够组织实施脚手架工程施工工作；能分析处理脚手架施工过程中的技术问题，评价脚手架工程的施工质量；针对不同类型特点的工程，能编制脚手架工程施工方案。

【素质目标】　具有集体意识、良好的职业道德修养和与他人合作的精神，协调同事之间、上下级之间的工作关系。

【任务介绍】 沈阳××项目四期一标段 45 号、46 号楼位于沈阳市于洪区，最大建筑高度为 79.5m，在 2 层顶板以下采用落地式外脚手架，搭设高度为 6m，本方案采用落地式钢管单立杆双排脚手架，搭设参数的设计与计算都按最大搭设高度 24m 考虑，超过 24m 应按实际情况进行设计和计算。

【任务分析】 根据要求，确定脚手架工程需要做的准备工作，施工过程、施工的方法、质量的检查以及计算书的编写。

任务 1　脚手架工程施工方案编制

子任务 1　准 备 工 作

1. 编制依据

《混凝土结构工程施工质量验收规范》GB 50204—2015

《建筑结构荷载规范》GB 50009—2012；

《建筑施工高处作业安全技术规范》JGJ 80—2016；

《建筑施工扣件式钢管脚手架安全技术规范》JGJ 130—2011；

《建筑施工安全检查标准》JGJ 59—2011；

《建筑地基基础设计规范》GB 50007—2011。

2. 工程概况

本工程地上结构为 27 层，一层层高为 2.9m，标准层层高为 2.9m，建筑总高度为 79.5m，脚手架搭设高度为 8.7m，楼板厚为 100mm，脚手架搭设基础为回填体。

3. 施工准备

(1) 技术准备

项目技术负责人组织项目部管理人员、班组长熟悉图纸，认真学习掌握施工图的内容、要求和特点，同时针对有关施工技术和图纸存在的疑点做好施工记录。通过会审，对图纸中存在的问题，与设计、建设、监理单位共同协商解决，以取得一致意见，并办理图纸会审记录，作为施工图的变更依据和施工操作依据。熟悉各部位截面尺寸、标高，制定脚手架设计方案和施工节点详图，并做好项目部管理人员以及施工作业班组的安全技术交底工作，交底内容包括：施工部位、施工顺序、施工工艺、构造做法、节点处理方法、工程质量标准、安全施工注意事项、保证质量的技术措施等。并经过现场技术负责人的审核后严格执行。

(2) 材料准备

1) 脚手架钢管选用目前租赁市场和生产厂家最新生产的外径 48mm，壁厚 3.5mm 的钢管（参与计算的钢管壁厚为 3.0mm），其质量应符合现行国家标准《碳素结构钢》GB/T 700—2006 中 Q235—A 级钢的规定。表面平整光滑，无裂缝、结疤、硬弯、毛刺、压痕和深的划道。搭设前进行保养，除锈并统一涂刷成黄色，力求环境美观。

2) 脚手架搭设使用的扣件采用可锻铸铁制作，其材质应符合建设部《钢管脚手架扣件》（GB 15831—2006）的要求，规格与钢管匹配。不得有裂纹、气孔、缩松、砂眼等锻造缺陷，出现滑丝的螺栓必须更换，贴和面应平整，活动部位灵活，夹紧钢管时开口处最小距离不小于 5mm，扣件在螺栓拧紧扭力矩达到 65N·m 时，不得发生破坏。

3）进场使用的钢管、扣件等需有出厂合格证，加盖红章的检测报告复印件，对质量有怀疑的钢管、扣件应送检做试验，并且应有进场验收合格的相关记录。

4）脚手板应符合现行国家标准《木结构设计规范》GB 50005—2003 中 Ⅱ 级材质的规定，脚手板厚度不小于 50mm，两端设置直径不小于 4mm 的镀锌钢丝箍两道。

5）密目安全网、平网：脚手架外立面必须采用合格的绿色密目网进行全封闭，密目网的质量要求必须符合《安全网》GB 5725—2009 相关条目，密目式安全立网自重标准值不低于 0.01kN/m²。

（3）劳动力准备

根据《建筑施工高处作业安全技术规范》JGJ 80—2016 第 2.0.4 条"攀登和悬空高处作业人员以及搭设高处作业安全设施人员，必须经过专业技术培训及专业考试合格，持证上岗，并必须定期进行体格检查"的要求；脚手架施工前必须认真进行安全技术交底要求，操作人员持证上岗，操作前进行必要的体检，凡患有高血压、心脏病等不能进行高空作业。

本工程投入劳动力原则：素质好、安全意识较强、有较高的技术素质，并有类似工程施工经验的人员。

本工程配置专职安全员 3 名，架子工 15 名，电工 1 名，塔司 1 人，均持证上岗。

4. 施工部署

结合本工程结构形式、实际施工特点，建筑物四周搭设落地式、全高全封闭的扣件式双排钢管脚手架，此架为一架三用，既用于结构施工和装修施工，同时兼作安全防护。荷载按混凝土结构施工考虑，要求两层同时作业。

脚手架搭设采用双排单立杆，立杆距结构外沿 0.3m，排距（横距）为 0.8m，步距为 1.8m，中间增加一道大横杆，立杆纵距为 1.5m。

子任务 2　施 工 过 程

1. 脚手架搭设与拆除

（1）搭设流程

场地平整、夯实→100mm 厚垫层→定位设置通长垫木→摆放扫地杆→逐根树立立杆，随即与扫地杆扣紧→装设扫地横杆并与立杆或扫地杆扣紧→安第一步大横杆（与各立杆扣紧）→安第一步小横杆→第二步大横杆→第二步小横杆→加设临时斜撑杆（上端与第二步大横杆扣紧，在装设两道连墙杆后可拆除）→第三、四步大横杆和小横杆→连墙杆→接立杆→加设剪刀撑→铺脚手板。

01.07.002
扣件式钢管脚手架的特点、用途及搭设要求外脚手架

（2）搭设施工方法

1）根据搭设构造及建筑物平面位置，首先在建筑物四角量出内、外立杆离墙面的距离，并做好标记。此次用 50m 钢卷尺均匀布置立杆位置，立杆的间距不大于 1500mm，用红油漆做好标记，然后摆放垫木，垫木必须平行于墙面。

2）在搭设首层脚手架的过程中，沿四周每框架格内设置一道斜支撑，拐角处双向增设，待该部位脚手架与主体结构的连墙件可靠拉结后方可拆除。

3）双排脚手架先立里排立杆，后立外排立杆，每排立杆先立两端，拉好通线后，再立中间的立杆，内、外两立杆的连线要与墙面垂直，立杆接长时，先立外排，后立内排。

4）首层和作业层必须采取硬隔离，在脚手架内立杆与墙面之间满铺脚手板。施工层以下每隔 3 步架体内（10m 内）立杆与建筑之间应用密目网或其他措施进行封闭。

5）脚手架外侧自第二步起必须设置 0.9m 高的防护栏杆和 180mm 高的踢脚板，顶排防护栏杆设 3 道防护栏杆，高度分别为 1.3、0.9、0.3m。内立杆遇大跨度开间处（门窗洞）需加设 0.9m 高的防护栏杆和 300mm 高的踢脚板。

6）由于本工程的脚手架结构施工期间仅起围护作用，脚手板的铺设以作业层为界，满铺 3 层且底层顶层均满铺，待装饰阶段再层层铺设。满铺层的脚手板主筋应垂直于纵向水平杆，对接平铺、满铺到位，不留空位，不得出现挑头，四个角用 18 号铅丝固定在支承杆上，要求绑扎牢固交叉处平整。脚手板做到完好无损，破损的要及时更换。

7）脚手架必须配合施工进度搭设，一次搭设高度不应超过相邻连墙件以上 2 步。每搭完一步脚手架后，应按照规范规定校正步距、纵距、横距及立杆的垂直度。

8）安全网固定在脚手架外立杆的里侧，并用不小于 18 号铅丝张挂严密，在转角处安全网的内侧增加 1 根立杆，保证安全网的顺直，安全密目网随施工层而升高，高出施工层1m 以上。在脚手架阴阳转角处，纵横向水平杆必须形成井字型，如图 1-7-1 所示。

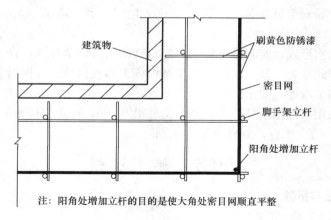

注：阳角处增加立杆的目的是使大角处密目网顺直平整

图 1-7-1　阳角处搭设详图

（3）拆除流程

安全网→挡脚板及脚手板→防护栏杆→剪刀撑→斜撑杆→小横杆→大横杆→立杆。

（4）拆除要求

1）拆除准备工作

① 划出工作区标志，禁止行人进入；

② 全面检查脚手架的扣件连接、连墙件、支撑体系等是否符合构造要求；

③ 根据检查结果补充完善施工组织设计中的拆除顺序和措施，经主管部门批准后方可实施；

④ 由项目技术负责人进行安全拆除技术交底，并履行签字手续；

⑤ 清除脚手架上的杂物及地面障碍物。

2）严格遵守拆除顺序，由上而下，后支的先拆，先支的后拆，一般是先拆栏杆、脚手板、剪力撑，而后拆小横杆、大横杆、立杆等。

3）统一指挥，上下呼应，动作协调，当解开与另一人有关的结扣时应先告知对方，以防坠落。

4）材料工具要用滑轮绳索运送，不得乱扔。拆除中，应派专人看管，不得随意乱从高空往下抛材料。各类构配件严禁抛掷至地面。

5）拆除作业必须由上而下逐层进行，严禁上下同时进行。

6）拆除后架体的稳定性不被破坏，附墙杆被拆除前，应加设临时支撑防止变形，连墙件必须随脚手架逐层拆除，严禁先将连墙件整层或数层拆除后再拆脚手架；分段拆除高差不应大于 2 步；如高差大于 2 步，应增设连墙件加固。

7）当脚手架拆至下部最后一根长立杆的高度（约 6.5m）时，应先在适当位置搭设临时抛撑加固后，再拆除连墙件。

8）当脚手架采取分段、分立面拆除时，对不拆除的脚手架两端应采取加固措施。

2. 搭设构造要求

（1）地基与基础

脚手架基础地基回填土分层夯实，回填土的压实系数不小于 0.94，密实度采用环刀法试验进行确定，地基承载力标准值为 135kN/m²，表面浇筑 100mm 厚 C15 混凝土垫层。在脚手架立杆底部垫 500mm 厚 200mm 宽的通长脚手板，在脚手架外侧四周 500mm 处做好排水沟，防止积水浸泡地基。脚手架外侧 2m 范围内严禁挖土（图 1-7-2）。

（2）立杆

1）脚手架必须设置纵横向扫地杆。纵向扫地杆应采用直角扣件固定在距钢管底端不大于 200mm 处的立杆上，横向扫地杆应采用直角扣件固定在紧靠纵向扫地杆下方的立杆上，如图 1-7-2 所示。

2）脚手架立杆基础不在同一高度上时，必须将高处的纵向扫地杆向低处延长 2 跨与立杆固定，高低差不大于 1m。靠边坡上方的立杆轴线到边坡的距离不应小于 500mm，如图 1-7-3 所示。

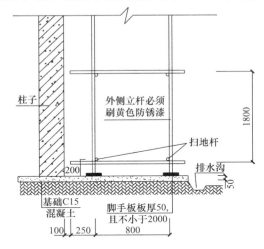

图 1-7-2　基础及排水沟详图

3）脚手架立杆除顶层外，其余各层各步接头必须采用对接扣件连接，立杆上的对接扣件应交错布置，两个相临立杆接头不得设在同步同跨内，两相临立杆接头在高度方向错开的距离不小于 500mm，各接头中心与主节点之间的距离不应大于 600mm；立杆的搭接长度不小于 1m，3 个旋转扣件固定，端部扣件边缘距杆端距离不小于 100mm。

4）脚手架立杆顶端栏杆高出女儿墙上端 1m，高出檐口上端 1.5m。

（3）纵向水平杆

1）纵向水平杆应设置在立杆的内侧，采用直角扣件与立柱扣紧，单根杆长不小于 3 跨（4.5m）。

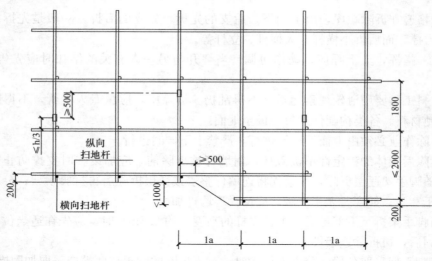

图 1-7-3　纵、横向水平杆及立杆构造

2）两根相邻纵向水平杆的接头不应设置在同步或同跨内；不同步不同跨两相邻接头在水平方向错开的距离不小于 500mm；各接头中心至最近主节点的距离不大于纵距的 1/3，如图 1-7-4 所示。

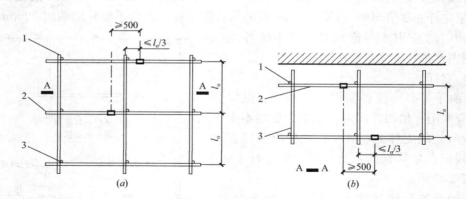

图 1-7-4　纵向水平杆对接接头布置
（a）接头不在同步内（立面）；（b）接头不在同跨内（平面）
1—立杆；2—纵向水平杆；3—横向水平杆

3）同一排大横杆的水平偏差不大于该片脚手架总长度的 1/250，且不大于 50mm。

4）脚手架外侧自第 2 步起 1/2 步距（0.9m）处必须设置 1 道纵向水平杆。

（4）横向水平杆

1）作业层上非主节点处的横向水平杆，宜根据支撑脚手板的需要等间距设置，最大间距不应大于纵距的 1/2。

2）横向水平杆两端均应采用直角扣件固定在纵向水平杆上，主节点处必须设横向水平杆，采用直角扣件扣紧在纵向水平杆上，轴线偏移主节点距离不大于 150mm。

3）横向水平杆端头伸出外立杆长度不得小于 100mm，并尽量一致以保证外立面宏观效果，内侧距墙面的距离不大于 100mm。

（5）剪刀撑设置要求

1）脚手架的外侧设置剪刀撑，由脚手架端头开始，每道剪刀撑跨越立杆为5～7根，每道剪刀撑宽度不应小于4跨，且不小于6m，斜杆与地面的倾角为45°，自下而上左右连续设置，设置时与其他杆件的交叉点互相用扣件固定。剪刀撑搭接长度不少于1m且用不少于3个旋转扣件固定，端部扣件盖板的边缘至杆端距离不少于100mm，应延伸至顶部大横杆以上，如图1-7-5所示。

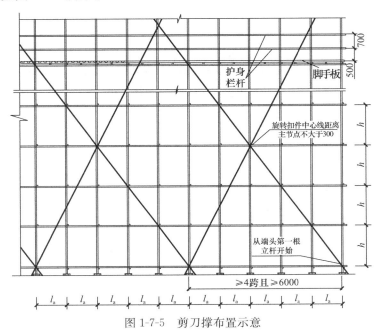

图1-7-5　剪刀撑布置示意

2）剪刀撑斜杆的接头采用搭接连接，搭接长度不小于1m，等距离设置3个旋转扣件固定，端部扣件边缘距杆端不小于100mm，如图1-7-6所示。

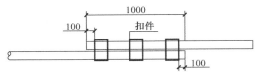

图1-7-6　搭接连接示意

3）剪刀撑斜杆用旋转扣件固定在与之相交的横向水平杆的伸出端或立杆上，旋转扣件中心线距主节点距离不大于150mm。

（6）脚手板

木脚手板一般应设置在3根横向水平杆上，并将其两端用铁丝与横向水平杆固定。每块脚手板下至少设置3根横向水平杆；脚手板采用平铺，对接连接时接头处必须是双横向水平杆，间隙200～250mm；脚手板两端须与横向水平杆绑牢，以防止倾翻（图1-7-7）。

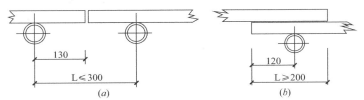

图1-7-7　脚手板连接示意

（a）脚手板对接；（b）脚手板搭接

（7）连墙件（图 1-7-8）

1）连墙件的布置宜靠近主节点设置，偏离主节点的距离不应大于 300mm。当大于 300mm 时必须增加斜拉杆。

2）连墙件应从底层第一步纵向水平杆处开始设置，当该处设置有困难时，应采用其他可靠措施固定。

3）连墙件按 2 步 3 跨布置，应优先采用菱形布置，也可采用方形布置、矩形布置。拉结点在转角和顶部部位加密。水平方向间距 4.5m，垂直方向间距 3.6m。

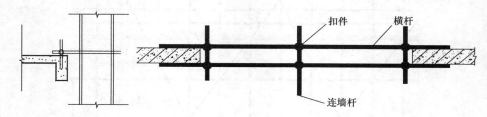

图 1-7-8　连墙件

（8）护拦和挡脚板

在 1/2 步距（0.9m）部位设置 1 道护身栏杆，挡脚板高度为 200mm，如图 1-7-9 所示。

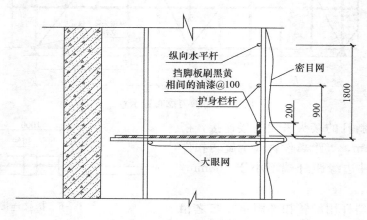

图 1-7-9　挡脚板的设置

【拓展提高 10】

A. 特殊部位处理

（A）脚手架斜道搭设（图 1-7-10）

A）斜道处立杆的荷载往往最大，因为层层有脚手板及挡脚板，因此斜道的立杆要验算其稳定性，若不满足要求，可采取增加立杆或局部卸荷的措施。

B）斜道宽度不宜小于 1m，坡度宜为 1∶3，斜道采用之字型，附着外脚手架设置，拐弯处设置平台，休息平台宽度不小于 1.2m。斜道两侧及平台外围均设置栏杆及挡脚板。栏杆高度应为 1.2m。

C）斜道两侧、端部及平台外围，必须设置剪刀撑。

D）脚手板采用横铺的方式，在横向水平杆下增设纵向支托杆，纵向支托杆间距不大于 500mm，斜道脚手板上必须设防滑条，防滑条间距不大于 300mm，木条厚度应为 20～30mm。

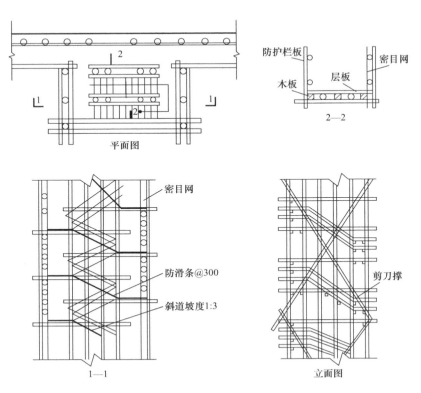

图 1-7-10　斜道搭设详图

（B）洞口处理（图 1-7-11）

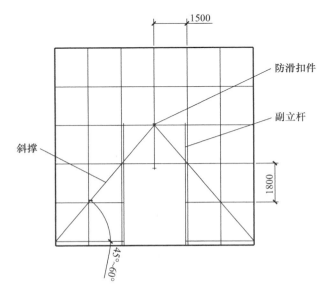

图 1-7-11　门洞处搭设详图

A）脚手架的门洞采用上升斜杆、平行弦杆桁架结构形式，斜杆与地面的倾角应在45°～60°。

B）斜腹杆应采用旋转扣件固定在与之相交的横向水平杆的伸出端上，旋转扣件中心线至主节点的距离不大于150mm。斜腹杆采用通长杆，在斜腹杆和门洞桁架中伸出上下弦杆的端头增加1个防滑扣件，该扣件紧靠主节点处的扣件。

C）斜腹杆应采用通长杆件，门洞桁架下的两侧立杆为双管立杆，副立杆高度应高于门洞口2步。

（C）挑檐或其他凸出部位的处理

脚手架封顶时，为了保证施工的安全，外排立杆高度必须超过房屋檐口的高度。并要设置两道护身栏杆和一道挡脚板，挂安全立网。脚手架外立杆的高度超出女儿墙1m，对坡屋面必须超过檐口1.5m，挑檐宽度小于800mm时，内排立杆低于檐口底150～200mm，外排最上一排连墙件上部的自由高度不大于4m。

在挑檐或其他凸出部位的宽度大于800mm时，严禁采用钢管自挑的方式进行搭设外脚手架，可以采用以下两种方式中任何一种。

A）脚手架搭设高度小于15m，挑檐宽度大于800mm时，可在外面增加一排脚手架的做法，如图1-7-12所示。

B）脚手架搭设高度大于15m，挑檐宽度大于800mm时，在挑檐或凸出部位，采用型钢悬挑的做法进行搭设，如图1-7-13所示。

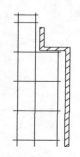
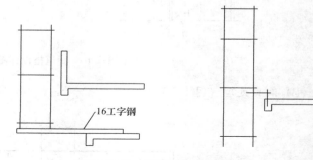

图 1-7-12　挑檐或凸出部位详图　　　　　图 1-7-13　挑檐或凸出部位详图

（D）安全通道搭设

首层通道必须固定出入口通道，非通道均应封死，同时搭设防护棚，建筑物高度20m以下时为3m×2.5m，建筑物高度20m以上时为6m×2.5m，两侧应封闭，出入口上方挂安全通道标志牌和安全警示牌。进入安全通道的地面必须采用100mm厚C15混凝土硬化。具体搭设如图1-7-14所示。

（E）电梯井道

电梯井口采用上翻式门。高度为1.2m，宽度超出井口两侧200mm（一边100mm），所用材料为ϕ12钢筋焊制，刷40cm的黄黑相间的警戒色（油漆）。电梯井内首层设1道双层水平安全网，首层以上每隔3层且不超过10m设一道水平安全网，安全网四周封闭严密。（如图1-7-15所示）。

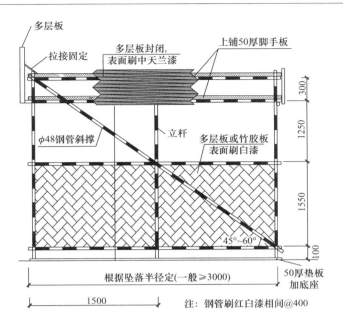

安全通道侧立面 (单位:mm)

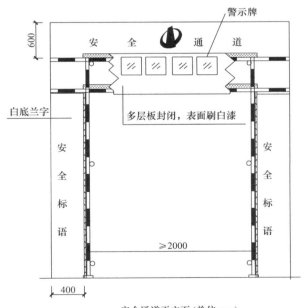

安全通道正立面 (单位:mm)

图 1-7-14　安全通道

（F）楼梯等临边防护栏杆搭设

A）施工现场通道附近的各类洞口与坑槽等处，除设置防护设施与安全标志外，夜间还应设红灯示警。

B）楼梯踏步及休息平台处。必须设两道牢固防护栏杆或用立挂网做防护。回转式楼梯间应支设首层水平安全网。每隔四层设一道水平安全网。

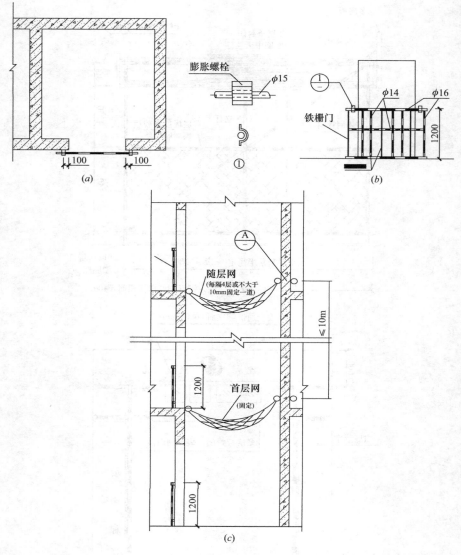

图 1-7-15 电梯井口、内防护门

(*a*) 平面图；(*b*) 立面图；(*c*) 剖面图

子任务 3 质量检查

1. 脚手架搭设质量及检查验收

（1）脚手架的验收标准规定

1）构架结构符合设计要求，个别部位的尺寸变化应在允许的调整范围之内。

2）节点的连接可靠，其中扣件的拧紧程度应控制在扭力矩达到 40～60N·m。

3）钢管脚手架立杆垂直度应小于等于 100mm。

4）纵向水平杆的水平偏差应小于等于 1/250，且全架长的水平偏差值不大于 50mm。

5）作业层铺板、安全防护措施等需符合要求。

（2）脚手架的验收和日常检查按以下规定进行，检查合格后，方允许投入使用或继续使用。

1）搭设完毕后。

2）每月进行一次脚手架专项检查。

3）施工中途停止使用超过 15d，再重新使用之前。

4）在遭受暴风、大雨等强力因素作用之后。

5）在使用过程中，发现有显著的变形、沉降、拆除杆件和拉结以及安全隐存在的情况时。

2. 脚手架的使用安全控制措施

1）作业层每 $1m^2$ 架面上实用的施工荷载（人员、材料和机具重量）不得超过以下的规定值或施工设计值：施工荷载（作业层上人员、材料和机具重量）的标准值，结构脚手架采取 $3kN/m^2$；装饰脚手架 $2kN/m^2$。

2）在架板上堆放的标准砖不得多于单排立码 3 层；砂浆和容器总重不得大于 1.5kN；施工设备单重不得大于 1kN；使用人力在架上搬运和安装的构件自重不得大于 2.5kN。

3）在架面上设置的材料应码放整齐稳固，不影响施工操作和人员通行。

4）作业人员在架上的作业高度应以可进行正常作业为度，禁止在架板上垫器物或单块脚手板以增加操作高度。

5）在作业时，禁止随意拆除脚手架的基本构架杆件、整体性杆件、连接紧固件、安全网和连墙杆。确因操作需要临时拆除时，必须经过主管人员同意，采取相应临时加固措施，并在作业完毕后，及时予以恢复。

6）工人在架上作业时，应注意自我安全保护和他人的安全，避免发生碰撞、闪失和落物。严禁在架体上戏闹和坐在栏杆等不安全处休息。不要在架面上急匆匆地行走去办某件事情，相互躲让时应避免身体失衡。

7）人员上下脚手架必须走安全防护通（梯）道，严禁攀越脚手架上下。

8）每班工人上架作业时，应先行检查有无影响安全作业的问题存在，在排除和解决后方许开始作业，在作业中发现有不安全的情况和迹象时，应立即停止作业，解决以后才能恢复正常作业；发现有异常和危险情况时，应立即通知所有架上人员撤离。

9）架上作业时，应注意随时清理落到架面上的材料，保持架面上规整清洁，不要乱放材料工具，以免影响自己作业的安全和发生掉物伤人。

10）在进行撬、拉、推、拔等作业时，要注意采取正确的姿势，站稳脚跟，或一手把持在稳固的结构或支持物上，以免用力过猛时身体失去平衡或把东西甩出，在脚手架上拆模板时，要采取必要的支托措施。以免拆下的模板材料掉落架外。

11）在脚手架上进行电焊作业时，要铺铁皮接着火星或移去易燃物，以免火星点着易燃物。并同时准备防火措施。一旦着火时，及时予以扑灭。应严格按照国家特殊工种的要求和消防规定执行。增派专职人员，配备料斗（桶），防止火星或切割物溅落。严禁无证动用焊割工具。

12）在每步架的作业完成之后，必须将架上剩余材料物品移至上（下）步架或室内；每日收工前应清理架面，将架面上的材料物品堆放整齐，垃圾清运出去；在作业期间，应及时清理落入安全网内的材料和物品。在任何情况下，严禁自架上向下抛材料物品和倾倒垃圾。

13）六级及六级以上大风和雨、雪天应停止脚手架上作业；雨、雪之后上架作业时，应把架面的积雪清除掉，避免发生滑跌。

14）在架上运送材料经过正在作业中的人员时，要及时发出"请注意"、"请让一让"的招呼声，材料要轻搁稳放，不许采用倾倒或其他匆忙卸料方式。

15）施工期间内，脚手架要定期进行维修、保养。

子任务4　计算书编写

1. 计算依据及计算参数

钢管脚手架的计算参照《建筑施工扣件式钢管脚手架安全技术规范》JGJ 130—2011。双排脚手架，搭设高度8.7m，立杆采用单立管。

立杆的纵距1.50m，立杆的横距0.80m，内排架距离结构0.30m，立杆的步距1.80m。

钢管类型为$\phi48\times3.0$，连墙件采用2步3跨，竖向间距3.60m，水平间距4.50m。

施工活荷载为$3.0kN/m^2$，同时考虑2层施工。

脚手板采用木板，荷载为$0.35kN/m^2$，按照铺设4层计算。

栏杆采用木板，荷载为$0.17kN/m$，安全网荷载取$0.0100kN/m^2$。

脚手板下小横杆在大横杆上面，且主结点间增加一根小横杆。

基本风压$0.40kN/m^2$，高度变化系数1.4200，体型系数0.8680。

地基承载力标准值$135kN/m^2$，基础底面扩展面积$0.250m^2$，地基承载力调整系数1.00。

2. 小横杆的计算

小横杆按照简支梁进行强度和挠度计算，小横杆在大横杆的上面。

按照小横杆上面的脚手板和活荷载作为均布荷载计算小横杆的最大弯矩和变形。

（1）均布荷载值计算

小横杆的自重标准值　$P_1=0.038kN/m$

脚手板的荷载标准值　$P_2=0.350\times1.500/2=0.262kN/m$

活荷载标准值　$Q=3.000\times1.500/2=2.250kN/m$

荷载的计算值　$q=1.2\times0.038+1.2\times0.262+1.4\times2.250=3.511kN/m$

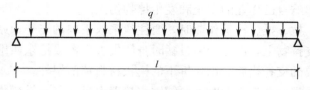

图1-7-16　小横杆计算简图

（2）抗弯强度计算

最大弯矩考虑为简支梁均布荷载作用下的弯矩

计算公式如下：

$$M_{qmax}=ql^2/8$$
$$M=3.511\times0.8002/8=0.281kN\cdot m$$

$$\sigma = 0.281 \times 106/4491.0 = 62.544 \text{N/mm}^2$$

小横杆的计算强度小于 205.0N/mm²，满足要求！

（3）挠度计算

最大挠度考虑为简支梁均布荷载作用下的挠度，计算公式如下：

$$V_{q\max} = \frac{5ql^4}{384EI}$$

荷载标准值 q＝0.038＋0.262＋2.250＝2.551kN/m

简支梁均布荷载作用下的最大挠度

V＝5.0×2.551×800.04/（384×2.06×105×107780.0）＝0.613mm

小横杆的最大挠度小于 800.0/150 与 10mm，满足要求！

3. 大横杆的计算

大横杆按照三跨连续梁进行强度和挠度计算，小横杆在大横杆的上面。

用小横杆支座的最大反力计算值，在最不利荷载布置下计算大横杆的最大弯矩和变形。

（1）荷载值计算

小横杆的自重标准值　P_1＝0.038×0.800＝0.031kN

脚手板的荷载标准值　P_2＝0.350×0.800×1.500/2＝0.210kN

活荷载标准值　Q＝3.000×0.800×1.500/2＝1.800kN

荷载的计算值　P＝（1.2×0.031＋1.2×0.210＋1.4×1.800)/2＝1.404kN

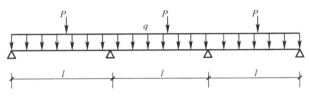

图 1-7-17　大横杆计算简图

（2）抗弯强度计算

最大弯矩考虑为大横杆自重均布荷载与荷载的计算值最不利分配的弯矩和均布荷载最大弯矩计算公式如下：

$$M_{\max} = 0.08ql^2$$

集中荷载最大弯矩计算公式如下：

$$M_{p\max} = 0.175Pl$$

$$M = 0.08 \times (1.2 \times 0.038) \times 1.500^2 + 0.175 \times 1.404 \times 1.500 = 0.377 \text{kN} \cdot \text{m}$$

$$\sigma = 0.377 \times 106/4491.0 = 83.936 \text{N/mm}^2$$

大横杆的计算强度小于 205.0N/mm²，满足要求！

（3）挠度计算

最大挠度考虑为大横杆自重均布荷载与荷载的计算值最不利分配的挠度和均布荷载最大挠度计算公式如下：

$$V_{\max}0.677\frac{ql^4}{100EI}$$

集中荷载最大挠度计算公式如下：

$$V_{p\max} = 1.146 \times \frac{Pl^3}{100EI}$$

大横杆自重均布荷载引起的最大挠度

$V_1 = 0.677 \times 0.038 \times 1500.00^4 / (100 \times 2.060 \times 105 \times 107780.000) = 0.06\text{mm}$

集中荷载标准值 $P = (0.031 + 0.210 + 1.800)/2 = 1.020\text{kN}$

集中荷载标准值最不利分配引起的最大挠度

$V_1 = 1.146 \times 1020.360 \times 1500.00^3 / (100 \times 2.060 \times 105 \times 107780.000) = 1.78\text{mm}$

最大挠度和 $V = V_1 + V_2 = 1.837\text{mm}$ 大横杆的最大挠度小于 1500.0/150 与 10mm，满足要求！

4. 扣件抗滑力的计算

纵向或横向水平杆与立杆连接时，扣件的抗滑承载力按照下式计算：

$$R \leqslant R_c$$

式中　R_c——扣件抗滑承载力设计值，取 8.0kN；

　　　R——纵向或横向水平杆传给立杆的竖向作用力设计值。

荷载值计算

横杆的自重标准值　$P_1 = 0.038 \times 1.500 = 0.058\text{kN}$

脚手板的荷载标准值　$P_2 = 0.350 \times 0.800 \times 1.500/2 = 0.210\text{kN}$

活荷载标准值　$Q = 3.000 \times 0.800 \times 1.500/2 = 1.800\text{kN}$

荷载的计算值　$R = 1.2 \times 0.058 + 1.2 \times 0.210 + 1.4 \times 1.800 = 2.841\text{kN}$

单扣件抗滑承载力的设计计算满足要求！

当直角扣件的拧紧力矩达 40—65N·m 时，试验表明：单扣件在 12kN 的荷载下会滑动，其抗滑承载力可取 8.0kN；双扣件在 20kN 的荷载下会滑动，其抗滑承载力可取 12.0kN。

5. 脚手架荷载标准值

作用于脚手架的荷载包括静荷载、活荷载和风荷载。

静荷载标准值包括以下内容：

1）每米立杆承受的结构自重标准值（kN/m）；本例为 0.1072

$$N_{G1} = 0.107 \times 24.000 = 2.574\text{kN}$$

2）脚手板的自重标准值（kN/m²）；本例采用木脚手板，标准值为 0.35

$$N_{G2} = 0.350 \times 4 \times 1.500 \times (0.800 + 0.350)/2 = 1.207\text{kN}$$

3）栏杆与挡脚手板自重标准值（kN/m）；本例采用栏杆、木脚手板标挡板，准值为 0.17

$$N_{G3} = 0.170 \times 1.500 \times 4/2 = 0.510\text{kN}$$

4）吊挂的安全设施荷载，包括安全网（kN/m²）；本例为 0.010

$$N_{G4} = 0.010 \times 1.500 \times 24.000 = 0.360\text{kN}$$

经计算得到，静荷载标准值 $N_G = N_{G1} + N_{G2} + N_{G3} + N_{G4} = 4.651\text{kN}$。

活荷载为施工荷载标准值产生的轴向力总和，内、外立杆按一纵距内施工荷载总和的 1/2 取值。

经计算得到，活荷载标准值 $N_Q=3.000\times2\times1.500\times0.800/2=3.600\text{kN}$

风荷载标准值应按照以下公式计算：

$$w_k = \mu_z \cdot \mu_s \cdot w_0$$

式中 w_0——基本风压（kN/m^2），按照《建筑结构荷载规范》GB 50009—2001 附录表 D.4 的规定采用：$w_0=0.400$；

μ_z——风荷载高度变化系数，按照《建筑结构荷载规范》GB 50009—2001 附录表 7.2.1 的规定采用：$\mu_z=1.420$；

μ_s——风荷载体型系数：$\mu_s=0.868$。

经计算得到，风荷载标准值 $w_k=0.400\times1.420\times0.868=0.493\text{kN/m}^2$。

考虑风荷载时，立杆的轴向压力设计值计算公式

$$N = 1.2N_G + 0.9\times1.4N_Q$$

经过计算得到，底部立杆的最大轴向压力 $N=1.2\times4.651+0.9\times1.4\times3.600=10.118\text{kN}$

不考虑风荷载时，立杆的轴向压力设计值计算公式

$$N = 1.2N_G + 1.4N_Q$$

经过计算得到，底部立杆的最大轴向压力 $N=1.2\times4.651+1.4\times3.600=10.622\text{kN}$

风荷载设计值产生的立杆段弯矩 M_w 计算公式

$$M_w = 0.9\times1.4W_k l_a h^2/10$$

其中 W_k——风荷载标准值（kN/m^2）；

l_a——立杆的纵距，m；

h——立杆的步距，m。

经过计算得到风荷载产生的弯矩 $M_w=0.9\times1.4\times0.493\times1.500\times1.800\times1.800/10=0.302\text{kN}\cdot\text{m}$

6. 立杆的稳定性计算

（1）不考虑风荷载时，立杆的稳定性计算：

$$\sigma = \frac{N}{\varphi A} \leqslant [f]$$

式中 N——立杆的轴心压力设计值，$N=10.622\text{kN}$；

i——计算立杆的截面回转半径，$i=1.60\text{cm}$；

k——计算长度附加系数，取 1.155；

μ——计算长度系数，由脚手架的高度确定，$\mu=1.500$；

l_0——计算长度，由公式 $l_0=k\mu h$ 确定，$l_0=1.155\times1.500\times1.800=3.118\text{m}$；

A——立杆净截面面积，$A=4.239\text{cm}^2$；

W——立杆净截面模量（抵抗矩），$W=4.491\text{cm}^3$；

λ——由长细比，为 $3118/16=196$；

φ——轴心受压立杆的稳定系数，由长细比 l_0/i 的结果查表得到 0.190；

σ——钢管立杆受压强度计算值，经计算得到 $\sigma=10622/(0.19\times424)=132.189\text{N/mm}^2$；

$[f]$——钢管立杆抗压强度设计值，$[f]=205.00\text{N/mm}^2$。

不考虑风荷载时，立杆的稳定性计算 $\sigma<[f]$，满足要求！

（2）考虑风荷载时，立杆的稳定性计算公式：

$$\sigma = \frac{N}{\varphi A} + \frac{M_w}{W} \leqslant [f]$$

式中　N——立杆的轴心压力设计值，$N=10.118\text{kN}$；

　　　i——计算立杆的截面回转半径，$i=1.60\text{cm}$；

　　　k——计算长度附加系数，取 1.155；

　　　μ——计算长度系数，由脚手架的高度确定，$\mu=1.500$；

　　　l_0——计算长度，由公式 $l_0 = k\mu h$ 确定，$l_0 = 1.155 \times 1.500 \times 1.800 = 3.118\text{m}$；

　　　A——立杆净截面面积，$A=4.239\text{cm}^2$；

　　　W——立杆净截面模量（抵抗矩），$W=4.491\text{cm}^3$；

　　　λ——由长细比，为 3118/16＝196；

　　　φ——轴心受压立杆的稳定系数，由长细比 l_0/i 的结果查表得到 0.190；

　　　M_w——计算立杆段由风荷载设计值产生的弯矩，$M_w = 0.302\text{kN·m}$；

　　　σ——钢管立杆受压强度计算值，经计算得到 $\sigma = 10118/(0.19 \times 424) + 302000/4491 = 193.141\text{N/mm}^2$；

　　　$[f]$——钢管立杆抗压强度设计值，$[f]=205.00\text{N/mm}^2$。

考虑风荷载时，立杆的稳定性计算 $\sigma < [f]$，满足要求！

7. 最大搭设高度的计算

不考虑风荷载时，采用单立管的敞开式、全封闭和半封闭的脚手架可搭设高度按照下式计算：

$$[H] = \frac{\varphi A f - (1.2N_{G2k} + 1.4\sum N_{Qk})}{1.2g_k}$$

式中　N_{G2k}——构配件自重标准值产生的轴向力，$N_{G2k}=2.077\text{kN}$；

　　　N_Q——活荷载标准值，$N_Q=3.600\text{kN}$；

　　　g_k——每米立杆承受的结构自重标准值，$g_k=0.107\text{kN/m}$。

经计算得到，不考虑风荷载时，按照稳定性计算的搭设高度 $[H]=69.461\text{m}$。

考虑风荷载时，采用单立管的敞开式、全封闭和半封闭的脚手架可搭设高度按照下式计算：

$$[H] = \frac{\varphi A f - \left[1.2N_{G2k} + 0.9 \times 1.4\left(\sum N_{Qk} + \frac{M_{wk}}{W}\varphi A\right)\right]}{1.2g_k}$$

式中　N_{G2k}——构配件自重标准值产生的轴向力，$N_{G2K}=2.077\text{kN}$；

　　　N_Q——活荷载标准值，$N_Q=3.600\text{kN}$；

　　　g_k——每米立杆承受的结构自重标准值，$g_k=0.107\text{kN/m}$；

　　　M_{wk}——计算立杆段由风荷载标准值产生的弯矩，$M_{wk}=0.240\text{kN·m}$。

经计算得到，考虑风荷载时，按照稳定性计算的搭设高度 $[M_{wk}]=31.404\text{m}$。

8. 连墙件的计算

连墙件的轴向力计算值应按照下式计算：

$$N_l = N_{lw} + N_o$$

式中　N_{lw}——风荷载产生的连墙件轴向力设计值（kN），应按照下式计算：

$$N_{\mathrm{lw}} = 1.4 \times W_{\mathrm{k}} \times A_{\mathrm{w}}$$

W_{k}——风荷载标准值，$w_{\mathrm{k}} = 0.493\mathrm{kN/m^2}$；

A_{w}——每个连墙件的覆盖面积内脚手架外侧的迎风面积，$A_{\mathrm{w}} = 3.60 \times 4.50 = 16.200\mathrm{m^2}$；

N_{o}——连墙件约束脚手架平面外变形所产生的轴向力（kN）；$N_{\mathrm{o}} = 3.000$。

经计算得到 $N_{\mathrm{lw}} = 11.182\mathrm{kN}$，连墙件轴向力计算值 $N_1 = 14.182\mathrm{kN}$。

根据连墙件杆件强度要求，轴向力设计值 $N_{\mathrm{f1}} = 0.85 A_{\mathrm{c}} [f]$。

根据连墙件杆件稳定性要求，轴向力设计值 $N_{\mathrm{f2}} = 0.85 \varphi A [f]$。

式中　φ——轴心受压立杆的稳定系数，由长细比 $l/i = 35.00/1.60$ 的结果查表得到 $\varphi = 0.94$；

A_{c}——净截面面积，$A_{\mathrm{c}} = 4.24\mathrm{cm^2}$；

A——毛截面面积，$A = 18.10\mathrm{cm^2}$；

$[f]$——钢管立杆抗压强度设计值，$[f] = 205.00\mathrm{N/mm^2}$。

经过计算得到 $N_{\mathrm{f1}} = 73.865\mathrm{kN}$

$N_{\mathrm{f1}} > N_1$，连墙件的设计计算满足强度设计要求！

经过计算得到 $N_{\mathrm{f2}} = 297.693\mathrm{kN}$

$N_{\mathrm{f2}} > N_1$，连墙件的设计计算满足稳定性设计要求！

9. 立杆的地基承载力计算

立杆基础底面的平均压力应满足下式的要求

$$p \leqslant f_{\mathrm{g}}$$

式中　p——立杆基础底面的平均压力，$p = N/A$，$p = 42.49\mathrm{kN/m^2}$；

N——上部结构传至基础顶面的轴向力设计值（kN），$N = 10.62\mathrm{kN}$；

A——基础底面面积，$A = 0.25\mathrm{m^2}$；

f_{g}——地基承载力设计值，$f_{\mathrm{g}} = 135.00\mathrm{kN/m^2}$。

地基承载力设计值应按下式计算

$$f_{\mathrm{g}} = k_{\mathrm{c}} \times f_{\mathrm{gk}}$$

式中　k_{c}——脚手架地基承载力调整系数，$k_{\mathrm{c}} = 1.00$；

f_{gk}——地基承载力标准值，$f_{\mathrm{gk}} = 135.00\mathrm{kN/m^2}$。

地基承载力的计算满足要求！

【课后自测及相关实训】

编制××工程脚手架工程施工方案（附件：××工程脚手架工程概况）。

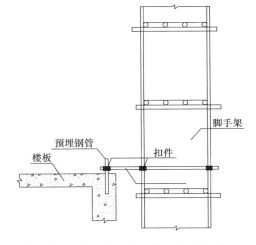

图 1-7-18　连墙件拉结楼板预埋钢管示意

单元 8　塔式起重机施工

01.08.001
起重机械-桅杆式起重机、
自行杆式起重机、
塔式起重机

【知识目标】　掌握塔式起重机施工过程的施工方法和技术要求。

【能力目标】　能够组织实施塔式起重机施工工作；能分析处理塔式起重机施工过程中的技术问题，评价塔式起重机施工质量；针对不同类型特点的工程，能编制塔式起重机施工方案。

【素质目标】　具有集体意识、良好的职业道德修养和与他人合作的精神，协调同事之间、上下级之间的工作关系。

【任务介绍】　沈阳××项目四期一标段 45 号、46 号楼位于沈阳市于洪区，建筑面积分别为 15226.4m²、15566.33m²。地上 27 层，为框架-剪力墙结构。根据实际情况编制塔式起重机施工方案。

【任务分析】　根据要求，确定搭设塔式起重机需要做的准备工作，施工过程、施工的方法等。

任务 1　塔式起重机基础施工方案编制

1. 编制依据

《建筑地基基础设计规范》GB 50007—2011；

《建筑施工高处作业安全技术规程》JGJ 80—2016；

《建筑施工安全检查标准》JGJ 59—2011；

《高层建筑施工手册》第四版；

《钢结构设计规范》GB 50017—2003；

《钢结构施工质量验收规范》GB 50205—2001；

《建筑桩基技术规范》（JGJ 94—2008）；

《混凝土结构设计规范（2015 年版）》（GB 50010—2010）。

2. 工程概况

2 台塔式起重机基础设置 5.0m×5.0m×1.5m 方形承台，混凝土强度等级均为 C35，塔式起重机基础配筋为 HRB400 级钢直径 20mm，间距 200mm，双层双向配置。

3. 塔式起重机基础施工

（1）土方开挖

45 号、46 号塔式起重机基础位于自然地面开挖深度为 4.5m，按 1∶1.2 坡度系数放坡，坡脚预留 1m 的工作面，先采用挖土机机械开挖，在机械土方大面积开挖至基底以上 300mm 时，下部土方采用人工进行挖土、修土，以保证基底土的不受扰动。

（2）混凝土垫层施工

混凝土垫层采用商品混凝土，强度等级 C15，垫层厚 100mm。垫层混凝土浇筑前在垫层边线位置用方木作为垫层模板并在地基上钉立标桩，测设垫层标高，标桩间距为@2000。按照木橛上的标高，浇筑混凝土。混凝土垫层施工应严格控制标高和平整度。混凝土先用水平刮杆刮平，然后用木抹子搓平。找平层收水后应二次压光，充分养护。

（3）钢筋绑扎及塔式起重机节预埋

按照吊车基础图纸进行钢筋绑扎，绑扎完底层钢筋、垫好钢筋保护层垫块后，将吊车基础预埋节固定好，然后绑扎上层钢筋网及拉结筋。固定标准节前，用经纬仪测量塔式起重机基础节垂直度，垂直度偏差应不大于其高度的 1‰，最大偏差不大于±5mm。塔式起重机底脚预埋后保证塔基水平度偏差不大于塔身截面宽度的 1‰。基座安装时应先对准中心轴线位置，点焊固定一面，找基座钢管桩上口水平度，水平度偏差不大于基座直径的 1‰，最大偏差不大于±3mm。垂直度校正时底脚立筋下用钢楔子找平，垂直度符合要求后点焊固定牢固，防止焊接时崩开。焊接时应采取对角交叉施焊防止因焊接变形造成垂直度发生变化。

（4）基础模板施工

在塔式起重机基础底，根据设计方案基础承台大小，浇筑 C15 凝土垫层，支模前对基础承台进行放样，在垫层上绑扎基础承台钢筋，支模板。

（5）混凝土基础施工

混凝土基础采用商品混凝土，强度等级 C35 厚度 1500mm。混凝土浇筑前应复查基础钢筋，预埋件位置等是否正确，测设基础标高，并在模板四周钉上小铁钉，保证混凝土浇筑时标高准确无误。混凝土基础施工应振捣密实，严格控制标高和平整度。混凝土先用水平刮杆刮平，然后用木抹子搓平。找平层收水后应二次压光，充分养护。

（6）土方回填

为了保证安装过程中的安全，在塔式起重机基础混凝土浇筑完成，模板拆除完备后，对塔式起重机基础四周先进行土方回填。

（7）塔式起重机围护

塔式起重机围护采用 240mm 厚圆形砖砌体，墙体与塔身之间预留 500mm 的操作面，沿墙体高度方向每 2m 设一道 300mm 高的 C20 钢筋混凝土圈梁，为防止塔式起重机基础节被水浸泡，围护体内外侧均采用 1:2.5 砂浆进行抹面，围护体高出自然地坪 1.2m，当基础上有水时，用水泵及时抽出。

4. 质量保证措施

（1）承台底标高、尺寸严格按照设计标高放样确定。

（2）混凝土浇捣前对钢筋进行隐蔽验收。

（3）与塔机生产厂家联系，正确预埋预埋件。

（4）承台混凝土强度等级采用不低于 C35。并留置同条件试块。试块强度达到设计强度 100％后方可安装塔式起重机。

任务2 塔式起重机安装拆卸施工方案编制

1. 编制依据

《QTZ63 塔式起重机说明书》；

《QTZ63 塔式起重机维护说明书》；

《起重机械安全规程 第 1 部分：总则》GB 6067.1—2010；

《塔式起重机安全规程》GB 5144—2006；

《塔式起重机技术条件》JJ 27—1984；

《特种设备安全监察条例》（中华人民共和国国务院令第 373 号）；

《沈阳××项目四期一标段岩土勘察报告》。

2. 工程概况

（1）人员配置

安拆公司为××公司承揽，安排 4 名专业人员进行塔式起重机安拆，项目部配备 2 名专职安全员现场督导，排查安全隐患，对塔式起重机安拆进行全程跟踪。

（2）塔机设置

1）经地基承载力试验确定地基承载力是否满足本工程所选塔式起重机要求。

2）基础为粉土，承载力大于 $200kN/m^2$，基础上的 4 根锚柱倾斜度和平整度误差小于 1/500（基础顶面水平度小于 1/500）。

3）塔机用电独立设置配电箱，并设置在离塔机 5m 处。

4）地基周围已清理场地，平整障碍物。

5）塔式起重机参数：QTZ63 型，起重臂长 55m，平衡臂长 11.55m，工作速度及功率：（总功率：35.4kW），供电：70kVA、380V、50Hz、三项四线，起重性能：（额定起重力矩：63t/m，最大起重 5t，最小起重 1t），自由高度 40m，附着状态可达到 140m，标准节：1.5m×1.5m×2.2m，起升速度：4.3m/min，回转速度：0.6r/min，顶升速度：0.6r/min，结构自重 39t。

3. 塔机安拆

（1）资源配置

1）配置 25T 汽车吊 1 台，以及各类吊具、吊索。

2）人员配置：指挥 1 名，塔机司机 2 名，电工 1 名，安装人员数名。

3）塔式起重机安装工作必须由具备相应资质的单位进行作业，作业人员必须持证上岗。

4）塔式起重机布置图 1-8-1。

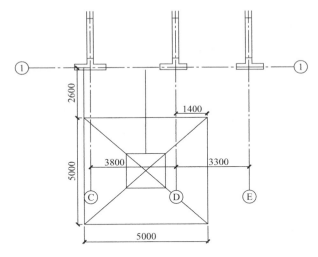

图 1-8-1　塔式起重机布置

（2）组装

塔式起重机安拆机具准备：25t 汽车吊 1 辆、12 寸活动扳手 4～6 把、塔式起重机专用标准节螺栓扳手 4～6 把。撬杠 4～6 根、直径 8mm 长 1m 千斤顶 2 个、直径 15.5mm 长 3m、6m 千斤顶各 4 个、塔式起重机专用 M16×100 螺栓若干、50m 长的粗尼龙绳 1 根、2.5kg 手锤 4 把，8kg 大锤 2 把、工具箱 3 只、对讲机 4 个。

1）把第一节标准节吊装在中间 4 根锚柱上，标准节有踏步的一面在进出面，并应与建筑物垂直。

2）将第二节标准节装在第一节标准节上，注意踏步应上下对准。

3）组装套架，套架上有油缸的面应对准标准节上有踏步的面，井架套上的爬爪搁在基础节最下面的一个踏步上。

4）组装上下支座、回转机构、回转支承、平台等成为一体，然后整体安装在套架上，并连接牢固。

5）安装塔帽，用销轴与上支座连接，塔帽的倾斜面与吊臂在同一侧。

6）吊装平衡臂，用销轴与上支座连接，吊一块2t的配重设于从平稳臂尾部往前数的第三位置上。

7）吊装司机室，接通电源。

8）在地面拼装起重臂、小车、吊篮，吊臂拉杆连接后应固定在吊臂上弦杆的支架上。

9）用汽车吊把吊臂整体平稳地吊起就位，用销轴和上支座连接。

10）穿绕起升钢丝绳，安装短拉杆和长拉杆与塔帽顶连接，松弛起升机钢丝绳，把起重臂缓慢放平，使拉杆处于张紧状态，并松脱滑轮组上的起重钢丝绳。

11）张紧变幅小车钢丝绳。

（3）升塔（液压顶升机构）

1）将起重臂转到引入塔身标准节的方向（即引进横梁的正方向）。

2）调整好爬升架导轮与塔身立柱之间的间隙，以3～5mm为宜，当标准节放到安装上、下支座下部的引进小车后，用吊钩在吊一个标准节上升到高处，移动小车的位置（小车约在距回转中心10m处），具体位置可根据平衡状况确定，使塔机套架以上部分的中心落在顶升油缸上铰点的位置，然后卸下支座与标准节相连的连接螺栓。

3）将塔机套架顶升，使塔身上方恰好出现一个能装一标准节的空间。

4）拉动引进小车，把标准节引到塔身的正上方，对准连接螺栓孔，缩回油缸使之与下部标准节压紧，并用螺栓连接起来。

5）以上为一次顶升加节过程，当需连续加节时，可重复上述步骤，但在安装完3个标准节后，必须安装下部4根加强斜撑，并调整使4根撑杆均匀受力，方可继续升塔和吊装。

6）在加节过程中，严禁起重臂回转，塔机下支座与标准节之间的螺栓应连结，但可不拧紧，有异常情况应立即停止顶升。

（4）调试

待升塔完毕后，调试好塔机小车限位、吊钩高度限位、力矩限位、起重限位、回转限位，保证各限位灵敏、可靠，具体由电工负责调试。

（5）拆除

1）调整爬升架导轮与塔身立柱的间隙为3～5mm为宜，吊一节标准节移动小车位置至大约离塔机中心10m处，使塔式起重机的重心落在顶升油缸上的铰点位置，然后卸下支座与塔身连接的20个高强度螺栓。

2）将活塞杆全部伸出，当顶升横梁挂在塔身的下一级踏步上，卸下塔身与塔身的连接螺栓，稍升活塞杆，使上、下支座与塔身脱离，推出标准节至引进横梁外端，接着缩回全部活塞杆，使爬爪搁在塔身的踏步上，然后再伸出全部活塞杆，重新将顶升横梁挂在塔身的上一级踏步上，缩回全部活塞，使上、下支座与塔身连接，并插上螺栓。

3）以上为一次塔身下降过程，连续降塔时，重复以上过程。

4）拆除时，必须按先降后拆附墙的原则进行拆除。

5）当塔机降至地面（基本高度）时，用汽车吊辅助拆除，具体步骤如下：

配重吊离（留一块配重，即平衡从尾部数起的第三个位置）平衡臂→拆除起重臂（整体）至地面→吊离最后一块配重→拆除平衡臂→拆除塔帽→上、下支座拆除（包括拆除电源和司机室）→爬升套、斜撑杆拆除→拆除第三节标准节。

（6）附墙装置的安拆及要求

1）当塔机高度超过独立高度时，就要加装附墙装置进行附着。在升塔之前，要严格执行先装后升的原则，即先安装附墙装置，再进行升塔作业，当自由高度超过规定高度时，先加装附墙装置，然后才能升塔。在降塔拆除时，也必须严格遵守先降后拆的原则，即当爬升套降到附墙装置不能再拆塔时，才能拆除附墙装置，严禁先拆附墙装置后降塔。

2）附墙装置通过连接板预埋螺栓与建筑物可靠连接。

3）本工程塔身全高为独立高度，不设置附墙装置。

4. 塔机沉降、垂直度测定及偏差校正

1）塔机沉降观测应定期进行，一般为半月一次，垂直度的测定当塔机在独立高度以内时应半月一次，当安装附墙装置后，应每月观测一次（安装附墙装置时就要观测垂直度状况，以便于附墙装置的调节）。

2）当塔机出现沉降不均，垂直度偏差超过塔高的 $1/1000$ 时，应对塔机进行偏差校正，在未设附墙装置之前，在最低节与塔机机脚螺栓间加垫钢片校正，校正过程中，用高吨位的千斤顶顶起塔身，为保证安全，塔身用大缆绳四面、缆紧，且不能将机脚螺栓拆下来，只能松动螺栓上的螺母，具体长度根据加垫钢片的厚度确定，当有多道附墙拉杆架设后，塔机的垂直度校正，在保证安全的前提下，可通过调节附墙拉杆的长度来实现。

【拓展提高 11】

A. 塔机接地保护及防雷保护规定

（A）塔机电气设备的金属外壳与该电气设备连接的金属构架，必须采取可靠的接地保护。

（B）塔机应在塔顶处安装避雷针，避雷针应用大于 $6mm^2$ 多芯铜线与塔机保护接地相连，接地冲击电阻小于 10Ω。

（C）塔机在安装供电前必须将塔机的钢结构进行可靠的保护接地，接地电阻不大于 4Ω。

B. 塔机的操作维护

（A）塔机安装结束后必须经市检查站特种设备检验科检验合格，发放塔机"起重机械登记证"后方可运营。

（B）机操人员必须持证上岗，熟悉机械的保养和安全操作规程，无关人员未经许可不得攀登塔机。

（C）塔机的正常工作气温为 $-20℃\sim+40℃$，风速低于 $13m/s$。

（D）塔机每次转场安装使用都必须进行空载实验、静载实验、动载实验。静载实验吊重为额定荷载的 125%，动载实验吊重为额定载荷的 110%。

（E）夜间工作时，除塔机本身自有的照明外，施工现场应有充足的照明设备。

（F）塔式起重机的操作必须落实三项制度，司机的操作按塔机操作规程严格执行。处理电气故障时，须有维修人员 2 人以上。

（G）司机应高度集中注意力，避免塔机相互碰撞，注意塔机周围的建筑物。

（H）塔机应当经常检查、维护、保养，传动部件应有足够的润滑油，对易损件应经常检查、维修或更换，对连接螺栓，特别是经常振动的零件，应检查是否松动，如有松动则必须及时拧紧。

（I）检查和调整制动瓦和制动轮的间隙，保证制动灵敏可靠，其间隙在 0.5～1mm 之间，摩擦面上不应有油污等污物。

（J）钢丝绳的维护和保养严格按《起重机 钢丝绳 保养、维护、检验和报废》GB/T 5972—2016 规定执行，发现有超过有关规定，必须立即换新。

（K）塔机的各结构、焊缝及有关构件是否有损坏、变形、松动、锈蚀、裂缝，如有问题应及时修复。

（L）各电器线路也应及时修复和保养。

（M）避免塔机相互碰撞的原则

A）高塔让低塔：一般高塔的视野较广，可全面观察周围动态，高塔进入重叠区前应观察低塔运行情况后再运行。

B）先进优先：塔机在重叠区运行时，先进入该区域的塔机优先运行，后进入该区域的塔机应该避让。

C）动塔让静塔：各塔机重叠运行时，运行塔机应避让该区停止塔机。

D）轻车让重车：当两塔同时运行时，空载塔机应避让有载荷塔机。

E）客塔让主塔：另一区域塔机在进入他人塔机区域时应主动避让主方塔机。

F）交替升降：所有塔机应尽可能在规定时间内交替升降。以满足群塔立体施工协调方案的要求。

G）附着高度：H_1＝25m、3 层设置 1 道附着（层高 2.9m）。

【课后自测及相关实训】

编制××工程塔式起重机施工方案（附件：××工程塔式起重机施工概况）。

单元 9　保温工程施工

【知识目标】　掌握保温工程的施工方法和技术要求。

【能力目标】　能够组织实施保温工程施工工作；能分析处理保温工程施工过程中的技术问题，评价保温工程的施工质量；针对不同类型特点的工程，能编制保温工程施工方案。

【素质目标】　具有集体意识、良好的职业道德修养和与他人合作的精神，协调同事之间、上下级之间的工作关系。

【**任务介绍**】 沈阳××项目四期一标段 45 号、46 号楼位于沈阳市于洪区，建筑面积分别为 15226.4m² 、15566.33m² 。地上 27 层，为框架-剪力墙结构。根据实际情况编制保温工程施工方案。

【**任务分析**】 根据要求，确定保温工程施工需要做的准备工作，施工过程、施工的方法以及质量的检查。

任务 1 外墙外保温工程施工方案编制

子任务 1 准 备 工 作

1. 编制依据

《外墙外保温建筑构造》10J121；

《室外装修》辽 2004J1001；

《外墙外保温工程技术规程》JGJ 144—2004；

《外墙外保温用聚合物砂浆质量检验标准》DBJ 01—63—2002；

《耐碱玻璃纤维网格布》JC/T 841—2007。

2. 工程概况

本工程由 2 栋 27 层主体楼组成，建筑面积 30792m² 。依据《沈阳市人民政府办公厅转发市建委关于加强民用建筑外墙保温系统防火管理工作实施意见的通知》［2012］69 号，本工程 45 号、46 号楼住宅主体为 27 层，建筑高度大于 50m 小于 100m，外墙采用燃烧性能为 B1 级保温材料，并且每层设水平防火隔离带。商业网点为人员密集场所采用 A 级外墙保温材料。防火隔离带采用 A 级保温材料并沿楼板位置设置，高度 300mm，与墙面进行全面积粘贴，厚度同外墙保温层并与保温层同步施工。对于屋顶与外墙交界处和屋顶开口部位四周的保温层，应采用宽度不小于 500mmA 级保温材料设置水平防火隔离带与屋面基层满粘，厚度与屋面保温层相同。屋顶防水层或可燃保温层要用不燃烧材料覆盖（图 1-9-1）。

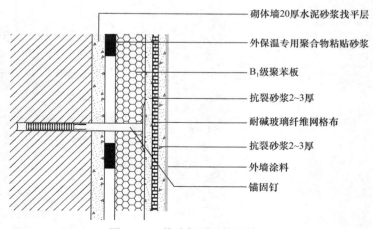

图 1-9-1 外墙保温系统的构造

3. 施工准备

（1）辅助材料性能指标

1）粘结砂浆和抹面抗裂砂浆性能指标要满足《外墙外保温用聚合物砂浆质量检验标准》DBJ 01—63—2003 规定质量要求。

2）玻纤网格布选用网孔中心距为 4mm×4mm，单位面积重量大于等于 160g 的普通型网格布。其断裂强力大于等于 1250N/50mm，涂塑量大于等于 20g/m²；耐碱强力保留率大于等于 90％。

3）锚固聚苯板用锚栓采用型号为 60/155 的优质品牌外墙外保温专用锚栓。主要机械性能指标必须符合《外墙外保温施工技术规程》JGJ 144—2004 的要求。

（2）聚苯板材料性能指标

聚苯板粘结剂、抹面胶浆和耐碱玻纤网格布及机械锚固件的性能指标必须符合 JGJ 144—2008 要求。

1）薄抹灰外保温系统的基本性能（表 1-9-1）

基本性能　　　　　　　　　　　　　　　　　表 1-9-1

项目	单位	指标
吸水量，浸水 24h	g/m²	≤500
普通型（P 型）抗冲击强度	J	≥3.0
加强型（Q 型）抗冲击强度	J	≥10.0
抗风压值	kPa	不小于工程项目的风荷载设计值
耐冻融	—	表面无裂纹、空鼓、起泡、剥离现象
水蒸气湿流密度	g/(m²·h)	≥0.85
不透水性	—	试样防护层内侧无水渗透
耐候性	—	表面无裂纹、粉化、剥落现象

2）聚苯板粘结剂性能指标（表 1-9-2）

粘结剂基本性能要求　　　　　　　　　　　　表 1-9-2

项目	单位	指标
与水泥砂浆拉伸粘结强度（常温常态 14d）	MPa	≥0.70
与水泥砂浆拉伸粘结强度（耐水，浸水 48h，放置 24h）	MPa	≥0.50
与水泥砂浆拉伸粘结强度（耐冻融循环 25 次）	MPa	≥0.50
与 20kg/m³ 聚苯板拉伸粘结强度（常温常态 14d）	MPa	≥0.1，且聚苯板破坏
与 20kg/m³ 聚苯板拉伸粘结强度（耐水，浸水 48h，放置 24h）	MPa	≥0.1，且聚苯板破坏
与 20kg/m³ 聚苯板拉伸粘结强度（耐冻融循环 25 次）	MPa	≥0.1，且聚苯板破坏
压折比（抗压强度/抗折强度）	压折比	≤3
可操作时间	h	≤2

3）聚苯板性能指标（表 1-9-3）

聚苯板基本性能要求　　　　　　　　　　　　表 1-9-3

项目	单位	指标
表观密度	kg/m³	≥18
导热系数	W/(m·k)	≤0.041
抗拉强度	MPa	≥0.1

项目		单位	指标
尺寸稳定性		%	≤0.3
燃烧性能		—	阻燃型
陈化时间	自然条件	d	≥42
	蒸汽（60℃）	d	≥5

4）耐碱玻纤网格布（表1-9-4）

耐碱玻纤网格布基本性能要求 表1-9-4

项目	单位	指标
网孔中心距	mm	4×4
单位面积重量	g/m²	≥160
经纬向耐碱断裂强力	N/50mm	≥1250
经纬向耐碱断裂强力保留率	%	≥90
经纬向耐碱断裂应变	%	≤5.0
涂塑量	g/m²	≥20

5）抗裂砂浆（表1-9-5）

抗裂砂浆的性能指标 表1-9-5

项目	单位	指标
拉伸粘结强度（常温28d）	MPa	＞0.8
浸水粘结强度（常温28d，浸水7d）	MPa	＞0.6
抗弯曲性	—	5%弯曲变形无裂纹
压折比（抗压强度/抗折强度）	压折比	≤3
渗透压力比	%	200
可操作时间	h	≥2

6）锚栓（表1-9-6）

锚栓有效锚固深度不小于50mm，塑料圆盘直径不小于50mm。锚固件的用量大于等于6个/m²。

锚栓基本性能要求 表1-9-6

项目	单位	指标
单个锚栓抗拉承载力标准值（已考虑安全系数）	kN	C25以上的混凝土中，≥0.6
单个锚栓对系统传热系数增加值	W/(m²·k)	≤0.004

7）面砖粘结砂浆（表1-9-7）

面砖粘结砂浆性能要求 表1-9-7

项目	单位	指标	
胶液在容器中的状态	—	搅拌后均匀，无结块	
粘结沙浆稠度	mm	70～110	
拉伸粘结强度达到0.17MPa时间间隔	min	晾置时间	不小于10
	min	调整时间	不大于5

续表

项目		单位	指标
拉伸粘结强度		MPa	≥0.70
压折比		—	≤3.0
压缩剪切强度	原强度	MPa	≥0.8
	耐温 7d	%	强度比不小于 70
	耐水 7d	%	强度比不小于 70
	耐冻融 25 次	%	强度比不小于 70
线性收缩率		%	≤0.3

（3）施工条件

1）基层墙体

经过主体结构工程验收达到质量标准后，外墙砖墙基层抹 15mm 厚 1：2.5 水泥砂浆，两遍成活，抹平。螺杆洞凿除 PVC 套管，用聚氨酯发泡胶堵严。门窗洞口塞缝封堵完成。墙体基面的允许尺寸偏差见表 1-9-8。

墙体基面的允许尺寸偏差　　　　　　　　　　　　　　表 1-9-8

工程做法	项目			允许偏差（mm）	
砌体工程	墙面垂直度	每层		5	2m 托线板检查
		全高	≤10m	10	经纬仪或吊线检查
			>10m	20	
	表面平整度			5	2m 直尺和楔形塞尺检查
混凝土工程	垂直度	层高	≤5m	8	
			>5m	10	
	全高			$H/100000$ 且≤30	
	表面平整度	2m 长度		8	

2）气候条件

操作地点环境和基底温度不低于 5℃，风力不大于 5 级，雨天不能施工。夏季施工，施工面应避免阳光直射，必要时可在脚手架上搭设防晒布，遮挡墙面。如施工中突遇降雨，应采取有效措施，防止雨水冲刷墙面。材料进场后组织有关人员按照本标准的技术要求进行查点验收。

材料应分类挂牌存收。聚苯板应成捆立放，防雨防潮；耐碱玻纤网格布、网格布也应防雨存放；液态胶存放温度不得低于 5℃；干混料存放注意防雨防潮和保质期。

3）施工机具

外接电源设备、电动搅拌器、开槽器、角磨机、电锤、称量衡器、密齿手锯、壁纸刀、剪刀、钢丝刷、腻子刀、抹子、阴阳角抿子、托线板、2m 靠尺、墨斗等。

子任务 2　施 工 过 程

1. 施工工艺

（1）施工程序

根据工程进度及现场情况，45 号、46 号楼同向"流水"作业，安装聚苯板由下到上施工，抹灰由上到下施工，常温施工时流水间隔24h以上。

基层处理→4mm厚粘结剂粘贴聚苯板（做抗拔试验），总粘贴面积≥50％（或粉刷保温砂浆）→抹3mm厚抗裂砂浆并压入普通耐碱玻纤网格布→抹面层抗裂砂浆2～3mm厚/以不露底为标准→保温墙面验收→涂料施工。

（2）施工要点

1）材料配制

保温板粘结剂、保温板抗裂抹面砂浆的配制：保温板粘结剂、保温板抗裂抹面砂浆按产品使用说明书配合比配制。专人负责，严格计量，机械搅拌，确保搅拌均匀，要求无结块、粉团。搅好的浆料在静置3～5分钟后，再搅拌，从而打破初始的组合，才能更好发挥本系统的性能。配好的浆料应在2h内用完，注意防晒避风，以免水分蒸发过快。一次配制量不宜过多，应在可操作时间内用完，禁止使用过时砂浆（图1-9-2）。

图1-9-2 保温板粘结剂

2）弹控制线

根据建筑立面设计和外墙外保温技术要求，在墙面弹出外门窗水平、垂直控制线及伸缩线、装饰缝线等。

3）挂基准线

在建筑外墙大角（阴角、阳角）及其他必要处挂垂直基准钢线，每个楼层适当位置挂水平线，以控制聚苯板的垂直度和平整度。

4）配制聚合物砂浆胶粘剂：按照材料说明书的比例进行配制，用电动搅拌器搅拌均匀，一次配制量以2h内用完为宜。

5）粘贴聚苯板

外保温用聚苯板或挤塑板尺寸为600mm×1000mm、600mm×1200mm两种，非标准尺寸或局部不规则处可现场裁切，但必须注意切口与板面垂直。整块墙面的边角处应用最小尺寸超过200mm的聚苯板。聚苯板的拼缝不得正好在门窗口的四角处。

粘贴方式有点粘法和条粘法。本工程采用点粘法。粘贴前先检查墙面的平整度和垂直度，粘贴时从下往上逐块紧密粘贴，不得在聚苯板侧面涂抹胶粘剂。

点粘法：沿苯板用抹子涂抹宽80mm，厚10mm粘结胶浆带。当采用标准尺寸挤塑板时还应在板面中间部位均匀布置8个粘结点每点直径140mm，胶厚10mm，中心200mm。粘结胶浆的有效面积不小于50％，每平方米的粘结胶浆不低于7.0kg。

具体做法如图1-9-3、图1-9-4所示。

排板时按水平排列，上下错缝粘贴，阴阳角处做错茬处理。具体做法如图1-9-5所示。

粘贴用专用工具轻柔、均匀挤压聚苯板，随时用2m靠尺和托线板检查平整度和垂直度。如出现间隙时用相应厚度的聚苯板填塞。拼缝高差不大于1.5mm，否则用砂纸或专用打磨机具打磨平整，在聚苯板铺贴完毕后，

图1-9-3 点粘法

间隔 24h 进行打磨。用美工刀割去凸出于墙面部分，然后用打磨板磨去板缝处的不平整；使用 2m 以上靠尺进行检查，使整个保温墙面的平整度不超过 4mm/2m。打磨时散落的聚苯板板屑应随时用刷子、扫把或压缩空气清理干净。聚苯板安装的允许偏差见表 1-9-9。

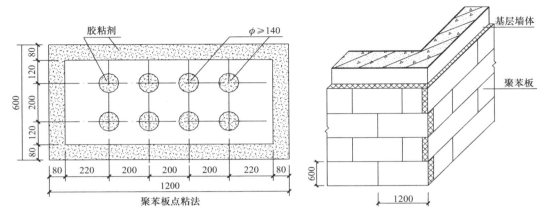

图 1-9-4 点粘法构造　　　　　　　图 1-9-5 聚苯板转角排板示意

聚苯板安装的允许偏差及检查方法　　　　　　　　　　表 1-9-9

项次	项目	允许偏差 mm	检查方法
1	表面平整	3	用 2m 靠尺，契形塞尺检查
2	立面垂直	3	用 2m 托线板检查
3	阴、阳角垂直	3	用 2m 托线板检查
4	阳角方正	3	用 200mm 方尺检查
5	接缝高差	1.5	用直尺检查

保温板的尺寸偏差造成的缝隙（大于 1.5mm 宽）应该用条形保温材料密封住，如图 1-9-6、图 1-9-7 所示。

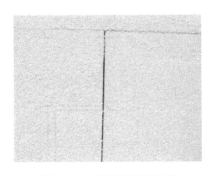

图 1-9-6 保温板间的缝隙　　　　　　图 1-9-7 板间缝隙处理

6）装锚固件

应选用专用尼龙彭展螺栓锚固件。聚苯板锚固件涂料面 6 个/m²，如图 1-9-8 所示。

7）抹面底层砂浆

在聚苯板粘贴检验后，在聚苯板上抹一层抹面砂浆，厚度为 3mm，用杠尺搓去抹痕，要求平整，待抹面砂浆凝固后即可铺贴耐碱玻纤网格布，如图 1-9-9 所示。

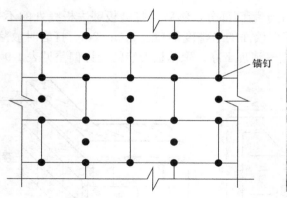

图 1-9-8 锚固件锚固点示意

图 1-9-9 抹面底层砂浆

8) 抹面层抹面砂浆

抗裂砂浆应充分的把网格布包裹，但网格布应尽量靠近加固层的表面约 2/3 处。具体以看不见网格布颜色而看得见网格布格子的标准来控制施工质量（意思就是网格布外层的砂浆越薄越好，压入网格布或外层的砂浆上完后用 2m 刮刀在外表面刮平整既可）。此工序强调相互配合，一气呵成。

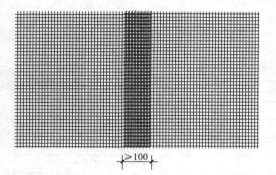

图 1-9-10 网格布、耐碱玻纤网格布的搭接

① 网格布、耐碱玻纤网格布的搭接如图 1-9-10 所示。

② 网格布、耐碱玻纤网格布搭接示意（水平、竖向搭接均为 100mm）阴角、阳角做法示意如图 1-9-11 所示。

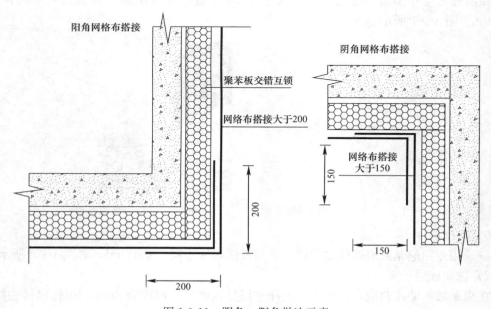

图 1-9-11 阴角、阳角做法示意

166

③ 窗洞口做法如图 1-9-12 所示。窗边采用 30mm 聚苯板＋抗裂砂浆（内嵌网格布）的做法。

下图为无窗楣窗顶收口、有窗楣窗顶收口也参照此做法

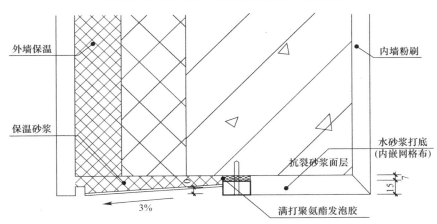

下图为有飘檐窗台收口, 无飘檐窗台副框也参照此做法

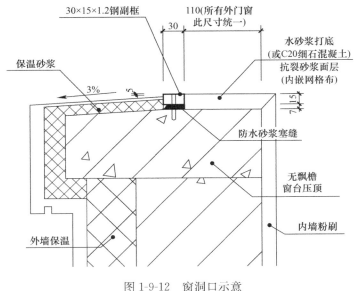

图 1-9-12　窗洞口示意

④ 勒脚做法如图 1-9-13 所示。

⑤ 门窗洞口聚苯板排列及加强网做法如图 1-9-14 所示。保温层验收后进行外饰面施工。

⑥ 出墙洞节点做法：穿墙管在保温板粘贴前施工完毕。保温板粘贴完毕，由保温收头。如图 1-9-15 所示。

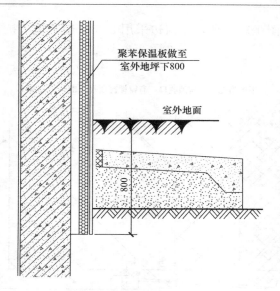

图 1-9-13 勒脚做法示意

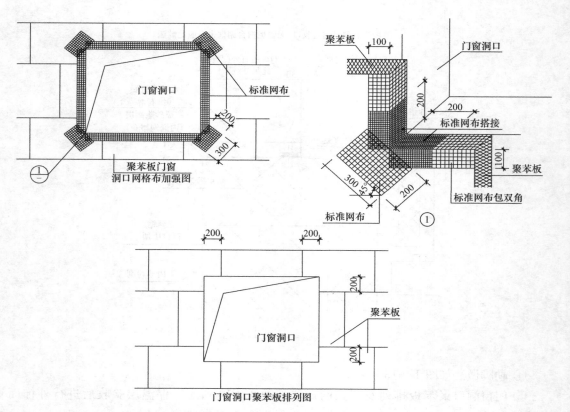

注 1. 聚苯板在洞口四角处不允许接缝。
2. 每排聚苯板应错缝，错缝长度为1/2板长。
3. 除门窗洞口外的其他洞口，以及异形洞口，参照门窗洞口处理。

门窗洞口详图

图 1-9-14 门窗洞口聚苯板排列及加强网做法示意

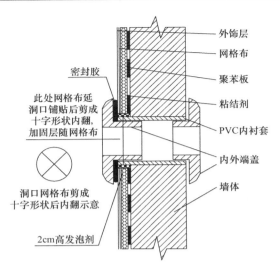

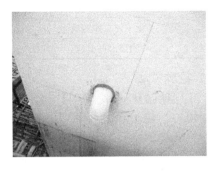

图 1-9-15　出墙洞节点做法示意

子任务 3　质量检查

1. 质量标准

（1）保证项目

1）所用材料品种、质量、性能应符合要求。

2）保温层厚度及构造做法应符合建筑节能设计要求，保温层厚度均匀，不允许有负偏差。

3）保温层与墙体以及各构造之间必须粘结牢固，无脱层、空鼓、裂缝，面层无粉化、起皮、爆灰等现象。

（2）基本项目

1）整洁干净、接槎平整、无明显抹纹，线脚、分层条顺直、清晰。

2）墙面所有门窗口、孔洞、槽、盒位置和尺寸正确，表面整齐洁净，管道后面抹灰平整。

3）分层色带宽度、深度均匀一致，平整光洁，棱角整齐，横平竖直，通顺。滴水线（槽）流水坡向正确，线（槽）顺直。

（3）允许偏差及检验方法

1）允许偏差（表 1-9-10）

允许偏差　　　　　　　　　　　　　　　　　　表 1-9-10

项次	项目		允许偏差（mm）	检验方法
1	表面平整		3	用 2m 靠尺及塞尺检查
2	垂直度	每层	4	用 2m 托线板和尺检查
		全高	$H/1000$ 且$\leqslant$20	用经纬仪、吊线和尺检查
3	阴阳角垂直		3	用 2m 托线板检查
4	阴阳角方正		3	用 200mm 方尺及塞尺检查

项次	项目	允许偏差（mm）	检验方法
5	接缝高度	1.5	用直尺和塞尺检查
6	分格条（缝）平直	3	拉5m小线和尺量检查
7	上下窗口左右偏移	≤20	用经纬仪、吊线检查
8	同层窗口上、下	≤20	用经纬仪、吊线检查

2）检验方法

① 保温层的厚度偏差用针刺法检查，测定保温层的实际厚度是否满足设计要求；随即抽样检查，每100m² 抽查一点，若该点不符合设计要求，则增加抽样检查点为每30m²设一点，并做好记录，待做数理统计，评定质量。

② 墙体表面光洁平整、无修补痕迹、无接茬、观感好、无空鼓、无裂痕、无斑点、色泽均匀。

③ 施工操作中的质量控制检查，由质量检查员组织进行，应控制施工质量中的全过程，重点控制工序的质量，合格后方可进行下道工序施工。

④ 保温层外的贴砖饰面质量按照《陶瓷砖外墙用复合胶粘剂应用技术规程》DBJ/T 01-37-98 进行验收。

【课后自测及相关实训】

编制××工程保温工程施工方案（附件：××工程保温工程概况）。

单元 10　防水工程施工

01.10.001
防水工程的分类

【知识目标】　掌握防水工程的施工方法和技术要求。

【能力目标】　能够组织实施防水工程施工工作；能分析处理防水工程施工过程中的技术问题，评价防水工程的施工质量；针对不同类型特点的工程，能编制防水工程施工方案。

【素质目标】　具有集体意识、良好的职业道德修养和与他人合作的精神，协调同事之间、上下级之间的工作关系。

【任务介绍】　沈阳××项目四期一标段 45 号、46 号楼位于沈阳市于洪区，建筑面积分别为 15226.4m²、15566.33m²。地上 27 层，为框架-剪力墙结构。根据实际情况编制防水工程施工方案。

【任务分析】　根据要求，确定防水工程施工需要做的准备工作，施工过程、施工的方法以及质量的检查。

任务 1　屋面防水工程施工方案编制

子任务 1　准 备 工 作

1. 编制依据

《屋面工程技术规范》GB 50345—2012；

《屋面工程质量验收规范》GB 50207—2012；

《平屋面建筑构造》辽 2008J201—1；

《建筑工程施工质量验收统一标准》GB 50300—2013；

《建筑节能工程施工质量验收规范》GB 50411—2007。

2. 设计概况

本工程由 2 栋 27 层主体楼组成，建筑面积 30792m²。

3. 施工准备

（1）技术准备

1）施工前认真熟悉图纸，核实屋面做法，明确预留、预埋位置，确定屋面类型、坡度等，熟悉设计图纸及规范中相关的材料、构造等各项要求。

2）对各专业图纸进行会审、核对，确定施工顺序及工序搭接时间，以便于协调。对图纸不明确或疏漏之处进行明确、细化、优化，如图 1-10-1 所示。

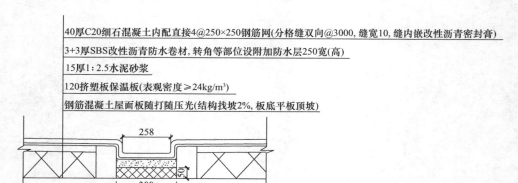

图 1-10-1　屋面排水沟做法

3）测量放线：应根据设计施工图在墙上弹出±50cm 水平标高线及设计规定的厚度，往下量出各层上平标高，并弹在四周墙上。

4）编制施工方案或技术措施用以指导施工，逐级进行技术交底。

5）准备好施工用的材料、机具，并确保其在检验有效期内且各项使用功能正常。

6）各项工序施工前，上一道工序的"隐蔽验收"记录应办理完毕。每道工序检查验收合格后方可进行下道工序施工。

（2）施工设备及机具准备

1）垂直运输采用两侧外用双笼电梯及塔式起重机，根据施工进度计划及实际需要事前提交申请，由项目经理部统筹安排。水平运输采用小推车。

2）混凝土保护层找平施工：平板振动器 2 台，刮杆若干。

3）防水基层处理：角磨机 5 只，砂轮片若干。

4）测量：水准仪 1 台，另备塔尺及钢卷尺等。

5）其余小工具由工人自带或按需配置。

（3）人员准备

根据各分项工程确定施工队伍（或班组），对专业施工队（或班组）进行专业技术培训。

组织工人进行三级安全教育及考试，组织相关人员学习有关规范、标准及施工方案，掌握施工工艺，进行书面技术交底及安全交底。

特殊工种证件齐全。劳动力安排见表 1-10-1。

屋面施工劳动力计划安排　　　　　　　　　　　　　　表 1-10-1

序号	工种	计划人数	进场时间	备注
1	瓦工	15	2017.7.1	保温板
2	抹灰工	10	2017.7.15	女儿墙粉刷
3	力工	12	2017.7.3	混凝土保护层浇筑
4	防水工	15	2017.7.10	屋面防水施工
5	其他	5	2017.7.1	配合

（4）材料准备

1）保温板

120mm 厚挤塑聚苯板保温板 $30kg/m^3$，燃烧性能为 B2 级；屋面传热系数为 $0.37W/(m^2 \cdot k)$。材料进场后要设专用库房存放，存放高度不超过 1.8m，库房要有防雨措施。

屋顶与外墙交界和屋顶开口部位四周的保温层，采用宽度不小于 500 的 A 级保温材料设置水平防火隔离带，与屋面基层满粘结，厚度与屋面保温层相同。

2）水泥

采用 32.5 级普通硅酸盐水泥，水泥进场必须提供《准用证》、出厂质量合格证明及试验报告。水泥出厂超过 3 个月后不得继续使用。

水泥进场后存入专用库房，库房内要有防潮防雨措施。水泥存放要做好标识，存放、领用要建立台账。不同品种、批次水泥要分开存放。

3）混凝土

C20 商品细石混凝土。

4）防水卷材

选用有出厂合格证和有性能检测报告的，并符合国家产品标准和设计

01.10.002
防水卷材及防水涂料

要求的材料。材料进场后，防水卷材必须按规定进行抽样复验批量取样，要求见表1-10-2，以上材料复检合格后方可使用。

高聚物改性沥青防水卷材外观质量 表1-10-2

项目	质量要求
孔洞、缺边、裂口	不允许
边缘不整齐	不超过10mm
胎体露白、未浸透	不允许
撒布材料粒度、颜色	均匀
每卷卷材的接头	不超过一处，较短的一段不应超过1000mm，接头处应加长150mm

防水卷材应直立堆放，高度不超过2层；短途运输平放时，不宜超过4层。贮存处应阴凉通风，避免日晒、雨淋或受潮，严禁接近火源。不同品种、型号和规格的卷材应分类堆放，单独存放。

5）作业条件准备

① 屋面清理：屋面工程施工前应对屋面及女儿墙上所有垃圾、凸出屋面混凝土块等进行清理，使基层平整、干燥、干净。

② 所有出屋面的管道应安装完毕，所有排烟道、通风道洞口砌筑完成，并检验合格。

③ 穿结构的管根在保温层施工前，应用细石混凝土塞堵密实。

④ 找平层应平整、压实、抹光，使其具有一定的防水能力。

子任务2 施工过程

1. 工艺流程

基层清理→120mm厚保温板→15mm厚1：2.5水泥砂浆→3mm＋3mm厚SBS改性沥青防水卷材防水→40mm厚C20细石混凝土内配ϕ4@250×250钢筋网（分格缝双向@3000，缝宽10mm，缝内嵌改性沥青密封膏）。

2. 主要施工工艺及其做法要求

（1）基层清理

对现浇混凝土结构表面的尘土、杂物、积水等清理干净，高出板面部分剔平，低的部分用聚合物水泥砂浆修补平整。

（2）雨水口（斗）安装

女儿墙外排水采用铸铁雨水口，预埋方式详见图集88J5第24页①出水口详图，女儿墙施工时预埋雨水口及防腐木砖。雨水口预埋时下部要坐水泥砂浆，周圈砂浆灌实。出水口要安装周正，标高一致，出女儿墙以抹灰完成面为准。

檐沟雨水斗采用87型铸铁雨水斗，其形式详图集01S302。将原预留洞周边剔凿后将雨水口临时固定，将位置、标高调整准确后在板下支设模板，然后用膨胀水泥砂浆（缝隙较大时采用细石混凝土）将周圈灌实。檐沟内雨水斗为DN100。

为保证周圈密实，雨水口（斗）周圈200mm以水泥砂浆找坡、找平，200mm以外找坡用水泥焦渣。

（3）保温板铺贴

1）施工前先调制粘结剂，配比（重量比）：FJ胶水：32.5级普通水泥＝1∶1.6。粘结剂现调现配，胶粘剂凝固后不得继续使用。

2）屋顶与外墙交界和屋顶开口部位四周的保温层，设置水平防火隔离带宽度为不小于500mm的A级保温材料，与屋面基层满粘结，厚度与屋面保温层相同。

3）铺设保温板时，将胶粘剂用瓦刀或大铲在基层上摊平，厚度5～10mm，将保温板压实，保证平整。施工方法类似于铺地砖。

4）板与板之间缝隙自然密接，板缝之间可用粗砂或胶粘剂或珍珠岩粉填实。

5）板的裁断使用手锯，裁边顺直平齐。

6）缺棱掉角的板块须锯平后使用。

7）保温板施工时按6m方格留设2cm宽排气缝，纵横贯通，36m² 留一个 ϕ100PVC管出屋面300mm作为排气孔。

8）保温板铺贴后不得上人踩踏，胶粘剂硬化后方可上人。

9）雨天不得施工，保温板铺贴后不得淋水。

10）质量要求：铺贴平整，牢固无松动，板缝顺直。

11）保温板施工完后及时进行混凝土保护层施工。

（4）C20细石混凝土保护层

1）15mm厚1∶2.5水泥砂浆保护层。待水泥浆稍收水后，抹平压光。压光时不得撒干水泥，以防起皮。

2）40mm厚细石混凝土保护层留设分格缝，缝宽为10mm，分格3m×3m，转角部位必须留设分格缝，分格条在混凝土终凝前取出。保护层硬化后在分格缝内嵌填沥青密封。

3）阴阳角处抹成圆角，圆角半径不小于50mm。分水线处做成圆角。

4）砌体侧面抹20mm水泥砂浆作为防水基层，设备基础侧面等混凝土基层只需打磨及修补整平即可。

5）施工时要特别注意雨水口位置，雨水口四周必须保证密实，不能有漏缝，而且要保证水流顺畅并使面层做完后达到美观的效果。雨水口周边找平高度要与雨水口周边做法相吻合，以便于卷材收口进入雨水斗内。

6）保护层施工完后严禁过早上人，铺设找平层12h后要根据天气情况适量洒水养护。

7）质量要求：粘结牢固，没有松动、起皮、起砂等现象。表面平整，平整度用2m靠尺检查其缝隙不得大于5mm，空隙仅允许平缓变化，且每米长度内不得多于一处。

8）其余节点按原图设计施工。

（5）双层3mm厚SBS改性沥青防水层

1）工艺流程（热熔法）

基层清理→涂刷基层处理剂→铺贴卷材附加层→热熔铺贴卷材→热熔封边→蓄水试验。

2）涂刷基层处理剂

高聚物改性沥青卷材可按照产品说明书配套使用。使用前在清理好的基层表面，将冷底子油搅拌均匀，用长把滚刷均匀涂布于基层上，常温经过4h后，开始铺贴卷材。

3）检查找平层含水率是否满足铺贴卷材的要求

将 1m² 塑料膜（或卷材）在太阳（白天）下铺放于找平层上，3～4h 后，掀起塑料膜（卷材）检查无水印，即可进行防水卷材的施工。

4）附加层施工

女儿墙、水落口、管根、檐口、阴阳角、分格缝等细部先做附加层，附加层厚度 3mm，宽度不小于 500mm，采用热熔法施工，必须粘贴牢固。

5）防水卷材铺贴顺序

首先要铺贴 3mm 厚防水附加层，其次进行铺贴 3mm 厚防水卷材，再次进行铺贴 4mm 厚防水卷材（即迎水面铺贴 4mm 厚防水卷材）。

6）热熔铺贴卷材

01.10.003
热熔焊接法-合成高分子
防水卷材屋面

按弹好标准线的位置，在卷材的一端用汽油喷灯火焰将卷材涂盖层熔融，随即固定在基层表面，用喷灯火焰对准卷材卷和基层表面的夹角，喷枪距离交界处 300mm 左右，边熔融涂盖层边跟随熔融范围缓慢地滚铺改性沥青卷材，卷材下面的空气应排尽，并辊压粘结牢固，不得空鼓；接缝处要用喷灯的火焰熔焊粘牢，边缘部位必须溢出热熔的改性沥青胶，溢出的改性沥青宽度为 2mm 左右并均匀顺直为宜。随即刮封接口，防止出现扭曲、张嘴和翘边，保证卷材铺贴后平整顺直。

7）防水卷材的搭接要求

① 长边、短边搭接宽度均不应小于 100mm，双层卷材上下两层卷材的接缝要错开 1/3～1/2 幅宽，且两层卷材不得相互垂直铺贴。

② 同一层相邻两幅卷材的横向接缝，应彼此错开 1500mm 以上，避免接缝部位集中。

③ 屋面坡度小于 3% 时，卷材宜平行屋脊铺贴。

8）蓄水试验

检查屋面有无渗漏、积水系统是否畅通，应在雨后或持续淋水 2h 后进行，有条件的可做蓄水试验，其蓄水时间不小于 24h。

屋面防水卷材施工完毕后，将落水口用防水卷材封堵，然后对屋面进行蓄水，蓄水深度以满足最浅处水深 15cm 左右，并做好标记，保持 24h 后，观察屋面是否有渗水，如没有渗水现象，则屋面防水卷材铺贴合格。如有渗水，对渗水部位做出标记，排出屋面积水，对渗水部位进行修补处理后，对屋面再次进行蓄水试验。合格后方可进行下道工序。

3. 细部构造

1）女儿墙卷材收头作法如图 1-10-2 所示：烟风道基座及机房层墙体卷材收头同女儿墙（结构施工时皆留 60mm×60mm 小沿）。

2）屋面雨水口作法如图 1-10-3 所示，雨水斗的安装在找平层施工时进行；卷材施工时将卷材卷入雨水斗 50mm。

01.10.004
常见屋面渗漏防治方法

3）机房屋顶雨水口作法如图 1-10-3 所示，雨水管采用 UPVC 塑料制作，采用胀管螺栓与结构墙体固定牢固，如图 1-10-4 所示。

4）排烟道、排风道出屋面为成品风帽。

5）飘窗顶层顶板屋面作法如图 1-10-5 所示。

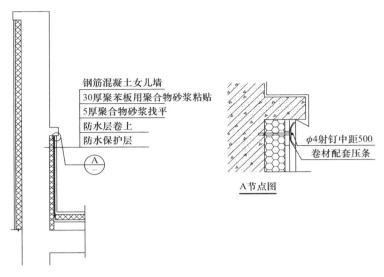

图 1-10-2 女儿墙防水卷材收头

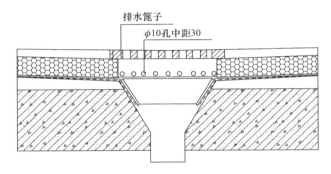

图 1-10-3 内排水雨水口剖面

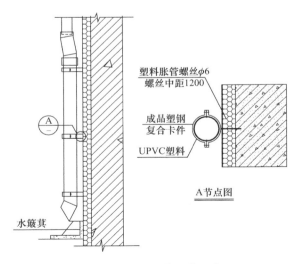

图 1-10-4 雨水管安装示意

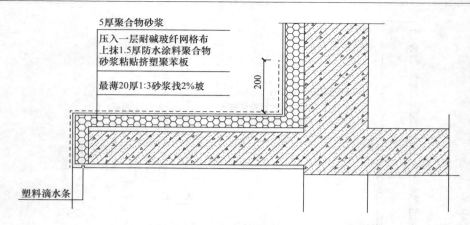

5厚聚合物砂浆
压入一层耐碱玻纤网格布
上抹1.5厚防水涂料聚合物
砂浆粘贴挤塑聚苯板

最薄20厚1:3砂浆找2%坡

200

塑料滴水条

图 1-10-5　飘窗顶板屋面做法示意

【拓展提高 12】

卷材的铺贴

卷材铺贴前应先准备好粘结剂、熬制好沥青胶和清除卷材表面的撒料。沥青胶中的沥青成分应与卷材中的沥青成分相同。卷材铺贴层数一般为 2～3 层，沥青胶铺贴厚度一般在 1～1.5mm 之间，最厚不得超过 2mm。卷材的铺贴方向应根据屋面坡度或是否受振动荷载而定。当屋面坡度小于 3% 时，宜平行于屋脊铺贴；当屋面坡度大于 15% 或屋面受振动荷载时，应垂直于屋脊铺贴。在铺贴卷材时，上下层卷材不得相互垂直铺贴。

平行于屋脊铺贴时，由檐口开始。两幅卷材的长边搭接，应顺流水方向；短边搭接，应顺主导方向。

垂直于屋脊铺贴时，由屋脊开始向檐口进行。长边搭接应顺主导方向，短边接头应顺流水方向。同时在屋脊处不能留设搭接缝，必须使卷材相互越过屋脊交错搭接，以增强屋脊的防水和耐久性。

为防止卷材接缝处漏水，卷材间应具有一定的塔接宽度（图 1-10-6）。长边不应小于 70mm；短边塔接不应小于 100mm（坡屋面 150mm）；当第一层卷材采用条铺、花铺或空铺时，长边搭接不应于 100m，短边不应小于 150mm；相邻两幅卷材短边搭接缝应错开且不小于 500mm；上下两层卷材应错开 1/3 或 1/2 幅卷材宽。搭接缝处必须用沥青胶仔细封严。

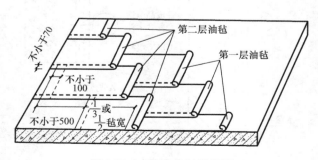

图 1-10-6　防水卷材搭接图

当铺贴连续多跨或高低跨屋面卷材时，应按先高跨后低跨，先远后近的顺序进行。对同一坡面，则应先铺好落水口、天沟、女儿墙泛水和沉降缝等地方，然后按顺序铺贴大屋面防水层。卷材铺贴前，应先在干燥后的找平层上涂刷一遍冷底子油，待冷底子油挥发干燥后进行铺贴，其铺贴方法有浇油法、刷油法、刮油法和洒油法 4 种。浇油法（又称赶油法）是将沥青胶浇到基层上，然后推着卷材向前滚动来铺平压实卷材；刷油法是用毛刷将沥青胶的基层上刷开，刷油长度以 300～500mm 为宜，超出卷材边不应大于 50mm，然后快速铺压卷材；刮油法是将沥青胶浇到基层上后，用厚 5～10mm 的胶皮刮板刮开沥青胶铺贴；洒油法是在铺第一层卷材时，先在卷材周边满涂沥青，中间用蛇形花洒的方法洒油铺贴，其余各层则仍按浇油、刮油或刷油方法进行铺贴，此法多用于基层不太干燥需做排气屋面的情况。待各层卷材铺贴完后，再在上层表面浇一层 2～4mm 厚的沥青胶，趁热撒上一层粒径为 3～5mm 的绿豆砂，并加以压实，使大多数石子能嵌入沥青胶中形成保护层。

卷材防水屋面最容易产生的质量问题有：防水层起鼓、开裂；沥青流淌、老化；屋面漏水等。为防止起鼓，要求基层干燥，其含水率在 6% 以内，避免在雨、雾、霜天气施工；隔气层良好，防止卷材受潮；保证基层平整，卷材铺贴均匀；封闭严密，各层卷材粘贴密实，以免水分蒸发、空气残留形成气囊而使防水层产生起鼓现象。为此，在铺贴过程中应专人检查，如发生气泡或空鼓时，应将其割开修补。在潮湿基层上铺贴卷材，宜做成排气屋面。所谓排气屋面，就是在铺第一层卷材时，采用条铺、花铺等方法使卷材与基层间留有纵横相互贯通的排气道，并在屋面或屋脊上设置一定量的排气孔，使潮湿基层中的水分及时排走，从而避免防水层起鼓。

为了防止沥青胶流淌，要求沥青胶有足够的耐热度，较高的软化点，涂刷均匀，其厚度不得超过 2mm，屋面坡度不宜过大。

防水层破裂的主要原因是：结构变形、找平层开裂；屋面刚度不够；建筑物不均匀沉降；沥青胶流淌，卷材接头错动；防水层温度收缩，沥青胶变硬、变脆而拉裂；防水层起鼓后内部气体受热膨胀等。

此外，沥青在热能、阳光、空气等长期作用下，内部成分逐渐老化，为了延长防水层的使用寿命，通常设置绿豆砂保护层，这是一项重要措施。

子任务 3 质量检查

1. 质量要求

1）保温材料的表观密度、导热系数、强度，须符合设计要求。

2）保温层的含水率必须符合设计要求。

3）保温材料应紧贴基层，铺平垫稳，拼缝严密，找坡正确。

4）找平层材料质量及配合比应符合设计要求。

5）防水层所用卷材及其配套材料，必须符合设计要求；防水层不得有渗漏或积水现象；防水层的搭接缝应粘牢固，密封严密，不得有皱折、翘边和鼓泡等缺陷，防水层收头应与基层粘结并固定牢固，缝口严密，不得翘边。

2. 质量保证措施

1）实施工程过程质量监控。按照规范、标准对施工过程进行严格检验与控制，确保工程实体质量优良。根据容易出现的问题及施工难点制定专门措施并加强监控，做好预控工作，避免出现问题后再来处理。

2）屋面工程每个分项施工完后，要及时办理隐蔽工程验收手续，未经验收的分项工程不得进行下一道工序施工。

3）分项工程验收后工序之间进行交接检，并明确相互之间的成品保护要求；卷材防水每道工序施工完后，由质量检查人员验收合格，方可进行下一道防水施工。

4）屋面防水层完工后，进行淋水，确认屋面无渗漏后，在进行下道工序施工。

5）细部构造施工应严格按要求进行，并加强检查和验收，以防留下质量隐患。

6）分格缝应严格按要求进行设置，并嵌填相应材料。

7）防水材料及保温材料应有相应合格证及质量证明文件，并应进行复试，复试后方可使用。

8）协调好包括机电安装在内的各工种、工序的施工顺序及交叉施工的安排。

9）做好施工记录及有关资料的收集整理，做到准确、及时、完整、交圈。

10）做好成品保护，责任明确，措施到位。

3. 应注意的质量问题

1）找坡层铺设厚度不均匀：铺设时不认真操作，应拉线找坡，铺顺平整，操作中应避免材料在屋面上堆积二次倒运。

2）找平层起砂：水泥砂浆找平层施工后养护不好，使找平层早期脱水；砂浆拌合加水过多，影响成品强度；抹压时机不对，过晚破坏了水泥硬化，过早踩踏破坏了表面养生硬度。施工中注意配合比，控制加水量，掌握抹压时间，成品不能过早上人。

3）找平层空鼓、开裂：基层表面清理不干净，水泥砂浆找平层施工前未用水湿润好，造成空鼓；应重视基层清理，认真施工结合层工序，注意压实。砂子过细、水泥砂浆级配不好、找平层厚薄不均、养护时间不够，均可能造成找平层开裂，因此应注意使用符合要求的砂料，保证找平层的厚度基本一致，加强成品养护，防止表面开裂。

4）防水层空鼓：防水层中存有水分，找平层不干，含水率过大；空气排除不彻底，卷材没有粘贴牢固。

5）屋面渗漏：屋面防水层铺贴质量有缺陷，防水层铺贴中及铺贴后成品保护不好，损坏了防水层，应采取措施加强保护。

6）保温层功能不良：保温材料导热系数、粒径级配、含水量、铺实密度等没有达到要求而造成，因此应选用达到技术标准，质量合格的材料。

7）屋面积水：屋面坡度、平整度应严格按屋面工程技术规范及设计图纸的要求进行施工。

4. 质量验收及标准

（1）屋面找平层

1）主控项目

① 保护层的细石混凝土质量及配合比，必须符合设计要求。检查出场合格证、质量检验报告和计量措施。

② 屋面保护平层的排水坡度，必须符合设计要求。用水平仪、拉线和尺量检查。

2）一般项目

① 基层与突出屋面结构的交接处和基层的转角处，均应做成圆弧形，且整齐平顺。

观察和尺量检查。

② 细石混凝土保护层应平整、压光，不得有酥松、起砂、起皮现象。观察检查。

③ 保护层分隔缝的位置和间距应符合设计要求。观察和尺量检查。

④ 保护层表面平整度的允许偏差为 5mm。用 2m 靠尺和楔形塞尺检查。

（2）屋面保温层

1）主控项目

① 保温材料的堆积密度或表观密度，导热系数以及板材的强度、吸水率，必须符合设计要求。检查出厂合格证，质量检验报告和现场抽样复验。

② 保温层的含水率必须符合设计要求。检查现场抽样检验报告。

2）一般项目

① 保温层铺设应紧贴（靠）基层、铺平垫稳、拼缝严密、找坡正确。观察检查。

② 保温层厚度的允许偏差：板状保温材料为 ±5%，且不得大于 4mm。用钢针插入和尺量检查。

③ 屋面保温隔热层的敷设方式、厚度、缝隙填充质量及做法，必须符合设计要求和有关标准的规定。

④ 屋面防火隔离带材料、做法必须符合有关标准的规定。

（3）卷材防水层

1）主控项目

① 卷材防水层所用卷材及配套材料，必须符合设计要求。检查出厂合格证、质量检验报告和现场抽样复验报告。

② 卷材防水层不得有渗漏或积水现象。雨后或淋水、蓄水检验。

③ 卷材防水层在天沟、檐沟、檐口、水落口、泛水、变形缝和伸出屋面管道的防水构造，必须符合设计要求。观察检查和检查隐蔽工程验收记录。

2）一般项目

① 卷材防水层的搭接缝应粘（焊）结牢固、密封严密、不得有皱折、翘边和鼓泡等缺陷；防水层的收头应与基层粘结并固定牢固、缝口封严、不得翘边。观察检查。

② 排气屋面的排气道应纵横贯通，不得堵塞。排气管应安装牢固，位置正确，封闭严密。观察检查。

③ 卷材的铺贴方向应正确，卷材搭接宽度的允许偏差为 −10mm。观察和尺量检查。

（4）细石混凝土保护层

1）主控项目

① 细石混凝土的原材料及配合比必须符合设计要求。检查出厂合格证、质量检验报告、现场抽样复验报告。

② 细石混凝土防水层不得有渗漏或积水现象。雨后或淋水、蓄水检验。

③ 细石混凝土保护层在天沟、檐沟、檐口、水落口、泛水、变形缝和伸出屋面管道的防水构造，必须符合设计要求。观察检查和检查隐蔽工程验收记录。

2）一般项目

① 细石混凝土保护层及水泥砂浆面层应表面平整、压实，不得有裂缝、起壳、起砂等缺陷。观察检查。

② 细石混凝土保护层的厚度和钢筋位置应符合设计要求。观察检查。

③ 水泥砂浆面层分格缝的位置和间距应符合设计要求。观察检查和尺量检查。

④ 细石混凝土保护层表面平整度的允许偏差为 5mm。用 2m 靠尺和楔形塞尺检查。

任务2　地下室防水工程施工方案编制

子任务1　准 备 工 作

1. 编制依据

《地下防水工程质量验收规范》GB 50208—2011；

《地下工程防水技术规范》GB 50108—2008；

《建筑工程施工质量验收统一标准》GB 50300—2013。

2. 工程概况

基础和外挡墙采用抗渗混凝土，抗渗等级为 P6，梁、板混凝土强度等级：C30 用于标高－0.100m 结构层。顶板防水等级为 Ⅰ 级，采用结构主体抗渗钢筋混凝土自防水加 SBS 改性沥青防水卷材两道 3mm＋3mm 厚，且上层为耐根穿刺防水卷材；侧墙及底板为 Ⅱ 级，采用结构主体抗渗钢筋混凝土自防水加 SBS 改性沥青防水卷材一道 4mm 厚。

3. 施工准备

（1）技术准备

1）施工前应对图纸审核，了解本工程施工图中的防水细部构造和技术要求。

2）并依据防水工程施工方案或技术措施，编制技术交底，确保每个施工人员充分了解防水工程的施工工艺和技术要点。

3）熟悉防水施工的质量验收标准，做好对防水工程的验收把关工作。

4）防水卷材施工前，防水基层的"隐蔽验收"记录应办理完毕。

（2）材料准备

1）防水卷材

选用有出厂合格证和有性能检测报告的，并符合国家产品标准和设计要求的材料。材料进场后，防水卷材必须按规定进行抽样复验批量取样，以上材料复检合格后方可使用。

防水卷材应直立堆放，高度不超过 2 层；短途运输平放时，不宜超过 4 层。贮存处应阴凉通风，避免日晒、雨淋或受潮。

2）用于防水混凝土的水泥

① 水泥品种宜采用硅酸盐水泥、普通硅酸盐水泥，采用其他品种水泥时应经试验确定。

② 在受侵蚀性介质作用时，应按介质的性质选用相应的水泥品种。

③ 不得使用过期或受潮结块的水泥，并不得将不同品种或强度等级的水泥混合使用。

3）防水混凝土的砂、石、水

① 碎石或卵石的粒径宜为 5～40mm，含泥量不大于 1%，泥块含量不大于 0.5%，不得使用碱活性骨料。

② 砂宜选用坚硬、抗风化性强、洁净的中粗砂，含泥量不大于 3％，泥块含量不宜大于 1％。

③ 用于拌制混凝土的水为可以饮用的洁净水。

4）防水混凝土应符合下列规定

① 胶凝材料用量应根据混凝土的抗渗等级和强度等级等选用，其总用量不宜小于 $320kg/m^3$；当强度要求较高或地下水有腐蚀性时，胶凝材料用量可通过试验调整。

② 在满足混凝土抗渗等级、强度等级和耐久性条件下，水泥用量不宜小于 $260kg/m^3$。

③ 砂率宜为 35％～40％，泵送时可增至 45％。

④ 灰砂比宜为 1∶1.5～1∶2.5。

⑤ 水胶比不得大于 0.5，有侵蚀性介质时水胶比不宜大于 0.45。

⑥ 防水混凝土采用预拌混凝土时，入泵坍落度宜控制在 120～160mm，坍落度每小时损失值不应大于 20mm，坍落度总损失值不应大于 40mm。

⑦ 掺加引气剂或引气型减水剂时，混凝土含气量应控制在 3％～5％。

⑧ 预拌混凝土的初凝时间宜为 6～8h。

⑨ 防水混凝土拌合物在运输后如出现离析，必须进行二次搅拌。当坍落度损失后不能满足施工要求时，应加入原水胶比的水泥浆或掺加同品种的减水剂进行搅拌，严禁直接加水。

5）胶粘剂

粘贴卷材采用与卷材材性相容的胶粘剂，胶粘剂的质量应符合要求，对 SBS 改性沥青防水卷材，卷材间的粘结剥离强度不应小于 8N/10mm。

（3）机具准备（表 1-10-3）

机具准备　　　　　　　　　　　　　　　　　表 1-10-3

序号	机具名称	数量	单位
1	扫帚	15	把
2	卷尺	15	个
3	汽油喷灯	20	个
4	灭火器	10	个

子任务 2　施 工 过 程

1. 刚性防水混凝土施工

地下工程迎水面主体结构应采用防水混凝土，并应根据防水等级的要求采取其他防水措施。

（1）混凝土浇筑

底板混凝土浇筑：基础按后浇带分块浇筑，每块必须连续浇筑，不设置施工缝，如因特殊情况确需留置施工缝时，按设计要求，采取有效的止水措施。墙体混凝土浇筑：首先在墙底均匀浇筑 30～50mm 厚与墙体混凝土同配比的水泥砂浆，再正式浇筑墙体混凝土。

（2）混凝土振捣

施工过程中严格控制混凝土振捣工作，采用高频振捣机械振捣，以保证混凝土振捣密实，避免漏振、欠振和过振。

后浇带处的止水带要定位准确，施工过程中由专人看护，严防振捣棒撞击止水带，确保位置准确。

（3）混凝土养护

根据施工进度安排，基础混凝土施工将在夏季进行，为避免混凝土裂缝，加强混凝土养护非常关键。混凝土养护采用覆盖塑料布浇水养护方法，保持混凝土表面处于湿润状态，养护时间不少于14d。

（4）拆模

非承重构件的防水混凝土强度达到1.2MPa且拆模时构件不缺棱掉角，方可拆除模板，承重构件的防水混凝土要根据设计、规范和同条件试块强度来定拆模时间。

（5）施工缝留置

水平施工缝留置在高于基础表面300mm的墙体上，垂直施工缝留置在后浇带处。

1）水平施工缝浇筑混凝土前，应将其表面浮浆和杂物清除，然后铺设净浆或涂刷混凝土界面处理剂、水泥基渗透结晶型防水涂料等材料，再铺30～50mm厚的1∶1水泥砂浆，并应及时浇筑混凝土。

2）垂直施工缝浇筑混凝土前，应将其表面清理干净，再涂刷混凝土界面处理剂或水泥基渗透结晶型防水涂料，并应及时浇筑混凝土。

3）遇水膨胀止水条（胶）应与接缝表面密贴。

4）选用的遇水膨胀止水条（胶）应具有缓胀性能，7d的净膨胀率不宜大于最终膨胀率的60%，最终膨胀率宜大于220%。

5）采用中埋式止水带或预埋式注浆管时，应定位准确、固定牢靠。

2. 防水卷材施工

本工程防水卷材为SBS改性沥青防水卷材，底板采用空铺法施工，侧墙及顶板等采用热熔法进行施工。

（1）地下室底板空铺法防水施工工艺

1）施工工艺流程

基层处理→阴阳角、细部节点等部位涂刷基层处理剂→细部节点附加增强处理→节点附加层验收→弹线→空铺SBS卷材→热熔焊接搭接缝→检查、验收→成品保护。

01.10.006

内外贴法-卷材防水施工

2）操作要点及技术要求

① 基层处理：在阴阳角、后浇带、集水坑等节点细部将基层清扫干净。

注：大面卷材采用空铺法施工，只在需要的部分涂刷基层处理剂。

② 弹线空铺施工SBS卷材：在已处理好的基层表面，按照所选卷材的宽度，留出搭接缝尺寸（长短边均为100mm），将铺贴卷材的基准线弹好，按此基准线进行卷材铺贴施工。铺贴后卷材应平整、顺直，搭接尺寸正确，不得扭曲。

③ 接缝处理：用喷灯充分烘烤搭接边上层卷材底面和下层卷材上表面沥青涂盖层，必须保证搭接处卷材间的沥青密实熔合，且有熔融沥青从边端挤出，形成宽度约5～8mm

的匀质沥青条，达到封闭接缝口的目的。

④ 检查验收 SBS

卷材：铺贴时边铺边检查，检查时用螺栓刀检查接口，发现熔焊不实之处及时修补，不得留任何隐患，现场施工员、质检员必须跟班检查，检查并经验收合格后进行后续的施工。

⑤ 分工序自检，自检合格后报请监理及建设方按照国标《地下防水工程质量验收规范》GB 50208—2011 验收，验收合格后及时进行保护层的施工。

（2）外墙防水施工

1）工艺流程

清理接茬处的防水层→防水基层修理→刷冷底子油→贴墙面防水层→贴 50mm 厚聚苯板→防水层上口封闭。

2）基层处理

外墙结构经有关部门验收后进行清理。原穿墙螺栓孔用与外墙混凝土相同强度等级的砂浆压实抹平。施工时必须把孔内杂物清理干净并湿润，局部若有松散混凝土时应凿除，至混凝土密实部位为止，深度小于 20mm 用砂浆抹光，大于 20mm 用豆石加外加剂捻实。

3）卷材铺贴

涂刷基层处理剂、铺贴卷材附加层、弹线方法同底板防水。

主体结构完成后，铺贴立面卷材时，先将接茬部位的各层卷材揭开，并将其表面清理干净，并进行检查，如果卷材有局部损伤，采用热熔修补后再继续施工。卷材接茬的搭接部位，高聚物改性沥青卷材搭接长度为 100mm，两层卷材要错茬接缝，上层卷材要盖过下层卷材。先做阴阳角细部附加层，后铺墙面。

接缝处理：卷材搭接缝以及卷材端头施工时，搭接缝及收头的卷材必须 100% 烘烤，粘铺时必须有熔融沥青从边端挤出，用开刀将挤出的热熔胶抹平，沿边端封严。

4）卷材接茬做法（图 1-10-7）

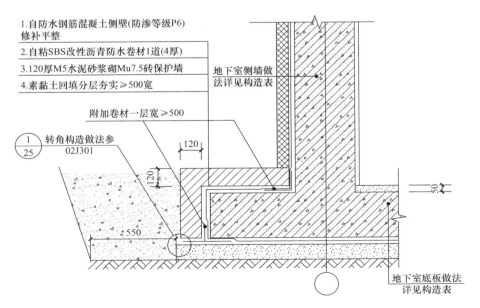

图 1-10-7　卷材接槎做法

（3）顶板防水施工

1）工艺流程

在垫层上放线→墙内侧抹砂浆找平层→刷冷底子油→细部附加层→防水层施工→保护层施工。

2）基层处理

本工程顶板混凝土施工时一次表面压光达到防水基层的效果，防水保护墙墙面防水基层采用 20mm 厚 1：3 水泥砂浆找平，在防水基层的阴阳角处做成 $R \geqslant 50mm$ 的圆弧。

防水基层上的灰尘、油污、碎屑等杂物清理干净，基层的表面要平整、坚固密实、不得有麻面、起砂、松动、空鼓、裂纹等现象，表面平整度用 2m 直尺检查，不超过 5mm。防水基层要干燥，保证基层含水率小于 9％（将 1m 卷材平坦覆盖在基层上静置 3～4h，紧贴基层一面无明显凝结水印即可）。防水卷材铺贴前必须经过自检、垫层报验、监理检查验收后方能进行卷材铺贴。

3）卷材铺贴

涂刷基层处理剂：基层处理剂要与卷材材性相容，涂刷要均匀一致，不露底，晾干 8h 并以指触不粘时方可铺贴卷材。

铺贴卷材附加层：在转角处、阴阳角等部位增贴 1 层相同的卷材，宽度不小于 500mm。

弹线：根据防水卷材的规格尺寸及搭接要求，用黑线弹出防水卷材铺贴控制基准线，在平立面转角处，卷材的接缝留在平面上，距立面不小于 600mm，两幅卷材的长边与短边搭接宽度均不小于 100mm。

铺贴方向：按管廊的横向方向进行铺贴，但要求做到上下层铺贴方向一致，在做双层防水时，不许相互垂直。

铺贴顺序：铺贴先做阴阳角细部附加层，后铺底板。

铺贴底板防水卷材及承台与桩头交接处：铺贴前，先放施工线。确定每幅卷材位置，粘铺时将卷材展开或部分展开摆正对齐。从一边靠线铺贴施工，以防错位。铺贴卷材先铺平面，后铺立面，交界处交叉搭接。从底面折向立面的卷材与永久性保护墙的接触部位，采用空铺法施工，与临时保护墙接触部位临时贴附在该墙上，卷材铺好后其顶端临时固定。

采用热熔法施工，幅宽内卷材要加热均匀，不得过分加热和烧穿卷材，卷材粘接热融后，立即滚铺，用压辊压平，并排出卷材下面的空气，不得有折皱、翘边和封口不严现象，粘接牢固。两层卷材不相互垂直粘贴，上下两层卷材的接缝错开 1/3～1/2 幅宽。

顶板与外墙节点防水做法如图 1-10-8 所示。

3. 细部构造

防水混凝土结构的施工缝、变形缝、后浇带、穿墙管、埋设件等设置和构造必须符合设计要求。

（1）水平施工缝的防水措施

施工缝的留置应满足本方案第 4.1.5 条的规定。

本工程高于基础表面 300mm 的墙体上的水平施工缝采用 300mm 高钢板止水带，如图 1-10-9 所示。

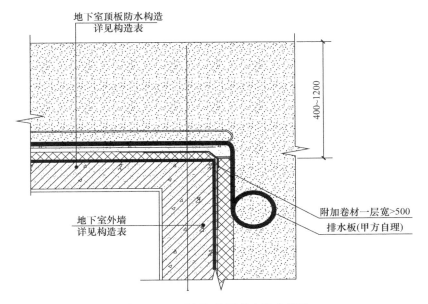

图 1-10-8　顶板与外墙节点防水做法

（2）后浇带的防水措施

1）后浇带宜用于不允许留设变形缝的工程部位。

2）后浇带应在其两侧混凝土龄期达到 42d 后再施工；高层建筑的后浇带施工应按规定时间进行。

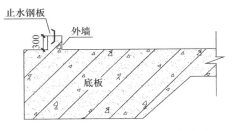

图 1-10-9　底板导墙施工缝防水措施

3）后浇带应采用补偿收缩混凝土浇筑，其抗渗和抗压强度等级不应低于两侧混凝土。

4）后浇带混凝土施工前，后浇带部位和外贴式止水带应防止落入杂物和损伤外贴止水带。

5）后浇带两侧的接缝处理应符合本方案第 4.1.5 条的规定。

6）采用膨胀剂拌制补偿收缩混凝土时，应按配合比准确计量。

7）后浇带混凝土应一次浇筑，不得留设施工缝；混凝土浇筑后应及时养护，养护时间不得少于 28d。

外墙后浇带处采用两个 300mm 宽止水带，与水平方向的钢板止水带要交圈、封闭，搭接长处为 200mm。如图 1-10-10 所示。

（3）外墙与顶板交接处施工缝防水措施

在外墙与顶板下皮标高处分别采用遇水膨胀止水条，如图 1-10-11 所示。

（4）外墙穿墙螺栓处的防水措施

防水混凝土结构内部设置的各种钢筋或绑扎铁丝，不得接触模板。固定模板用的螺栓采用工具式螺栓，螺栓上焊方形止水环，拆模后采取加强防水措施将留下的凹槽封堵密实，并在迎水面上涂刷防水涂料，如图 1-10-12、图 1-10-13。

01.10.007

地下室穿墙螺栓施工

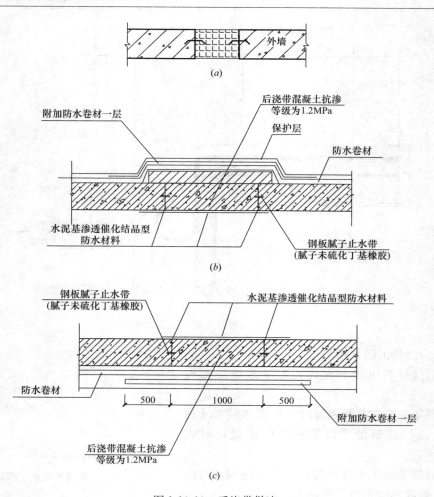

图 1-10-10　后浇带做法

(a) 外墙后浇带防水措施；(b) 边墙后浇带防水做法；(c) 底板后浇带防水做法

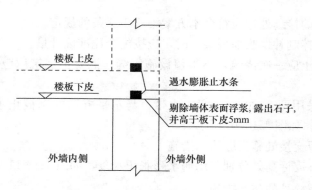

图 1-10-11　外墙与顶板施工缝留置

（5）穿墙管做法

1）穿墙管（盒）应在浇筑混凝土前预埋。

2）穿墙管与内墙角、凹凸部位的距离应大于 250mm，防水卷材伸进套管内 5cm。

3）结构变形或管道伸缩量较小时，穿墙管可采用主管直接埋入混凝土内的固定式防水法，主管应加焊止水环或环绕遇水膨胀止水圈，并应在迎水面预留凹槽，槽内应采用密封材料嵌填密实。

4）金属止水环应与主管或套管满焊密实，采用套管式穿墙防水构造时，翼环与套管应满焊密实，并应在施工前将套管内表面清理干净。

5）相邻穿墙管间的间距应大于 300mm。

6）采用遇水膨胀止水圈的穿墙管，管径宜小于50mm，止水圈应采用胶粘剂满粘固定于管上，并应涂缓胀剂或采用缓胀型遇水膨胀止水圈。

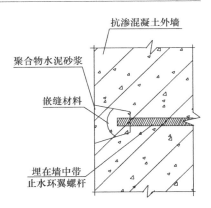

图 1-10-12　外墙穿墙
螺栓处的防水构造

7）穿墙管线较多时，宜相对集中，并应采用穿墙盒方法。穿墙盒的封口钢板应与墙上的预埋角钢焊严，并应从钢板上的预留浇注孔注入柔性密封材料或细石混凝土。

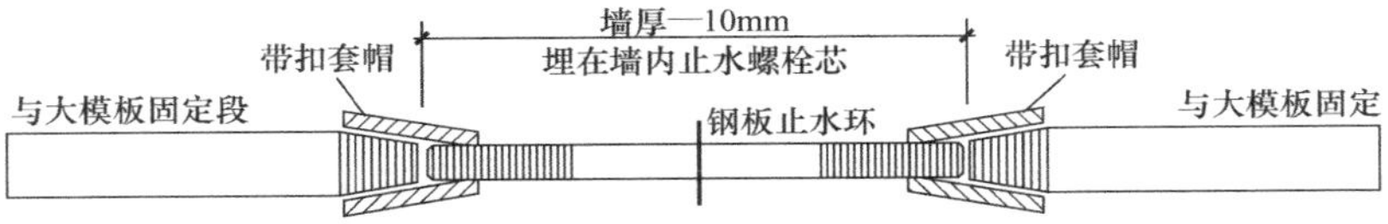

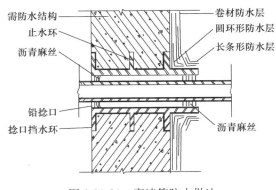

图 1-10-13　地下室外墙穿墙螺栓构造示意

8）当工程有防护要求时，穿墙管除应采取防水措施外，尚应采取满足防护要求的措施。

9）穿墙管伸出外墙的部位，应采取防止回填时将管体损坏的措施。防水做法如图 1-10-14 所示。

（6）立面防水交接处要分层留足搭接长度，每层搭接长度不小于 150mm，如图 1-10-15 所示。

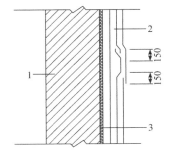

图 1-10-14　穿墙管防水做法

图 1-10-15　立面防水错槎接缝
1—保护墙；2—防水层；3—找平层

（7）施工时三面角处防水要铺贴附加层，附加层可用两层同样的卷材或一层抗拉强度较高的卷材，粘贴卷材时应展平压实。具体做法如图 1-10-16 所示。

（8）选用的遇水膨胀止水条要有缓膨性能，7d 的膨胀率不大于最终膨胀率的 60%。

（9）细部节点的防水措施在隐检中体现。

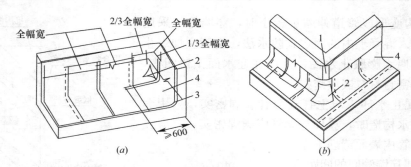

图 1-10-16　三面角处防水卷材做法

(*a*) 阴角第二层防水卷材铺贴；(*b*) 阳角第一层防水卷材铺贴

1—转折角防水卷材加固层；2—角部加固层；3—找平层；4—防水卷材

4. 防水保护层的施工

（1）防水保护层做法

1）底板防水保护层采用 50mm 厚 C20 细石混凝土。

2）外墙防水保护层采用外贴 50mm 厚聚苯板。

3）顶板防水保护层采用 40mm 厚的 C20 细石混凝土。

（2）防水保护层施工

混凝土浇筑、振捣时小心施工，确保防水保护层施工时不会破坏防水层，振捣采用平板振捣器振捣。

5. 热熔法铺贴卷材规范要求

1）火焰加热器加热卷材应均用，不得加热不足或烧穿卷材。

2）卷材表面热熔后应立即滚铺，排除卷材下面的空气，并粘贴牢固。

3）铺贴卷材应平整、顺直，搭接尺寸准确，不得扭曲皱折。

4）卷材接缝部位应溢出热熔的改性沥青胶料，并粘贴牢固，封闭严密。

子任务 3　质量检查

1. 质量保证措施

（1）卷材质量保证措施

1）铺贴卷材的基层应洁净、平整、坚实、牢固，阴阳角呈圆弧形。

2）卷材防水层严禁在雨天、六级风以上的条件下施工。

3）卷材防水层所用基层处理剂、胶粘剂、密封材料等配套材料，均应与铺贴的卷材材性相容。

4）卷材防水层所用原材料必须有出厂合格证，复验其主要物理性能必须符合规范规定。

5）施工人员必须持有防水专业上岗证书

（2）卷材搭接缝及收头处理

卷材搭接缝及收头是防水层密封质量的关键，因此须以专用的接缝胶粘剂及密封膏进行处理，此外，地下工程卷材搭接缝必须做附加补强处理。具体做法如下：卷材接缝搭接宽度为 100mm。在粘贴卷材时，先将搭接部分每隔 50～100cm 以胶粘剂临时固定，大面积卷材铺好后即粘贴卷材搭接缝，用丁基橡胶胶粘剂的 A 组分：B 组分＝1：1 配合搅拌

均匀，再用油漆刷将配好的胶粘剂均匀涂刷在翻开的卷材接头的两个粘结面上（涂胶量以
0.5～0.8kg/m² 为宜），然后干燥 20～30min，待手感不粘手时即可粘合，从一端开始边
压合边驱除空气，使之无气泡及皱折存在，最后再用手持小铁辊顺序用力滚压一遍，然后
再用丁基橡胶胶粘剂或其他专用胶粘剂沿卷材搭接缝骑缝粘贴一条宽 120mm 的卷材胶条，
用手持压辊滚压使其粘贴牢固，卷材胶条两侧边用双组分聚氨酯密封膏或单组分氯磺化聚
乙烯密封膏予以密封。在其他部分的卷材三层重叠之处必须以聚氨酯密封膏予以封闭。

卷材收头处理：卷材收头必须用聚氨酯嵌缝膏封闭，封闭处固化后，在收头处再涂刷
一层聚氨酯涂膜防水材料，在其尚未完全固化时，即可用 108 胶水泥砂浆（水泥：砂：
108 胶＝1：3：0.20）压缝封闭。

2. 工程质量验收

（1）验收程序（图 1-10-17）

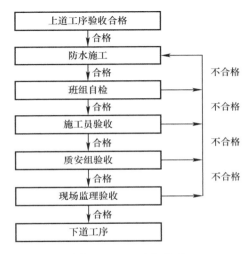

图 1-10-17　验收程序

（2）防水混凝土

防水混凝土的施工质量检验数量，应按混凝土外露面积每 100m² 抽查 1 处，每处
10m²，且不得少于 3 处；细部构造应全数检查。

1）主控项目

① 防水混凝土的原材料、配合比及坍落度必须符合设计要求。

检验方法：检查出厂合格证、质量检验报告、计量措施和材料进场检验报告。

② 防水混凝土的抗压强度和抗渗压力必须符合设计要求。

检验方法：检查混凝土抗压、抗渗性能检验报告。

③ 防水混凝土结构的变形缝、施工缝、后浇带、穿墙管道、埋设件等设置和构造必
须符合设计要求。

检验方法：观察检查和检查隐蔽工程验收记录。

2）一般项目

① 防水混凝土结构表面应坚实、平整，不得有露筋、蜂窝等缺陷；埋设件位置应正确。

检验方法：观察检查。

② 防水混凝土结构表面的裂缝宽度不应大于 0.2mm，并不得贯通。

检验方法：用刻度放大镜检查。

③ 防水混凝土结构厚度不应小于 250mm，其允许偏差为＋8mm，－5mm；主体结构迎水面钢筋保护层厚度不应小于 50mm，其允许偏差为±5mm。

检验方法：尺量检查和检查隐蔽工程验收记录。

（3）卷材防水层

卷材防水层的施工质量检验数量，应按铺贴面积每 100m² 抽查 1 处，每处 10m²，且不得少于 3 处。

1）主控项目

① 卷材防水层所用卷材及其配套材料必须符合设计要求。

检验方法：检查产品合格证、产品性能检测报告和材料进场检验报告。

② 卷材防水层及其转角处、变形缝、施工缝、穿墙管道等细部做法均须符合设计要求。

检验方法：观察检查和检查隐蔽工程验收记录。

2）一般项目

① 卷材防水层的搭接缝应粘贴或焊接牢固，密封严密，不得有扭曲、皱折、翘边和鼓泡等缺陷。

检验方法：观察检查。

② 采用外防外贴法铺贴卷材防水层时，立面卷材接茬的搭接宽度，SBS 改性沥青类卷材应为 150mm，合成高分子类卷材应为 100mm，且上层卷材应盖过下层卷材。

检验方法：观察和尺量检查。

③ 侧墙卷材防水层的保护层与防水层应结合紧密、保护层厚度应符合设计要求。

检验方法：观察和尺量检查。

④ 卷材搭接宽度的允许偏差为－10mm。

检验方法：观察和尺量检查。

【课后自测及相关实训】

编制××工程防水工程施工方案（附件：××工程防水工程概况）。

单元 11　装饰装修工程施工

【知识目标】　掌握装饰装修工程的施工方法和技术要求。

【能力目标】　能够组织实施装饰施工工作；能分析处理装饰施工过程中的技术问题，评价装饰装修工程的施工质量；针对不同类型特点的工程，能编制装饰装修工程施工方案。

【素质目标】　具有集体意识、良好的职业道德修养和与他人合作的精神，协调同事之间、上下级之间的工作关系。

【任务介绍】　沈阳××项目四期一标段 45 号、46 号楼位于沈阳市于洪区，建筑面积分别为 15226.4m²、15566.33m²。地上 27 层，为框架-剪力墙结构。根据实际情况编制装饰装修工程施工方案。

【任务分析】　根据要求，确定装饰装修工程施工需要做的准备工作，施工过程、施工的方法以及质量的检查。

任务 1　室内抹灰施工方案编制

子任务 1　准 备 工 作

1. 编制依据

《工程建设标准强制性条文》2013 年版；

《建筑工程施工质量验收统一标准》GB 50300—2013；

《建筑装饰装修工程施工及验收规范》GB 50210—2001；

《住宅装饰装修工程施工规范》GB 50327—2001。

01.11.001
一般抹灰

2. 本方案涉及内容

（1）客厅、卧室、书房（除卫生间厨房、电间、电梯房外的室内房间）

1）墙基层（墙体满拉毛）。

2）10mm 厚 1∶1∶6 水泥石灰砂浆打底扫毛。

3）5mm 厚 1∶0.3∶2.5 水泥石灰砂浆抹面压光。

（2）卫生间

1）墙基层（墙体满拉毛）。

2）15mm 厚 1∶2.5 水泥砂浆抹平。

（3）厨房、电间、电梯机房

1）墙基层（墙体满拉毛）。

2）15mm 厚 1∶2.5 水泥砂浆抹平。

（4）合用前室、楼梯间

1）墙基层（墙体满拉毛）。

2）50mm 厚 YYJ 保温砂浆（户内与公共区域公用墙面）。

3）5mm 厚 YYJ 专用面层浆料保护层。

3. 施工部署

1）先进行样板区的样板墙抹灰，经监理、甲方验收合格并满足公司质量标准后方进行大面积施工。

2）施工顺序：按楼层进行流水，15 层以下先进行抹灰，从上往下进行施工，特殊房间除外（如首层大厅、精装修房间）。

4. 施工准备

（1）技术准备

1）在施工前认真熟悉图纸、设计说明及其他设计文件。

2）材料的产品合格证、性能检测报告、进场验收记录和复试报告完成。

3）制定本分项工程的检查制度及质量标准。

（2）机具准备

1）机械：砂浆搅拌机、双笼施工电梯。

2）工具：瓦刀、筛子、水桶、灰槽、灰勺、刮杆、靠尺板、线坠、钢卷尺、方尺、托灰板、铁抹子、木抹子、八字靠尺、方口尺、阴阳角抹子、捋角器、软水管、长毛刷、鸡腿刷、钢丝刷、扫帚、喷壶、小推车、灰斗、铁锹、小线、铁锤、钳子、钉子、拖线板等。

（3）材料准备

1）水泥：采用 27.5 级普通矿渣水泥，水泥必须颜色一致、同一批号、同一品种、同一强度等级、同一生产厂家的产品。水泥进场使用前、应分批对强度、安定性进行检查。当在使用中对水泥质量有怀疑或水泥出厂超过 3 个月时，应进行复查试验，并按其结果使用。

2）筛好后保持洁净。

3）石灰：现场设置灰膏池，采用成品石灰膏。灰膏加工方法如下：用块状生石灰淋制，必须用孔径不大于 3mm×3mm 的筛过滤，并贮存在沉淀池中。熟化时间，常温下一般不少于 15d；用于罩面灰时，不应少于 30d。使用时，石灰膏内不得含有未熟化的颗粒和其他杂质。

4）水：砂浆拌合用水必须符合国家现行标准《混凝土拌合用水标准》JGJ 63—2006 的规定。

5）进场的物资应安排专门的存放位置。各种材料分开堆放，水泥入库，水泥库需有良好的防潮设施，先进场的材料先用。

（4）作业条件

1）主体结构必须经过相关单位（建设单位、施工单位、质量监理、设计单位）检验合格并已验收。

2）抹灰前应检查门窗框安装位置是否正确，需埋设的接线盒、电箱、管线、管道套管是否固定牢固。连接处缝隙应用 1∶3 水泥砂浆或 1∶1∶4 水泥混合砂浆分层嵌塞，将其填塞密实。

3）将混凝土过梁、梁垫、圈梁、框架柱、梁等表面凸出部分剔平，将蜂窝、麻面、露筋、疏松部分剔到实处，用胶粘性素水泥浆或界面剂涂刷表面。然后用 1∶3 的水泥砂浆分层抹平。脚手眼和废弃的孔洞应堵严，窗台砖补齐，墙与楼板、梁底等交接处应用斜砖砌严补齐。

4）配电箱（柜）、消火栓（柜）以及卧在墙内的箱（柜）等背面露明部分应加钉钢丝网固定好，涂刷一层胶粘性素水泥浆或界面剂，钢丝网与最小边搭接尺寸不应小于 10cm。窗帘盒、通风篦子、吊柜、吊扇等埋件、螺栓位置，标高应准确牢固，且防腐、防锈工作完毕。

对抹灰基层表面的油、灰土、污垢等清除干净，对抹灰墙面结构应提前浇水均匀湿透。

5）抹灰开始前应先搭好脚手架或准备好高马凳，架子应离开墙面 20~25cm，便于操作。

6）屋面防水工程完工前进行室内抹灰时，必须采取防护措施。

5. 原材料控制与检验

1）水泥：采用普通硅酸盐水泥 42.5 级，进场水泥应按品种、强度等级、出厂日期分别堆放，并保持干燥。不同品种的水泥不得混合使用。

2）砂：采用中砂，平均粒径 0.35～0.5mm，拌制前过筛，筛除其中含有的草根等杂物，砂的含泥量不得超过 5%。在搅拌地点设磅秤，砂子按配合比要求的用量过秤后，倒入搅拌机内（或定量独轮小斗车）。

3）石灰膏：石灰膏与水调和后具有凝固时间快，并在空气中硬化，硬化时体积不收缩的特征。应用块状生石灰淋制，必须用孔径不大于 3mm×3mm 的筛过滤，并贮存在沉淀池中，使其充分熟化。熟化时间，常温下一般不少于 15d；用于罩面灰时，不应少于 30d。使用时，石灰膏内不得含有未熟化的颗粒和其他杂质。在沉淀池中的石灰膏要加以保护，防止其干燥、冻结和污染。

4）有机聚合物：水泥砂浆中掺入适量的有机聚合物（主要有聚乙烯醇缩甲醛胶和聚醋酸乙烯乳液），可提高面层强度，不至于粉酥掉面；增加涂面层的柔韧性，减少开裂的可能。加强涂层和基层之间的粘结性。

5）水：拌制用水采用自来水。

6）抹灰砂浆的稠度：抹灰砂浆在施工中必须具有良好的和易性，即砂浆的稠度。抹灰砂浆的稠度和骨料最大粒径，主要根据抹灰种类和气候条件等实际情况来确定，见表 1-11-1。

抹灰砂浆的稠度和骨料粒径 表 1-11-1

抹灰层	稠度（cm）	砂的最大粒径（mm）
底层	10～12	2.8
中层	7～9	2.6
面层	7～8	1.2

7）抹灰配合比：一般抹灰砂浆的配合比除了设计规定以外，见表 1-11-2：

一般抹灰砂浆的配合比 表 1-11-2

抹灰砂浆组成材料	配合比（体积比）	应用范围
石灰：砂	1：2～1：3	用于砌体墙面层（潮湿部分除外）
水泥：石灰：砂	1：0.3：3～1：1：6	墙面混合砂浆打底
水泥：石灰：砂	1：0.5：1～1：1：4	混凝土顶棚混合砂浆打底
水泥：石灰：砂	1：0.5：4～1：3：9	板条顶棚抹灰
石灰：水泥：砂	1：0.5：4.5～1：1：6	用于檐口、勒脚、女儿墙外脚

① 砂的现场检验批量：产地、规格相同的 400m³ 为一批量，不足 400m³ 的亦为一批量。从料堆上取样应在均匀分布的不同部位，顶部、中部、底部抽取数量大致相同的 3 份砂总量 30～50kg。主要检验项目为颗粒级配、含泥量、有害物质含量，表观密度、堆积密度、空隙率、细度模数、泥块含量。

② 水泥的现场检验批量：同厂家、同品种和强度等级，数量不超过 200t 为一批量。主要检验项目为抗压、抗折、凝结时间、安定性，其他检验项目为细度、有害物含量。取样应有代表性，可连续取，也可从 20 个以上不同部位取等量样品，总量至少取 12kg。出厂日期超过 3 个月的不得使用。

6. 抹灰前对基层的处理工作

1）在结构施工过程中凡有扰动的墙体或松动的砖块都应修复完整。

2）混凝土柱及梁板未拆除干净的木模板和小木条应清除干净。

3）卫生间、阳台等穿楼层的竖向管道的洞孔应先清孔凿毛，然后采用细石混凝土分 2 次修补密实，并通过做渗水试验确认不渗水后方可做楼面找平层。

4）楼面的残留砂浆和局部高于结构标高的部位都应凿除并应清理干净。

5）混凝土表面清理：用刷子刷去混凝土表面粉尘，有油污的地方用碱水清洗干净，残留在混凝土表面的胶带纸、小木板清除干净。

6）凡露在混凝土表面的钢筋头、铁丝、铁钉，能清除的尽量清除，不能清除的应妥善做防锈处理。

7）粉刷前应检查所有门窗洞的位置尺寸是否准确，复核房间的墙间尺寸是否相等，内角是否方正，平顶标高是否一致。

8）后砌填充墙与混凝土柱、梁的接缝处都应加钉宽度不小于 300mm 的金属网片或粘贴自粘式尼龙网带。

9）墙面在抹灰前应隔夜浇水湿润，砖面的渗水深度以 8～10mm 为宜，混凝土面浇水以湿润为宜。

10）基层处理完后在抹灰前报请监理验收合格后，方可进行抹灰及批腻作业（可分层或分段报验）。

子任务 2　施工过程及质量检查

1. 工艺流程

基层清理→混凝土面涨模处剔凿→浇水润湿墙面→甩毛→挂网→吊垂直、套方、抹灰饼或冲筋→弹控制线→根据灰饼厚度调节线盒出墙高度→抹水泥护角→抹底层砂浆→抹面层砂浆→压网→养护。

2. 基层处理

1）砖砌体：应清除表面杂物，残留灰浆、舌头灰、尘土等。

2）混凝土基体：表面凿毛或在表面洒水润湿后涂刷 1∶1 水泥砂浆（加适量胶粘剂或界面剂）。

3）加气混凝土基体：应在湿润后边涂刷界面剂，边抹强度不大于 M5 的水泥混合砂浆。

3. 墙面浇水

墙面应用细管或喷壶自上而下浇水湿润，一般在抹灰前 2～3d 进行，每天不少于 2 次。

4. 拉毛

1）自制钢丝网拍浆拍：将钢丝网裁剪成 300mm×300mm 左右尺寸，然后折叠成 250mm×300mm，最后固定手柄。

2）粘结剂配置：首先将水分别加入 3 个水箱，注水量约为每个水箱的 2/3，然后将水加热煮开，煮开后将一袋聚乙烯醇均匀加入 3 个水箱，拌合均匀后，再将水箱水加满，最后再将水加热煮开，胶水配制完成。其次将拌好的胶水装袋，每 3 袋胶水加入 2 包水泥（根据干稀程度，可加入水泥进行调节），搅拌均匀后，甩浆剂制作完成。配比为 1∶0.5∶0.08，甩浆后进行洒水养护。

3）拍浆：将沾满粘结剂的钢丝网拍用力在墙面上进行拍打，形成毛刺突出、分布均匀、不宜脱落的抹灰基层，墙面拍浆施工质量效果佳，抹灰砂浆容易上墙，抹灰施工完毕

后，出现粉刷层质量通病例如空鼓、开裂等机率大大减小。胶毛硬化后洒水养护。确保拉毛强度及牢固性

5. 挂网

不同材料基体交接处必须挂网处理，网与各基体的搭接宽度不应小于150mm。砌体与混凝土墙高低差处抹平（胶灰抹平）后嵌玻纤网格布。网格布张挂平整。线槽、电箱加强网施工可在抹底层砂浆前或过程中同步施工。

6. 找规矩、做灰饼

根据设计图纸要求的抹灰质量等级，按照基层表面平整垂直情况，用一面墙做基准先用方尺规方，灰饼间距1.8m。

房间面积较大时，应先在地上弹出十字中心线，然后按基层面平整度弹出阴脚线。随即在距阴脚100mm处吊垂线并弹出铅垂线，在按地上弹出的墙角线往墙上翻引出阴角两面墙上的墙面抹灰层厚度控制线。经检查确定抹灰厚度，但最薄处不应小于7mm；墙面凹度较大时，要分层抹平，每遍厚度宜控制在7～9mm。抹灰总厚度大于或等于35mm时，应采取加强措施。套方照规矩做好后，以此做灰饼打墩，操作时，先贴上灰饼在贴下灰饼，同时要注意分清做踢脚板还是水泥墙裙，选择好下灰饼的准确位置，再用靠尺板找好垂直与平整。灰饼用1∶3水泥砂浆做成5mm见方或近圆形状均可。

7. 砂浆配送

按现场施工户型砂浆使用量为依据，对应所需抹灰砂浆按时配送到指定砂浆灰槽中。抹灰砂浆不得直接堆在楼层混凝土面上。砂浆必须符合配合比要求。砂浆不允许私自加水，初凝后的砂浆不允许使用。及时提醒控制好抹灰作业人员砂浆量使用时间，气温大于等于30℃时2h内用完，小于30℃时3h内用完。及时清理砂浆罐输料口及楼面走道落地灰，落地灰拉运至指定位置。砂浆必须使用中砂，含泥量不得大于10％。

8. 抹底灰

在墙体湿润情况下进行抹底灰。一般需冲完全筋2h左右就可以抹底灰，既不能过早，也不能过迟。抹时先薄薄一层，不得漏抹，要用力压使砂浆挤入细小缝隙内，接着分层装档压实抹平至与标筋齐平，再用大木杠或靠尺板垂直水平刮找一遍，并用木抹子搓毛。然后全面进行质量检查，检查底子灰是否平整，阴阳角是否规方整洁，管道后与阴阳角交接处、墙顶板交接处是否光滑平整，并用2m长标尺板检查墙面垂直和平整情况，墙的阴阳角用阴角器上下抽动扯平。地面踢角板和水泥墙裙及管道背后及时清理干净。

9. 抹预留洞、配电箱、槽、盒

设专人把墙面上预留孔洞、箱、槽、盒周边5cm宽的石灰砂浆清除干净，洒水湿润，改用1∶1∶4水泥混合砂浆把预留孔洞、箱、槽、盒边抹成方正、光滑、平整（要比底灰或冲筋高2mm）。

10. 抹罩面灰

当底子灰有六七成干时，开始抹罩面灰（如果底子过干，应充分湿润）。罩面灰宜2遍成活，厚度约2mm，宜2人同时操作，一人先薄薄刮一遍，另一人随即抹平压光，按先上后下顺序进行，再压实赶光，用钢皮抹子通压一遍，最后用塑料抹子顺抹子纹压光，并随即用毛刷蘸水将罩面灰污染处清理干净。施工时不应甩破活，但遇到预留的施工洞，可甩下整面墙待抹为宜。

11. 抹灰养护

1）墙面喷水润湿：抹灰面完成 3～4h 后使用喷水枪对抹灰面进行喷水湿润，墙面喷水应做到不留死角，让抹灰面充分吸收水分，一是可以让塑料膜与灰面更好的粘接，二是可以使灰面更好的保存水分。

2）剪裁塑料薄膜：把 1m 宽塑料膜分成两段，一段宽为 300mm，一段宽为 700mm，梁、烟道等窄小地方使用 300mm 宽塑料膜，走廊过道较窄处使用 700mm 宽塑料膜，卧室客厅等大的灰面使用 1m 塑料膜。

3）刷 108 胶：刷胶时应根据墙面大小，用毛刷将水与 108 胶的混合物（水胶比为 2：1）由下至上刷成网格状，随刷随张贴。竖向根据抹灰面大小排列（不大于 1500mm），横向刷 3 道即可，这样可以最大程度的减少胶的密度和使用量。

4）覆盖塑料薄膜：刷胶完成后，把塑料膜由上至下缓慢铺贴，随贴随用毛刷将塑料膜压平，直到薄膜内无明显气泡为合格。铺贴完成后，再用毛刷将薄膜四边压实，使塑料薄膜与胶水混合物充分接触，防止空气进入，影响养护效果和薄膜养护时间。相邻塑料膜的搭接长度不小于 50mm，采用 108 胶水（水胶比为 2：1）混合物进行粘接。

5）起膜：待抹灰层养护 28d 后，将墙面的塑料薄膜拆除，并将清理下来塑料薄膜放置到统一地点存放、运走。

12. 抹灰质量要求

本工程抹灰、批腻工程的特点是面广量大，为确保抹灰、批腻工程的质量稳定，应采取先做样板间，以样板间引路，然后全面推进。按中级标准进行控制。

1）对每栋房号的每个粉刷作业班组都要求先做样板间，样板间完成后，项目部组织有关人员进行检验评审，样板间经验评符合质量要求的施工班组，方可进行大面积施工。

2）大面积的抹灰、批腻工程必须以样板间的工程质量为楷模，并以样板间的质量标准衡量。

13. 抹灰工程的具体质量要求

1）粉刷时凡同一水平高度的窗台、窗压顶应控制在同一水平线上，同一垂直方向的窗侧边都应垂直与一条竖直线上。

2）凡出墙面尺寸相同的阳台、阳台方柱、窗雨篷边缘和角，都应自上而下垂直于一条直线。

3）窗洞粉刷层不得掩没窗框外边线，俗称"咬框"，应与窗框两侧留有 5mm 宽，5mm 深的凹缝，应满注密封胶；窗台粉刷层与下框应留出 10～15mm 的弧槽，可满注密封胶。窗台的内侧应高于外侧，外窗台上面沿窗框下抽出小圆弧，并做出明显的排水坡。外窗的外天盘须做出滴水槽，滴水槽距外墙面 25mm，并略粉成鹰嘴状，天盘滴水槽的两端不应伸到边，距墙 30mm 为宜。

4）凡阳台、雨篷、压顶、突出墙面的腰线，抹灰时均应做出排水坡和滴水线槽，排水坡的排水方向必须符合设计要求。

5）不同品种的砂浆使用必须分清楚，不得混用，在墙面抹灰前把墙脚根清扫干净，落脚灰随抹随清。

6）认真做好粉刷层的细部处理，所有阴阳角必须方正、顺直，墙面分格缝线条的间距应均匀做到水平高度一致，外墙线脚粉刷的几何尺寸必须满足设计要求做通顺、清晰。

防止不同品种砂浆混用的措施：a. 施工员向班组长、班组长向职工按级交底明确不同品种砂浆的具体使用的部位，使每个施工人员心中有数；b. 每个班组安排施工任务时，尽心做到每天或每半天使用同一种砂浆，如括底统一括底，粉面统一粉面。

7）大墙面粉刷应平整、色泽一致、拉毛的细纹应顺直、细腻，管道后边墙面修抹应与墙面一致。

8）墙面粉刷层无空鼓、开裂、砂眼等缺陷，并做到随粉随检查，发现缺陷应及时修整。

9）要把好粉刷材料的质量关，外墙粉刷必须使用同强度等级、同品种和同批量的水泥。

10）抹灰工程必须做到随施工随检查，检查中发现问题可及时整修。

11）抹灰工程质量的允许偏差和检验方法应符合表 1-11-3 的规定。

普通抹灰的允许偏差和检验方法 表 1-11-3

项次	项目	允许偏差（mm） 普通抹灰	检查方法
1	立面垂直度	4	用 2m 垂直检测尺检查
2	表面平整度	4	用 2m 靠尺和塞尺检查
3	阴阳角方正	4	用直角检测尺检查

14. 批腻工程的具体质量要求

1）批嵌工程中的每道工序完后都必须报请质量员检查符合后方可开展下道工序。

2）批嵌腻子与基层粘结牢固坚实，不得粉化、起皮和裂纹。

3）梁的阴阳角顺直，梁的侧面与顶班垂直一致，截面尺寸大小一致。

4）板底用直尺靠平无明显凹缺不平。

5）目测要求：阴阳角方正、顺直、清晰，梁、板面细腻、光滑、色泽一致。

【拓展提高 13】

A. 抹灰产品保护措施：

（A）在阳角部位应做护角的部位均应做护角，以增强抗碰撞的能力。

（B）在规定的养护期间内对楼地面的抹灰层进行喷水养护，以提高水泥砂浆的强度。

（C）对制做好的房间地坪楼梯间踏步可采取临时封堵的方法，防止行人踩踏需使楼地坪遭受损坏。

（D）外墙粉刷应注意天气情况，避免遭受天雨的袭击损坏未凝结的粉刷面层。

（E）合理安排施工流程：先上后下、循序渐进，使整个抹灰施工过程有条不紊，以防止工序的相互损坏。

（F）后续工序应对前道工序的成品或半成品进行保护，不得污染和损坏。

（G）加强对施工人员的产品保护思想意识教育，使每个职工都能重视产品的保护。

（H）批嵌工作完成后防止批嵌面受到污染，同时在批嵌施工过程中也不可污染其他墙面及通风管道。

（I）腻子批嵌完的顶板面不得浸水，防止出现渗漏水的痕迹。

（J）批嵌时应对电气开关盒、配电箱、插座、灯具等部位进行专门遮盖防护措施。

任务 2　地面施工方案编制

子任务 1　准备工作

1．编制依据

1)《建筑地面工程施工质量验收标准》GB 50209—2010；

2)《建筑工程施工质量验收统一标准》GB 50300—2013；

3)《建筑节能工程施工质量验收规范》GB 50411—2007；

4) 地面，楼面构造，辽 2004J301；

5) 室内装修，辽 2005J401。

2．工程概况

同室内抹灰施工。

3．施工准备

（1）技术准备

1) 按图纸设计构造（住宅客厅、餐厅、卧室、厨房）地面做法自上而下，如图 1-11-1、图 1-11-2 所示。

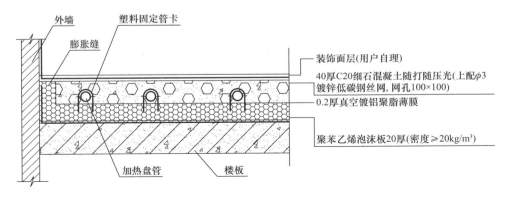

图 1-11-1　无防水房间

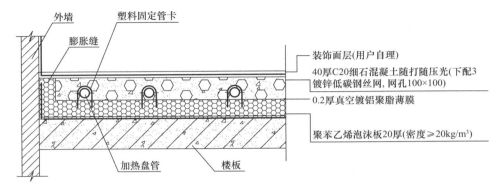

图 1-11-2　有防水房间

2）地暖管铺设完工后，先进行气压试验，确定不漏后供暖管再进行水压试验，自检后，报监理部门进行检验。

3）复核结构与建筑标高差是否满足各构造层总厚度及找坡的要求。

4）实测楼层结构标高，根据实测调整建筑地面的做法或依实际标高。结构误差较大的应做适当处理，如局部剔凿，局部增加细石混凝土找平层等。

5）伸缩缝在待地面混凝土达到一定强度后，用无齿锯割缝15mm厚（客厅割井字形，卧室厨房等割十字型，门洞、走道口边缘割缝）。

6）施工前应编制施工方案和进行技术交底，必要时应先做样板间，经业主（监理）或设计认可后再大面积施工。

（2）材料和主要机具

1）主要材料

C20细石混凝土。

供热管道管材：室内埋地加热管材采用耐热聚乙烯PE-RT管。耐热聚乙烯PE-RT管管径均为De20×2.0；连接主立管至集配器的管道采用PP-R管S5系列主干管及立管均采用无缝钢管《输送液体用无缝钢管》GB/T 8163—2008。管径小于等于32mm采用螺纹连接，管径大于32mm焊接。

保温板：20mm厚聚苯乙烯板，容重等于20kg/m³。

钢丝网：规格：ϕ3.0mm，网格：100mm×100mm。

辐射膜：真空镀铝聚酯薄膜0.2mm厚。

混凝土输送泵、三相异步磨光机、机动翻斗车、切缝机等。

2）主要工具

平锹、铁滚筒、木抹子、铁抹子、长刮杆、2m靠尺、水平尺、小桶、筛孔为5mm的筛子、钢丝刷、笤帚、手推胶轮车等。

（3）作业条件

1）墙面上弹好＋1000mm建筑标高水平线。

2）地暖管施工完成，并经过打压检测符合要求，经监理、甲方验收合格后方可进行下一道工序。同时做好隐蔽资料。

3）浇筑前一天，应将泵管连接到位，在泵管连接部位进行加固、垫板，以免损坏地暖管。

4）根据标高控制线提前将找平灰饼做好，控制平整度。

5）浇筑前提前安排出搅拌机，确保细石混凝土的供给。

6）预埋件、各种管道及地漏等已安装完毕，经检查合格，地漏口已遮盖，并办理预检和作业层结构的隐蔽手续。

7）各种立管和套管通过面层的孔洞已用细石混凝土灌好并封堵密实。

8）顶棚、墙面抹灰已施工完毕，地漏处已找好泛水及标高。

4. 施工部署

（1）人员部署

依据45号、46号楼每栋楼工期为35d左右安排人数为25人，两班制。

（2）施工方案的选择

采用从上至下逆作法组织施工。采用自拌/商品细石混凝土，采用细石混凝土固定地泵输送。

子任务 2　施工过程及质量检查

1. 施工过程

（1）施工工艺流程

确认现场具备施工条件→基层清理→苯板铺设→铝箔铺设→地辐热管铺设→钢丝网铺设→分水器安装→水压试验→安设给水槽→用 C20 细石混凝土护割缝处水暖管→浇筑细石混凝土→混凝土压光→混凝土养护。

（2）施工地面要求

地板辐射供暖区域的地面应平整、干净、干燥，不允许有凹凸不平现象，其平整度要求达到±5mm，且不允许有落灰、砂石钢筋等杂物，尤其杜绝油漆类等化学物质的污染。

（3）保温层施工

1）将阻燃的聚苯板平铺在符合要求的地面上，接缝处要紧密、平整，避免出现搭接或漏铺现象，对接处要用胶带粘结紧密。

2）房间边墙处要设置边墙保温带，高度要与找平层平齐。

3）在平整的保温层上，铺设铝箔及钢网，钢丝网以便固定加热盘管。

4）钢丝网应布满房间，距墙 150mm～200mm 拼接处要绑扎连接。

5）钢丝网应平整、无锐刺。

（4）地辐热盘管的施工

加热管固定点的间距，弯头处间距不大于 300mm，直线段间距不大于 600mm，大于 90°的弯曲管段的两端和中点均应固定。管子弯曲半径不宜小于管外径的 8 倍。安装过程中要防止管道被污染，每回路加热管铺设完毕，要及时封堵管口（图 1-11-3）。

图 1-11-3　地辐热盘管

（5）细石混凝土施工

1）细石混凝土的强度等级为 C20，细石粒径宜为 5～10mm。

2）埋地盘管待中间验收尤其是水压试验合格、隐蔽验收合格后，方可进行细石混凝土的施工。

3）沿墙边设置给水槽，要求管槽横平竖直，槽壁高齐地面。

4）在割缝位置用 C25 的细石混凝土护管，护管混凝土高度比地面底 3cm。

5）管必须在充压（0.6MPa）状态下充填细石混凝土，并轻轻捣固找平。混凝土填充 24h 后方可泄压。

6）单间面积大于 40m² （或边长大于 6m）和盘管穿越过门处，应设置 10～15mm 的膨胀缝。盘管穿越沉降缝时，要设置膨胀缝，并加设波纹套管，其长度大于等于 250mm。

7）细石混凝土浇筑完成后，必须作好成品保护，严禁踩踏、重压已铺设好的管路。运送混凝土的工具必须在垫有板材的盘管上行驶，确保盘管不受任何外力尤其是锐利的碰撞及破坏。

8) 细石混凝土浇筑时根据水平控制线，控制好面层平整度和标高。

9) 楼面细石混凝土表面均匀压光，混凝土初凝前，应完成面层抹平、揉搓均匀，待混凝土开始凝结即分遍抹压面层。第一遍抹压：先用木抹子揉搓提浆并抹平，再用铁抹子轻压。将脚印抹平，至表面压出水光为止。第二遍抹压：当面层开始凝结，地面上用脚踩有脚印但不下陷时，先用木抹子揉搓出浆，再用铁抹子进行第二遍抹压。第三遍抹压：当面层上人用脚踩稍有脚印，而抹压无抹纹时，应用铁抹子进行第三遍抹压，抹压时要用力稍大，抹平压光不留抹纹为止，压光时间在终凝前完成。

10) 养护：第三遍抹压完 24h 内以覆盖并浇水养护，在常温条件下连续养护时间不少于 7d，养护期间应封闭，严禁上人。

2. 质量标准

1) 根据《辐射供暖供冷技术规程》JGJ 142—2012 在与内外墙、柱等垂直构件交接处应留不间断的伸缩缝，伸缩缝填充材料应采用搭接方式连接，搭接宽度不应小于 10mm；伸缩缝填充材料与墙、柱应有可靠的固定措施，与地面绝热层连接应紧密，伸缩缝宽度不宜小于 10mm。伸缩缝填充材料宜采用高发泡聚乙烯泡沫塑料。

2) 当地面面积超过 40m² 或边长超过 6m 时，应按不大于 6m 间距设置伸缩缝，伸缩缝宽度不应小于 8mm。伸缩缝宜采用高发泡聚乙烯泡沫塑料或抗裂砂浆。

3) 伸缩缝应从绝热层的上边缘做到填充层的上边缘。

4) 施工时水泥必须符合材质要求，严格控制配合比，控制好混凝土坍落度，压光应在终凝前完成，基层清理应认真，铺灰压实应掌握好时间，保证垫层、面层应有的厚度。

5) 保温地面面层裂纹：施工前必须按施工方案做好样板层，严格控制混凝土的厚度与水灰比，按要求设置分隔缝。

6) 工作阳台等地面排水坡度小、积水、倒返水：首先要给准墙上 100cm 的平线，水暖工安装地漏时标高要正确，并在抹找平时先抹好放射形的筋，按规矩施工。

7) 分格缝留置（表 1-11-4）

允许误差   表 1-11-4

项目	允许偏差（mm）
表面平整度	3
标高控制	3
分格缝	2

8) 厨房间、有地漏阳台地面收理完成后，与地面接茬的阴角做出 R 型，与地面、墙面接茬平整光滑，防水施工完成满足交房要求。

9) 所有地辐热地面均做压光。

10) 厨房和工作阳台找坡坡度满足设计要求 1‰。不得有积水、倒泛水现象。

11) 水泥：水泥采用硅酸盐水泥、普通硅酸盐水泥或矿渣硅酸盐水泥等，其强度等级不低于 42.5 级，有出厂合格证和复试报告。

12) 砂子：砂应采用粗砂或中粗砂，含泥量不应大于 3%。

13) 石子：石子的粒径不应大于 15mm。石子含泥量不应大于 2%。

14) 水：采用符合饮用标准的水。

15）面层表面应洁净，无裂纹、脱皮、麻面、起砂等缺陷，不得有倒泛水和积水现象。

16）表面平整度 3mm，分格缝平直 2mm。

【拓展提高 14】

A. 成品保护

（A）混凝土输送泵在楼层铺设好地暖管上架设，必须保护好地暖管，泵管安装、拆除应注意轻装轻放，以免损坏管子，造成渗水。

（B）混凝土浇筑时注意对完成墙面污染的保护。

（C）四周设置聚苯板分格缝不得缺少。

（D）泵管安装、拆除应注意轻装轻放，以免损坏门窗洞口、阳角、铝合金、玻璃等。

（E）混凝土浇筑时注意钢丝网网片起翘外露。

（F）注意电梯厅与客厅浇筑时高低部位分割。

（G）混凝土浇筑时应有地暖施工单位现场随时配合。

（H）厨房间地面收理完成后，与地面接茬的阴角做出 R 型，与地面、墙面接茬平整光滑。

（I）操作时注意保护好地漏、出水口等部位，作临时封堵或覆盖，以免灌入砂浆等造成堵塞。

（J）面层养护期间（一般不少于 7d），严禁车辆行走或堆压重物。

（K）浇捣细石混凝土时，避免盘管浮动，不要使砂浆进入保温层或沿墙保温带内。

【课后自测及相关实训】

编制××工程装饰装修工程施工方案（附件：××工程装饰装修工程概况）。

单元 12 雨 期 施 工

【知识目标】 掌握雨期施工要求。

【能力目标】 能够组织实施雨期施工工作，针对不同类型特点的工程，能编制雨期施工方案。

【素质目标】 具有集体意识、良好的职业道德修养和与他人合作的精神，协调同事之间、上下级之间的工作关系。

【**任务介绍**】　沈阳××项目四期一标段 45 号、46 号楼位于沈阳市于洪区，建筑面积分别为 15226.4m²、15566.33m²。地上 27 层，为框架-剪力墙结构。根据实际情况编制雨期施工方案。

【**任务分析**】　根据要求，确定雨期施工需要做的准备工作，包括模板、混凝土、钢筋、砌筑、土方边坡等施工要求。

任务 1　雨期施工方案编制

子任务 1　准　备　工　作

1. 施工部署

（1）雨期确定

根据沈阳市地区历年来降雨量实测资料统计，今年建筑施工企业雨期施工限定为 5～9 月。

（2）雨期施工部位

基础及主体施工

2. 施工准备

（1）基本准备

1）加强组织领导，认真做好雨期施工的准备工作，项目常务副经理和外施队要从思想上重视，从人力和物力上满足雨期施工的需要。项目经理部和外埠施工队雨期施工领导小组密切配合，建立健全值班制度，明确分工，及时收集气象预报，及时监视并传递险情报告。

2）项目经理部在进入雨期施工之前，结合施工现场实际情况，编制切实可行的雨期施工方案和施工交底，保证施工进度、工程质量和施工安全，做好雨天、晴天作业交叉，力争少窝工或不窝工。

3）材料部门根据雨期施工方案和施工现场实际情况，及时准备施工用的各种材料和防汛用具，做好雨期施工的材料保障工作。

4）雨期施工之前，项目经理部和外施队雨期施工领导小组对工程现状和现场进行全面检查，特别是塔式起重机基础、脚手架、基槽、电器设备、机械设备等的检查，现场道路、排水沟的形成、通道的封堵、仓库等施工用房的防漏防淹均应在雨期施工之前做好，发现问题，及时解决，防止雨期施工期间发生事故。雨期施工期间，还应定期检查。

（2）技术准备

1）技术主管负责制定专门的雨期施工方案和施工具体措施，并向生产部门和施工队落实。

2）指定专人负责与气象部门及防洪机构联系，掌握天气变化情况，做好每日天气记录，有险情及时向领导汇报，确保安全生产。

（3）生产准备

1）雨期施工前对全体工作、施工人员进行一次安全技术教育，认真学习雨期施工措施、了解雨期施工措施的重要性。

2）建立健全防洪工作制度，每日安排专人进行昼夜值班。值班人员必须坚守岗位，做好各项检查及交接工作。

3）根据公司下达雨施文件和本工程雨施方案，提前做好部署，计划组织各种防汛机具、物资、材料的按时进场。

4）生活区做好临时给排水工作。食堂、宿舍的防暑降温准备工作。

5）夏季温度较高，应注意做好防暑降温的工作，工人的工作时间避开高温时间段。改善食堂和宿舍的通风环境，多设窗户，配置电扇，食堂内和宿舍旁的水龙头要保证供水，施工现场提供红糖水、绿豆汤等防暑降温措施。

（4）材料准备（表1-12-1）

防雨材料准备 表1-12-1

序号	名称	单位	数量	用途
1	苫布	m²	600	钢筋、水泥等临时遮盖
2	塑料布	m²	1000	刚浇筑完的混凝土防雨覆盖
3	草袋	个	200	装土堵缺口
4	水桶	个	100	现场掏水
5	雨衣	套	300	小雨不间断用
6	雨鞋	双	300	小雨不间断用
7	铁镐	把	50	汛期防排水用
8	铁锹	把	100	汛期防排水用
9	草帘	个	400	挡水及防止大雨对混凝土的冲刷
10	石棉瓦	m²	200	对现场临设风雨破坏后及时更换
11	抽水泵	台	13	现场抽水
12	棉塑管	m	1000	现场抽水
13	防水照明灯	个	100	汛期防排水照明用
14	页岩砖	块	2000	封堵缺口
15	方木	根	500	汛期防排水备用

（5）其他准备工作

1）主要运输道路旁设排水，清理道路两边的雨水管道。

2）加工棚外围排水沟应通畅，防止雨水倒灌。人行道及生活区、办公区地面混凝土硬化，保证工地整洁、文明。

3）塔式起重机每天作业完毕后，注意必须切断电源。加强大风、雨后的检查，发现问题及时处理。

4）怕雨淋的原材料及半成品要采取妥善的防雨措施，可放入棚内或屋内，垫高码放，并要通风良好。

5）钢筋要用枕木或方木架高，防止粘泥生锈。

6）消防器材要有防雨防晒措施，地下消防栓要高出地面防止浸泡。

3. 雨期施工现场管理工作

1）施工道路：采用商品混凝土对路面进行硬化。由于施工场地十分狭小，施工道路错车困难，导致无法对肥槽及车库顶板覆土大面积回填。另外，在雨期施工到来之前，要对施工道路进行全面检查，保证道路不陷不滑、不冲不淹，排水顺畅。

2）施工现场：本施工现场东高西低，排水沟底部坡度保证东高西低，使雨水等由排水沟排向施工现场南侧的市政雨污水管线。道路两侧、塔式起重机、材料堆放场地等处必须有良好的排水措施，场地向排水沟找坡不小于 3‰，排水沟底部坡度不小于 5‰。对于未硬化且非材料堆放场地的空地，应进行绿化。

3）施工现场的材料管理工作。本工程采用商品混凝土，所以未设置混凝土搅拌站。施工现场钢筋堆放场地、模板堆放场地、木料堆放场地、周转材料堆放场地、材料库地面已做硬化，有良好的排水设施，并且按要求设置了堆放架。

4）水泥等一些需要防潮防水要求的材料，必须存放在有效的防雨防风防潮的库房内，特殊情况需要露天存放时，应下设垫板，高度不小于 40cm，底层应有隔水隔潮设施，上盖应牢固防风，覆盖材料应防水防潮，如用塑料布、帆布等。

5）油类、化学品、易燃易爆物品按规定存放，并有良好的防雨防风设施，派专人保管。砖、砌块等块材码放场地平整坚实，不得积水，多孔、轻质块材顶部要覆盖，防止过量吸水。

6）做好现场机械设备的检查、维修和管理工作。在雨期施工之前，机械员会同安全员等相关人员对塔式起重机的机械设备情况、稳固情况、塔基排水设施等，严格按规定要求进行全面仔细的检查。施工现场机械操作棚，如钢筋加工场、地泵防护棚等必须搭设牢固，顶部封闭防止漏雨。

7）雨期施工之前和雨期施工期间，要对所有设备的避雷、接地装置进行检查，保证装置安全可靠，保护接地一般不小于 4Ω。现场的配电箱、电闸箱、动力照明线路，要统一检查整修，对漏电、破损、老化的线路及时检修更换。配电箱、电闸箱、电焊机等必须设置遮雨罩，防止雨水进入箱子造成危险。非电工不能进行接电等与电有关的操作。雷雨天气前后必须对施工现场的用电设备和用电线路进行检查，及时发现隐患及时处理。

8）施工现场各种脚手架：

① 脚手架搭设必须符合建筑施工安全技术标准和安全操作规程要求。

② 雨期施工前，必须对脚手架基础、拉结、支撑等进行全面检查，基础夯实并设有垫木，要求垫木垫设位置正确平稳牢固；斜撑设置正确有力；缆风绳拉结牢靠松紧程度平衡，地锚区域不得积水；及时维护和加固立杆、扫地杆。

③ 脚手架的根部要有良好的排水设施，设置排水沟或集水井，确保排水畅通，保证脚手架及其基础不被浸泡。

④ 要有可靠良好的接地防雷设施，接地埋深不小于 80cm，垂直接地体长度不应小于 2.5m，采用 ϕ28 钢管或 40mm×40mm×4mm 角铁。

⑤ 要对脚手架的沉降量和垂直度定期进行测定，发现问题及时采取措施解决。

⑥ 大风大雨过后，要对脚手架进行检查，及时加固维修，经有关人员确认后，方可继续使用。

⑦ 施工现场临时设施的搭设应严格按照有关规定，防汛器材设备按有关规定准备、设置和发放。雨期施工之前，应对各类仓库、变配电室、各种电器线路等进行全面彻底的检查，加固补漏，及时维修。

子任务2　施工过程

1. 场地排水

场地内主要道路两侧的排雨水系统已经完善，且已与市政管道连通。场区内设置排水沟与道路侧排水系统连通，构成场区排水系统。

主体结构施工均在基坑内施工，为防止地表水径流进入基坑，在基坑上口设置挡水墙；为防止坑壁雨水冲刷槽底，在±0.000处车道外的坡脚处设置通长环形排水沟，车道地面及停车场全部向排水沟找坡，沿排水沟每30m设置1.0m×1.0m×1.5m的集水坑，汇集雨水，主要采取渗排结合的排水方式，多余雨水用潜水泵抽出排入场区排水系统中。每个集水坑处常备两台潜水泵，保证基坑内排水通畅。

2016年雨季正处于±0.000以下基础施工阶段，结构施工部位的雨水集中排入集水坑，组织外排；45号、46号基坑内，敷设多个800mm×800mm×800mm的临时集水坑，及时抽出其内雨水。

2. 原材料的储存和堆放

1）水泥全部存入仓库，没有仓库的应搭设专门的棚子，保证不漏、不潮，下面应架空通风，四周设排水沟，避免积水。

2）砂、石料一定要有足够的储备，以保证工程的顺利进行。场地四周要有排水出路，防止淤泥渗入。

3）主体工程部分材料要求入库存放、随用随领，防止受潮变质。

3. 模板工程

1）本工程采用自行加工的木制模板，所以模板的堆放应严格按规定进行。

2）模板堆放场地必须坚实可靠，排水通畅，防止积水；木制模板堆放不宜过高，底部应有垫木。

3）模板拆下后必须清理修复，涂刷油性脱模剂。合模后未能及时浇筑混凝土部位，要对模板及时覆盖，下部留出水口。

4）模板在当天未施工前应做好临时支撑并穿上穿墙螺杆，遇雨时设法用塑料布遮盖，以防雨水直接冲刷而将胶模剂冲掉，影响拆模和混凝土表面质量。模板堆放时，已刷胶模剂的模板遇雨时必须用塑料布遮盖。

5）未浇筑混凝土的模板在雨后重新校正后方可浇筑混凝土。

6）墙、柱模扳完成后要搭设安全可靠的操作平台，并有挡脚板和护栏。

7）现场方木、模板堆放时应及时覆盖，下面用10cm×10cm方木间隔垫起，防止发生腐烂变形。

4. 钢筋工程

1）所有露天存放钢筋原材，应放在高处，并用方木垫高，下雨时用苫布覆盖好，以免生锈，已经加工好的箍筋，应棚内存放。

2）已经绑扎完毕的钢筋若在雨后发生生锈现象，须及时除锈，提早合模。

3）现场钢筋半成品要及时覆盖，直螺纹接头要套好保护帽。

4）钢管要做好及时覆盖，防止锈蚀影响受力性能。

5）钢筋加工厂搭设防雨棚，所有加工机械都不能淋雨。加工厂地面不应有泥土路面。

6）本工程钢筋用量大，规格多（直径在 $\phi6\sim22$ 均有），钢筋应分楼层、分部位、分规格码放。码放时应平行于流水坡方向垫方木，楼梯、通道等直径小、根数少的钢筋应捆绑好再码放。钢筋应尽量堆放在雨棚中，堆放时钢筋底部应用方木垫起 30cm，避免水淹。施工现场成型钢筋下雨前应用塑料布将其盖好，避免雨淋。

7）钢筋应随用随进，尽量减少雨淋，经大雨淋过的钢筋发生生锈现象，应及时进行除锈处理，沾有泥污的钢筋应先在加工厂清除干净。

5. 混凝土工程

1）生产部门要掌握近日的天气情况，尽量避开大雨天浇筑混凝土。

2）墙体混凝土施工时，若发生大雨，应在浇筑完毕后在模板上口进行覆盖，待拆模后进行清理；楼板混凝土施工遇到大雨，必须立即覆盖，施工缝留置于短向跨。

3）雨后及时清理钢筋、模板上的淤泥、积水，方便下次混凝土的浇筑。

4）雨期砂石的含水率变化幅度较大，所以商品混凝土搅拌站要及时测定其含水率，适时调整水灰比，严格控制坍落度，确保混凝土的质量。

5）浇筑混凝土的过程中，如遇大雨不能连续施工时，应按规定留设施工缝，已浇筑混凝土且未初凝的混凝土表面及时覆盖防雨材料，雨后继续施工时，应先对施工缝部位进行处理，然后再浇筑混凝土。施工前，用方木和竹胶板条加以分段，但在混凝土初凝前应拆除继续向前推进。

6）现场地泵应有防雨、防砸护棚，进料口应做好防雨设施。

7）已入模成形的混凝土，应及时用塑料布覆盖好避免水淋。在浇筑混凝土时如遇大雨应按规范要求留好施工缝方可收工。雨后如继续施工应先将模板内的水清除干净，如果混凝土没有初凝可继续浇筑混凝土；如果混凝土已经初凝应将施工缝处混凝土凿毛，然后才能浇混凝土。

8）顶板浇筑必须避开大雨天气，如遇下雨天气，用塑料布和木条、钢筋搭临时应急雨棚，以防损坏混凝土。

6. 边坡保护

1）为防止雨水及外来水冲刷边坡，基坑防护围栏根部均作 240mm×240mm 挡水墙，防止施工现场积水排入基槽。

2）疏通现场的排水设施，修筑临时排水沟。大雨时严禁施工，以保证施工人员及设备的安全，并对边坡盖塑料布进行保护。雨天应设专人进行巡视，发现情况及时报告，以便及时处理。作好用电机械、设备的维护，防止漏电等事故的发生，保证施工时能够正常运行。

3）护坡裂缝采用水泥砂浆封闭，防止下雨塌方和护坡受损。

4）基坑边坡在回填前应做好加固措施，特别是外墙后浇带的位置应加高，防止雨水冲入楼内。

5）基坑边坡如下雨后有塌方现象应及时用草袋子装土回填。

6）塔式起重机基础上基坑内应设一个水泵随时将基坑内的水抽干。下雨后生产人员应随时观察塔式起重机基础护坡是否有塌方现象，如有应及时修补。测量人员应在每次下雨后观测塔式起重机是否有偏移和沉降，并将观测结果向技术人员汇报。

7. 吊装工程

1）塔式起重机在雨期施工之前和雨期期间，必须经常检查塔式起重机基础、避雷、接地接零保护、塔式起重机的各种线路及电源线是否有效。

2）雨后必须检查塔式起重机基础内是否积水，发现问题及时解决处理。

3）吊装过程中，必须有专人指挥，大风大雨中严禁进行吊装作业。

4）遇雨时，必须对已就位的构件做好临时支撑加固，方可收工。雨中不宜进行焊接作业。

5）塔式起重机设防雷措施，防雷接地电阻值保证在 $R \leqslant 4\Omega$。

6）雷雨或大风过后，对塔式起重机和建筑物进行沉降观测，有问题及时汇报。

8. 防水工程

1）及时掌握天气情况，注意防水材料的存放防潮。

2）严禁在雨中进行防水作业，同时注意流水段的划分，分小段，多流水，保证突然降雨有准备时间。

3）按规定进行防水施工，防水基层严格控制含水率。

4）找平层干燥后如不能及时做防水应及时用塑料布覆盖好避免雨淋。

5）防水层铺贴中封边应及时跟进，防止遇雨起鼓返工。

6）防水做完一段应及时做一段保护层。每次大雨过后找平层的含水率必须达到小于9%才能施工。

9. 回填土工程

1）雨期施工的工作面不宜过大，应逐段、逐片分期完成。

2）基槽的回填土应连续进行，尽快完成。回填土每层都应测定夯实后的干土密度，检验其密实度，符合设计要求才能铺摊上层土。

3）灰土应按配比拌制均匀。

4）施工时应防止地面水留入基槽内，现场应有防雨及排水措施。

5）严禁雨天及四级以上大风天气施工。

6）对填好的土和待填的土在遇雨时及时用塑料薄膜覆盖。

7）在肥槽回填时，隔15m左右设一集水坑，在遇雨时及时抽水。

8）进场的白灰粉等应及时进库和用雨布覆盖。

9）回填时，应严格控制含水率，一般手握成团，落地开花为宜，灰土现场检验方法是用手将灰土紧握成团，两指轻捏即碎为宜。

10. 屋面工程

1）屋面工程的防水层应避开雨天。五级风及以上不得施工。

2）水泥砂浆找平层施工，如终凝前可能下雨，则不宜施工。

3）雨后用污水泵及时将需做防水的平面上的积水用污水泵抽净，并用小扫帚扫净，待基层含水率达到要求后及时做防水。

4）防水基层施工完后，在雨天必须覆盖，降低含水率保证可以进行下一步的防水层施工。

11. 砌筑工程

1）混凝土及砌筑砂浆遇雨天施工时要控制好坍落度及稠度，根据砂石含水率及时调整配合比。

2）浇灌构造柱混凝土前要检查模板内有无积水，清理后方可浇灌，有黑锈的钢筋要除锈后方可使用。

3）砌块要及时码放在施工部位，露天码放砌块遇大雨时要用塑料布覆盖。

12. 抹灰工程

1）雨天不准进行室外抹灰，对已经施工的墙面，应该注意防止雨水污染。

2）抹灰尽量在做完屋面后进行。

13. 脚手架工程

1）脚手架雨期施工时要注意防止脚手管打滑。提升脚手架宜避开雨天。

2）雨期中要加强对外架用管的表面除锈工作，搭设过程中必须在无雨天进行。

3）雨施期间要及时组织对新搭架子和操作平台的验收，未经检验的外架和操作平台不得使用。

4）对马道和其他出入口的防滑措施要到位，并保持可靠。

【拓展提高 15】

A. 高温天气施工措施

（A）在夏季高温天气，空气湿度大，各种病菌生长、传播速度快，为保证工程质量，保证广大职工的安全与健康，防止各类事故的发生，确保施工顺利进行，重点做好安全生产、环境卫生和防暑降温工作。

（B）做好用电管理，夏季是用电高峰期，定期对电气设备逐台进行全面检查、保养，禁止乱拉电线，特别是对职工宿舍的电线及时检查，加强用电知识教育。做好各种防雷装置接地电阻测试工作，预防触电和雷击事故的发生。

（C）加强对易燃、易爆等危险品的贮存、运输和使用的管理，在露天堆放的危险品采取遮阳降温措施。严禁烈日曝晒，避免发生泄露，杜绝一切自燃、火灾、爆炸事故。

（D）高温期间根据生产和职工健康的需要，合理安排生产班次和劳动作息时间，对在特殊环境下（如露天、封闭等环境）施工的人员，采取诸如遮阳、通风等措施或调整工作时间，早晚工作，中午休息，防止职工中暑、窒息、中毒和其他事故的发生，炎热时期派医务人员深入工地进行巡回防治观察。

（E）一旦发生中暑、窒息、中毒等事故，立即进行紧急抢救或送医院急诊抢救。

（F）在高温期间对高空作业人员进行必要的安全教育，并作好防暑降温安排工作。切实关心职工，特别是生产一线和高温岗位职工的安全和健康，保证茶水供应并配发风油精、清凉油及人丹等；适时供应职工绿豆汤等防暑降温饮料；生活区要设置淋浴室，保证职工洗浴需要，同时教育职工不得擅自到江河湖泊中洗澡、游泳，以免发生意外事故；现场搭设适当数量的遮阳棚，供职工休息使用。

（G）安排专人对生活区每天进行清扫，定期进行消毒；每天保持宿舍内的行李及个人卫生，经常通风、消毒；食堂炊事人员对食堂内卫生和饭、菜、水卫生负责，对用过的所有物品都必须随时保持干净，工作时要穿工作服、戴口罩。保持厕所内清洁、通风、无蚊蝇、下水通畅；对生活区内的垃圾桶随时清理、灭蝇，保持桶外干净、清洁，每天把责任区的垃圾清运到指定地点，要求垃圾不流溢。

【课后自测及相关实训】

编制××工程雨期施工方案。

项目 2 ××项目钢结构工程施工

单元 1　钢构件的加工制作

【知识目标】　掌握钢构件制作前的准备；掌握钢构件加工制作的全过程。

【能力目标】　能够根据施工图纸掌握钢构件加工工艺流程；能分析处理钢构件生产厂中的技术问题。

【素质目标】　具有集体意识、良好的职业道德修养和与他人合作的精神，协调同事之间、上下级之间的工作关系。

任务 1　钢构件加工机具

1. 切割、小磨削机具

（1）半自动切割机（图 2-1-1）

（2）风动砂轮机（图 2-1-2）

砂轮机是用来刃磨各种刀具、工具的常用设备。

其主要是由基座、砂轮、动力源、托架、防护罩和给水器等所组成。

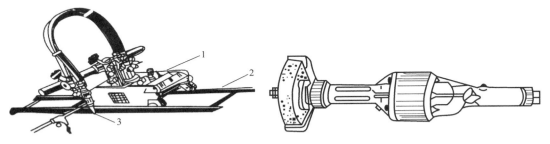

图 2-1-1　半自动切割机

1—气割小车；2—轨道；3—切割嘴

图 2-1-2　风动砂轮机

（3）电动砂轮机（图 2-1-3）

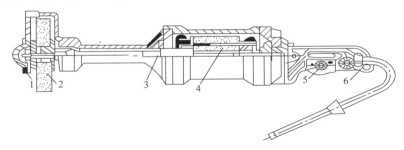

图 2-1-3　手提式电动砂轮机

1—罩壳；2—砂轮；3—长端盖；4—电动机；5—开关；6—手把

（4）联合冲剪机（图 2-1-4）

联合冲剪机是一种综合了冲压、板材剪切、型材剪断等多种功能的机床设备，具有操作简便、能耗少、维护成本低等优点，是现代化制造业（如冶金、桥梁、通信、电力、军工等行业）金属加工首选设备。

其集冲压、板材剪切、型材剪断等功能于一体，靠压力机和模具对板材、带材、管材和型材等施加外力，使之产生塑性变形或分离，从而获得所需形状和尺寸的工件（冲压件）的成形加工方法。冲压属塑

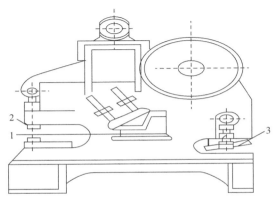

图 2-1-4　QA34-25 型联合冲剪机

1—型钢剪切头；2—冲头；3—剪切刃

性加工。

坯料主要是热轧和冷轧的钢板和钢带。

（5）龙门剪板机（图 2-1-5）

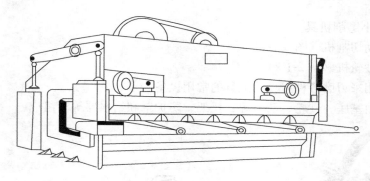

图 2-1-5 龙门剪板机

2. 矫正、冲压机械

（1）型钢矫正机（图 2-1-6）

将型钢通过多次弹塑性矫正达到质量要求的主要设备。

（2）冲床（图 2-1-7）

适用于板料的冲压加工。

图 2-1-6 型钢矫正机

图 2-1-7 冲床

3. 切削、锯割工具

（1）手锯（图 2-1-8）

由锯弓和锯条两部分构成，锯弓是用来加持和拉紧锯条的工具。

（2）机械锯

1）弓锯床（图 2-1-9）。

2）砂轮锯：高速锯切设备（2-1-10）。

（3）锉刀（图 2-1-11）

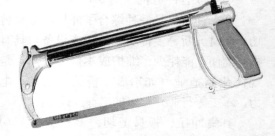

图 2-1-8 手锯

表面上有许多细密刀齿、条形，用于锉光工件的手工工具。用于对金属、木料、皮革等表层做微量加工。

图 2-1-9　弓锯床

图 2-1-10　砂轮锯

1—切割动力头；2—中心调整机构；3—底座；4—可转来钳

图 2-1-11　锉刀

（4）凿子（图 2-1-12）

使用凿子打眼时，一般左手握住凿把，右手持斧，在打眼时凿子需两边晃动，目的是为了不夹凿身，另外需把木屑从孔中剔出来。半榫眼在正面开凿，而透眼需从构件背面凿一半左右，反过来再凿正面，直至凿透。

（5）风铲（图 2-1-13）

风动工具，用压缩空气推动活塞往复运动，使用铲子铲平铸件的毛边。

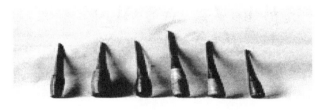

图 2-1-12　凿子

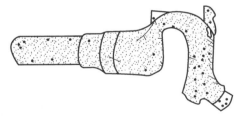

图 2-1-13　风铲

4. 测量、划线工具

（1）直角尺（图 2-1-14）

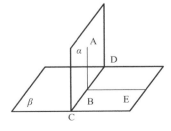

图 2-1-14　直角尺

（2）卡钳（图 2-1-15）

（3）钢卷尺（图 2-1-16）

（4）划针（图 2-1-17）

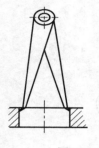

图 2-1-15　卡钳　　　　　　图 2-1-16　钢卷尺　　　　　图 2-1-17　划针

（5）划规及地规（图 2-1-18）

（6）样冲（图 2-1-19）

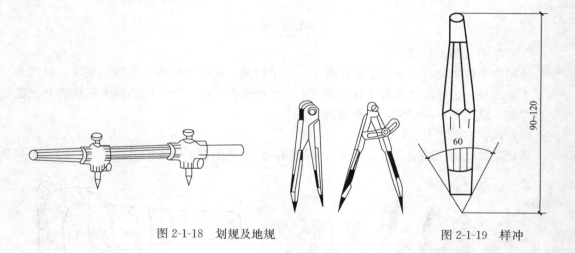

图 2-1-18　划规及地规　　　　　　　　图 2-1-19　样冲

任务 2　钢构件加工制作前的施工准备

1. 施工前的技术准备

建立健全质量管理体系

2. 施工前的主要机具准备

3. 施工前的作业条件的准备

4. 施工组织

（1）单项钢结构工程的加工制作顺序

（2）审查图纸

任务 3　钢构件的加工制作

1. 一般钢结构工程制作工艺流程

2. 钢材放样与号料

放样即是根据已审核过的施工详图，按构件（或部件）的实际尺寸画出该构件的轮廓，或将曲面摊成平面，标注好尺寸出图，作为制造样板、加工和装配工作的依据。

放样是整个钢结构制作工艺中第一道工序，是非常重要的一道工序。因为所有的构件、部件、零件尺寸和形状都必须先进行放样，然后根据其结果数据、图样进行加工，最后才把各个零件装配成一个整体，所以，放样的准确程度将直接影响产品的质量。

（1）样板与样杆的制作

1）常用样板的种类

★ 平面样板——在板料及型钢平面进行画线下料。

★ 弧形样板——检查各种圆弧及圆的曲率大小。

★ 切口样板——各种角钢、槽钢切口弯曲的画线标准。

★ 展开样板——各种板料及型材展开零件的实际长度及形状。

★ 覆盖样板——按照放样图上（或实物上）图形，用覆盖方法所放出的实样（用于连接构件）。

★ 号孔样板——以此为依据决定零件的孔心位置。

★ 弯曲样板——各种压型件及制作胎膜零件的检查标准。

2）样板的制作方法

★ 画样法——直接在所需厚度的平板材料上下料。

★ 覆盖过样法——移出法，不能直接在板料型钢上号料。

① 按施工设计图纸的结构连接尺寸画出实样。

② 以实样上的型钢件和板材件的重心线或中心线为基准适当延长。

③ 把所用样板材料覆盖在实样图上面，用直尺和粉笔以实样的延长线在样版面上画出中心线或重心线。

④ 再以样板上的重心线或中心线为准画出连接构件所需尺寸，最后将样板的多余部分剪掉，做成过样样板。

3）样板加工余量——防止下料不当造成废品

① 自动气割切断的加工余量为 3mm。

② 手动气割切断的加工余量为 4mm。

③ 气割后需铣端或刨边者，其加工余量为 4～5mm。

④ 剪切后无需铣端或刨边的加工余量为零。

⑤ 对焊接结构零件的样板，除放出上述加工余量外，还须考虑焊接零件的收缩量。

4）样板、样杆制作工艺

① 样板用薄钢板或塑料板制作，样杆用钢片或扁铁制作。

② 按图施工，尺寸精确。

③ 按 1∶1 尺寸和基准划线以及正投影的作图步骤画出真实图形。

④ 放样检查无误后，用薄钢板或油毡纸及马粪纸等材料，制出实样大小的样板、样杆。

⑤ 构件较大时，采用板条拼接成花架。

⑥ 放样石笔线条粗细不得超过 0.5mm，粉笔不得超过 1mm。

⑦ 剪切后不应有锐口。

⑧ 样板制作后，必须注明图号、零件名称、件数、位置、材料牌号、规格及加工符号等。

5）样板、样杆制作尺寸的允许偏差

（2）钢材放样

放样是钢结构制作中第一道工序，只有放样尺寸准确，才能避免各道加工工序的累积误差，从而保整个工程的质量。

1）钢材放样平台

2）钢材放样操作

① 放样时，以 1∶1 的比例在样板台上弹出大样。当大样尺寸过大时，可分段弹出。对一些三角形构件，如只对其节点有要求，可以缩小比例弹出样子，但应注意精度。

② 用作计量长度依据的钢盘尺，应经授权的计量单位计量，且附有偏差卡片。使用时，按偏差卡片的记录数值校对其误差数。

③ 放样结束，应进行自检。检查样板是否符合图纸要求，核对样板加工数量。本工序结束后报专职检验人员检验。

（3）钢材的提取与核对

① 备料时，应根据施工图样材料表算出各种材质、规格的材料净用量再加一定量的损耗。

② 提出材料预算时，需根据使用长度合理订货，减少不必要的拼接和损耗。

③ 使用前应对每一批钢材核对质量保证书以保证符合钢材的损耗率。

④ 使用前应核对来料的规格、尺寸和重量，并仔细核对材质。如需进行材料代用必须经过设计部门同意，并修改图纸。

（4）钢材号料（下料）

钢材号料是指根据施工图样的几何尺寸、形状制成样板，利用样板或计算出的下料尺寸，直接在板料或型钢表面上画出构件形状的加工界线。

钢材号料的工作内容一般包括：检查核对材料；在材料上画出切割、铣、刨、弯曲、钻孔等加工位置；打冲孔；标注出构件的编号等。

1）钢材号料准备

① 准备好号料工具。

② 检查好下料尺寸。

③ 材料有缺陷时需及时上报。

④ 钢材弯曲或凹凸不平时，先矫正。

2）焊接收缩量

3）直角零件下料长度与切口

4）钢材号料操作

5）下料加工符号

3. 钢材切割

（1）钢材切割余量

1）钢材切割后，不得有分层，断面上不得有裂纹，应清除切口处的毛刺或熔渣和飞溅物。

2）钢材的切割余量可依据设计进行确定。

（2）钢材切割方法

切割是将放样和号料的零件形状从原材料上进行下料分离。常用的切割方法有：机械切割、气割和等离子切割三种方法。

（3）钢材切割面控制要点

1）切割面平面度 μ。

2）切割面割纹深度（表面粗糙度）h。

3）局部缺口深度。

4）钢材切割面应无裂纹、夹渣、分层和大于 1mm 的缺棱。

5）剪切面的垂直度。

6）钢材切割面应无裂纹、夹渣、分层等缺陷。

（4）机械切割

1）带锯机床：适用于切断型钢及型钢构件，其效率高、切割精度高。

2）砂轮锯：切口光滑，生刺较薄易清除，噪声大，粉尘多，适用于切割薄壁型钢及小型钢管，切割材料的厚度不宜超过 4mm。

3）无齿锯：切割速度快，可切割不同形状的各类型钢、钢管和钢板，切口不光洁，噪声大，适于锯切精度要求较低的构件或下料留有余量，最后尚需精加工的构件。

4）剪板机、型钢冲切机：切割速度快、切口整齐、效率高，适用于薄钢板、压型钢板、冷弯檩条的切割。

（5）钢材气割

氧割和气割是以氧气与燃料燃烧时产生的高温来熔化钢材，并借喷射压力将熔渣吹去，造成割裂，达到切割金属的目的。

气割法有手动气割、半自动气割和自动气割。手动气割割缝宽度为 4mm，自动气割割缝宽度为 3mm。

气割法设备灵活、费用低廉、精度高，能切割各种厚度的钢材，尤其是带曲线的零件或厚钢板，是目前使用最广泛的切割方法。

1）切割准备

① 检查工作场地是否符合安全要求。

② 将工件表面的油污和铁锈清除干净，然后将工件垫平。

③ 工件下面应留有一定的空隙，以利于氧化铁渣的吹出。工件下面的空间不能密封，否则会在气割时引起爆炸。

④ 检查切割气流线（风线）方法是点燃割据，并将预热火焰调整适当，然后打开切割氧阀门，观察切割氧流线的形状。

⑤ 切割氧流线应为笔直而清晰的圆柱体，并有适当的长度，这样才能使工件切口表面光滑干净，宽窄一致。如果风线形状不规则，应关闭所有的阀门，用透针或其他工具修整割嘴的内表面，使之光滑。

2）气割操作

① 首先点燃割炬，随即调整火焰。

② 开始切割时，打开切割氧气阀门，观察切割氧流线的形状，若为笔直而清晰的圆柱体，并有适当的长度即可正常切割。

③ 若遇到切割必须从钢板中间开始，应在钢板上先割出孔，再按切割线进行切割。

④ 切割过程中，有时因嘴头过热或氧化铁渣的飞溅，使割炬嘴头堵住或乙炔供应不及时，嘴头鸣爆并发生回火现象。这时应迅速关闭预热氧气和切割炬。

⑤ 切割临近终点时，嘴头应略向切割前进的反方向倾斜，以利于钢板的下部提前割透，使收尾时割缝整齐。

3）气割允许偏差

等离子切割利用高温高速的等离子焰流将切口处金属及其氧化物熔化并吹掉来完成切割，能切割任何金属，特别是熔点较高的不锈钢及有色金属铝、铜等。

（6）钢材切割后的质量检查

检查数量：全数检查。

4. 钢材冲裁

（1）冲床的选择

1）曲轴冲床。

2）偏心冲床。

（2）冲裁模间隙与搭边值的确定

冲裁间隙的定义：凸、凹模刃口间缝隙的距离称为冲裁间隙。间隙有单面（C）、双面（Z）之分，是一个极其重要的参数。

$$Z = DA - dT$$

（3）冲裁的最小尺寸

方形零件最小边长＝$0.9t$；

矩形零件最小短长＝$0.8t$；

长圆形零件两直边最小距离＝$0.7t$。

（4）冲裁施工

5. 钢材成型加工

（1）钢材热加工。

1）加热方法。

2）钢材性能变化。

3）钢材热加工温度。

（2）弯曲加工

弯曲加工是根据构件形状的需要，利用加工设备和一定的工具、模具把板材或型钢弯制成一定形状的工艺方法。

1）弯曲分类

① 按钢构件的加工方法，可分为压弯、滚弯和拉弯三种。压弯适用于一般直角弯曲（V形件）、双直角弯曲（U形件），以及其他适宜弯曲的构件；滚弯适用于滚制圆筒形构件及其他弧形构件；拉弯主要用于将长条板材拉制成不同曲率的弧形构件。

② 按构件的加热程度分类，可分为冷弯和热弯两种。冷弯是在常温下进行弯制加工，它适用于一般薄板、型钢等的加工。热弯是将钢材加热至950℃～100℃，在模具上进行弯制加工，它适用于厚板及较复杂形状构件、型钢等的加工。

2）弯曲半径

薄板材料弯曲半径 R 可取较小数值，$R \geqslant t$。厚板材料弯曲半径 R 应取较大数值，$R = 2t$。

3）弯曲角度

弯曲角度是指弯曲件的两翼夹角，它会影响构件材料的抗拉强度。

① 当弯曲线和材料纤维方向垂直时，材料具有较大的抗拉强度，不易发生裂纹。

② 当材料纤维方向和弯曲线平行时，材料的抗拉强度较差，容易发生裂纹，甚至断裂。

③ 在双向弯曲时，弯曲线应与材料纤维方向成一定的夹角。

④ 随着弯曲角度的缩小，应考虑将弯曲半径适当增大。

4）型钢冷弯施工

5）弯曲变形的回弹

（3）卷板施工

1）卷板机械。

2）钢板剩余直边。

3）钢板卷圆。

4）圆柱面卷弯。

5）矫圆。

（4）边缘加工

对于尺寸精度要求高的腹板、翼缘板、加劲板、支座支撑面和有技术要求的焊接坡口，需要对剪切或气割过的钢板边缘进行加工。

1）加工部位。

2）边缘加工的方法

边缘加工方法有：铲边、刨边、铣边和碳弧气刨边。

3）边缘加工质量检验。

（5）折边加工

把构件的边缘压弯成倾角或一定形状的操作过程称为折边。折边可提高构件的强度和刚度。弯曲折边利用折边机进行。

1）施工机械。

2）板料折边施工。

（6）模具压制

1）模具的类型。

2）模具的安装。

3）模具的加工工序。

6. 制孔

包括铆钉孔、螺栓孔，可钻可冲。钻孔用钻孔机进行，能用于钢板、型钢的孔加工；冲孔用冲孔机进行，一般只能在较薄的钢板、型钢上冲孔，且孔径一般不小于钢材的厚度。施工现场的制孔可用电钻、风钻等加工。

（1）钻孔

1）钻孔方式。

2）钻孔施工。

（2）冲孔

1）冲孔的应用。

2）冲孔的操作要点。

（3）铰孔

1）铰孔工具。

2）铰孔余量。

3）铰孔施工。

（4）扩孔

（5）制孔质量检验

7. 矫正

钢材在存放、运输、吊运和加工成型过程中会变形，必须对不符合技术标准的钢材、构件进行矫正。钢结构的矫正，是通过外力或加热作用迫使钢材反变形，使钢材或构件达到技术标准要求的平直或几何形状。

矫正的方法：火焰矫正（亦称热矫正）、机械矫正和手工矫正（亦称冷矫正）。

（1）矫正的形式

1）矫直。

2）矫平。

3）矫形。

（2）找弯

1）确定型钢变形位置。

2）确定型钢弯曲点。

（3）手工矫正

采用锤击的方法进行，操作简单灵活。由于矫正力小、劳动强度大、效率低而用于矫正尺寸较小的钢材，或矫正设备不便于使用时采用。

（4）机械矫正

是通过专用矫正机使用权弯曲的钢材在外力作用下产生过量的塑性变形，以达到平直的目的。

拉伸机矫正：用于薄板扭曲、型钢扭曲、钢管、带钢、线材等的矫正。

压力机矫正：用于板材、钢管和型钢的矫正。

多辊矫正机：用于型材、板材等的矫正。

（5）火焰矫正

利用火焰对钢材进行局部加热，被加热处理的金属由于膨胀受阻而产生压缩塑性变形，使较长的金属纤维冷却后缩短而完成的。

影响矫正效果的因素：火焰加热位置、加热的形式、加热的温度。

火焰矫正加热的温度：对于低碳钢和普通低合金钢为 600℃～800℃。

【课后自测及相关实训】

1. 原材料的进场检验与复验的主要内容是什么？

2. 实训：钢构件生产厂参观学习钢构件制作。

单元 2　单层工业厂房的安装施工

【知识目标】　掌握单层钢结构工业厂房施工的全过程。

【能力目标】　能够根据工程概况掌握整个施工工作流程，具备指导钢结构工程施工的能力。

【素质目标】　具有集体意识、良好的职业道德修养和与他人合作的精神，协调同事之间、上下级之间的工作关系。

任务 1　地脚螺栓的埋设与验收

1. 地脚螺栓的制作

地脚螺栓的直径、长度，均应按设计规定的尺寸制作；一般地脚螺栓应与钢结构配套出厂，其材质、尺寸、规格、形状和螺纹的加工质量，均应符合设计施工图的规定。如钢结构出厂不带地脚螺栓时，则需自行加工。地脚螺栓各部尺寸应符合下列要求：

1）地脚螺栓的直径尺寸与钢柱底座板的孔径应相适配，为便于安装找正、调整，多数是底座孔径尺寸大于螺栓直径。

2）地脚螺栓长度尺寸可用下式确定：

$$L = H + S \ 或 \ L = H - H_1 + S$$

式中　L——地脚螺栓的总长度（mm）；

　　　H——地脚螺栓埋设深度（系指一次性埋设）（mm）；

　　　H_1——当预留地脚螺栓孔埋设时，螺栓根部与孔底的悬空距离（$H - H_1$），一般不得小于 80mm；

　　　S——垫铁高度、底座板厚度、垫圈厚度、压紧螺母厚度、防松锁紧副螺母（或弹簧垫圈）厚度和螺栓伸出螺母的长度（2～3 扣）的总和（mm）。

3）为使埋设的地脚螺栓有足够的锚固力，其根部需经加热后加工（或煨成）成 L、U 等形状。

4）地脚螺栓样板尺寸放完后，在自检合格的基础上交监理抽检，进行单项验收。

2. 地脚螺栓埋设

（1）预埋孔清理

对于预留孔的地脚螺栓埋设前，应将孔内杂物清理干净，一般做法是用较长的钢凿将孔底及孔壁结合薄弱的混凝土颗粒及贴附的杂物全部清除，然后用压缩空气吹净，浇灌前并用清水充分湿润，再进行浇灌。

（2）地脚螺栓清洁

不论一次埋设或事先预留的孔二次埋设地脚螺栓时，埋设前，一定要将埋入混凝土中的一段螺杆表面的铁锈、油污清理干净，否则如清理不净，会使浇灌后的混凝土与螺栓表面结合不牢，易出现缝隙或隔层，不能起到锚固底座的作用。清理的一般做法是用钢丝刷或砂纸去锈；油污一般是用火焰烧烤去除。

（3）地脚螺栓埋设

目前钢结构工程柱基地脚螺栓的预埋方法有：直埋法和套管法两种。

直埋法就是用套板控制地脚螺栓相互之间的距离，立固定支架控制地脚螺栓群不变形，在柱基底板绑扎钢筋时埋入，控制位置，同钢筋连成一体，整体浇筑混凝土，一次固定。为防止浇灌时，地脚螺栓的垂直度及距孔内侧壁、底部的尺寸变化，浇灌前应将地脚螺栓找正后加固固定。

套管法就是先安装套管（内径比地脚螺栓大 2～3 倍），在套管外制作套板，焊接套管并立固定架，并将其埋入浇筑的混凝土中，待柱基底板上的定位轴线和柱中心线检查无误后，再在套管内插入螺栓，使其对准中心线，通过附件或焊接加以固定，最后在套管内注浆锚固螺栓。地脚螺栓在预留孔内埋设时，其根部底面与孔底的距离不得小于 80mm；地脚螺栓的中心应在预留孔中心位置，螺栓的外表与预留孔壁的距离不得小于 20mm。

（4）地脚螺栓定位

1）基础施工确定地脚螺栓或预留孔的位置时，应认真按施工图规定的轴线位置尺寸，放出基准线，同时在纵、横轴线（基准线）的两对应端，分别选择适宜位置，埋置铁板或型钢，标定出永久坐标点，以备在安装过程中随时测量参照使用。

2）浇筑混凝土前，应按规定的基准位置支设、固定基础模板及地脚螺栓定位支架、定位板等辅助设施。

3）浇筑混凝土时，应经常观察及测量模板的固定支架、预埋件和预留孔的情况。当发现有变形、位移时应立即停止浇灌，进行调整、排除。

4）为防止基础及地脚螺栓等的系列尺寸、位置出现位移或过大偏差，基础施工单位与安装单位应在基础施工放线定位时密切配合，共同把关控制各自的正确尺寸。

3. 地脚螺栓的纠偏

1）如埋设的地脚螺栓有个别的垂直度偏差很小时，应在混凝土养生强度达到 75％及以上时进行调整。调整时可用氧乙炔焰将不直的螺栓在螺杆处加热后采用木质材料垫护，用锤敲移、扶直到正确的垂直位置。

2）对位移或垂直度超差过大的地脚螺栓，可在其周围用钢凿将混凝土凿到适宜深度后，用气割割断，按规定的长度、直径尺寸及相同材质材料，加工后采用搭接焊上一段，并采取补强的措施，来调整达到规定的位置和垂直度。

3）对位移偏差过大的个别地脚螺栓除采用搭接焊法处理外，在允许的条件下，还可采用扩大底座板孔径来调整位移的偏差量，调整后并用自制的厚板垫圈覆盖，进行焊接补强固定。

4）预留地脚螺栓孔在灌浆埋设前，当螺栓在预留孔内位置偏移超差过大时，可采取扩大预留孔壁的措施来调整地脚螺栓的准确位置。

4. 地脚螺栓螺纹保护与修补

1）与钢结构配套出厂的地脚螺栓在运输、装箱、拆箱时，均应加强对螺纹保护。正确保护法是涂油后，用油纸及线麻包装绑扎，以防螺纹锈蚀和损坏；并应单独存放，不宜与其他零、部件混装、混放，以免相互撞击损坏螺纹。

2）基础施工埋设固定的地脚螺栓，应在埋设过程中或埋设固定后，采取必要的措施加以保护，如用油纸、塑料、盒子包裹或覆盖，以免使螺栓受到腐蚀或损坏。

3）钢柱等带底座板的钢构件吊装就位前应对地脚螺栓的螺纹段采取以下的保护措施：

① 不得利用地脚螺栓作弯曲加工的操作；

② 不得利用地脚螺栓作电焊机的接零线；

③ 不得利用地脚螺栓作牵引拉力的绑扎点；

④ 构件就位时，应用临时套管套入螺杆，并加工成锥形螺母带入螺杆顶端；

⑤ 吊装构件时，防止水平侧向冲击力撞伤螺纹，应在构件底部拴好溜绳加以控制；

⑥ 安装操作，应统一指挥，相互协调一致，当构件底座孔位全部垂直对准螺栓时，将构件缓慢地下降就位，并卸掉临时保护装置，带上全部螺母。

4）当螺纹被损坏的长度不超过其有效长度时，可用钢锯将损坏部位锯掉，用什锦钢锉修整螺纹，达到顺利带入螺母为止。

5）如地脚螺栓的螺纹被损坏的长度，超过规定的有效长度时，可用气割割掉大于原螺纹段的长度；再用与原螺栓相同的材质、规格的材料，一端加工成螺纹，并在对接的端头截面制成 30°～45°的坡口与下端进行对接焊接后，再用相应直径规格、长度的钢管套入接点处，进行焊接加固补强。经套管补强加固后，会使螺栓直径大于底座板孔径，用气割扩大底座板孔的孔径来解决。

任务 2　安装前期准备工作

1. 施工组织设计准备

施工组织设计是用于指导施工的技术性文件，它在设计与施工之间起到桥梁作用。

通过施工组织设计可将设计的思想融会贯通到施工中，使最终的建筑物真正体现出设计的原意。

（1）编制依据

设计图与相应的深化施工图。

设计与业主提供的指导性文件与技术文件，包括会议纪要、业主的要求（如施工质量、工期、造价与文明工地等）。

设计指定的施工及验收标准与技术规程。如果到国外去施工或国内工程设计单位为外方的话，还必须掌握国外的标准。

踏勘了解施工现场的环境、地形地貌，了解地下的土质与管线情况，掌握当地的气象资料，包括近几年内的极端气温、降雨、降雪、雷雨与风力等资料。

施工企业的施工能力，包括技术力量、设备资源与施工人员的素质。如果是在外地或国外施工，还必须了解当地的设备能力与劳动力市场。

（2）工程概况

主要内容包括：工程名称、工程地址、建设单位、设计单位、总包单位、分包单位、工程性质及结构情况，有关结构参数（轴线、跨度、间距、间数、跨数、层数、屋脊标高、主要构件标高、自然地坪标高、建筑面积、主要构件重量等），机械选用概况和其他概况。

（3）工程量一览

主要内容包括：构件名称及编号，构件截面尺寸、长度、重量、数量、构件吊点位置及备注等。

（4）施工平面布置图

施工平面布置图是施工组织设计的一项重要内容。主要包括：柱网和跨度的布置，钢构件的现场堆放位置，吊装的主要施工流水，施工机械进出场路线，停机位置及开行路线，现场施工场地和道路位置，施工便道的处理要求，现场临时设施布置位置和面积，水电用量及布置，现场排水等。

（5）施工机械

施工机械分为主要施工机械和辅助施工机械。主要内容包括：机械种类、型号、数量，起重臂选用长度、角度，起重半径，起吊的有效高度及相对应的起重量，机械的用途等。

（6）安装流水程序

明确每台安装机械的工作内容和各台安装机械之间的相互配合。

（7）施工的主要技术措施

主要内容包括：构件吊装时的吊点位置，构件的重心计算，日照、焊接温差和施工过程中对构件垂直度影响的控制措施。控制物件的轴线位移和标高的措施，构件扩大地面组装的方法，专用吊装工具索具的设计等。

（8）工程质量标准

主要内容包括：设计对工程质量标准的要求，有关国标和地方的施工验收标准。

（9）安全施工注意事项

主要内容包括：垂直和水平通道，立体交叉施工的安全隔离，防火、防毒、防爆、防污染措施，易倾倒构件的临时稳定措施，工具和施工机械的安全使用，安全用电，防风、防台、防汛和冬夏期施工的特殊安全措施，高空通信和指挥手段等。

（10）工程材料和设备申请计划表

主要内容包括：工具和设备（交直流电焊机、栓钉螺栓焊机、隔离变压器、碳弧气刨机、送丝机、焊缝探伤仪器、焊条烘箱、高强度螺栓初终拧电动工具、焊条保温筒、电焊用的防风棚和防雨罩、高空设备平台、特殊构件的工夹具等），料具和易耗材料（千斤顶、卸扣、铁扁担、焊条或焊丝、氧气、乙炔、引弧板、垫板、衬板、临时安装螺栓和高强度螺栓、碳棒、油漆、测温计和测温笔等），安全防护设施（登高爬梯、水平通道板、操作平台、安全网、扶手杆或扶手绳、漏电保护开关、现场照明等）。

（11）劳动力申请计划表

劳动力申请计划表是劳动力和工种的综合申请文件之一。主要内容包括：工种配备、工程数量。

（12）工程进度及成本计划表

工程进度及成本计划集中体现施工组织设计的经济指标。主要内容包括：项目内容、劳动组织、劳动定额、用工数、机械台班数、工程进度计划等。

2. 钢构件的预检与进场检验

钢构件在出厂前，制造厂应根据制作标准的有关规范、规定以及设计图的要求进行产品检验，填写质量报告、实际偏差值。钢构件交付结构安装单位后时，结构安装单位在制造厂质量报告的基础上，根据构件性质分类，再进行复检或抽检。

安装单位对构件的检验分为制作车间预检和安装现场检验两阶段。

（1）钢构件预检

钢构件预检是一项复杂而细致的工作，预检时尚须有一定的条件，构件预检宜放在制造厂进行，最好由结构安装单位、监理单位派人驻厂掌握制作加工过程中的质量情况，发现问题可及时进行处理，严禁不合格的构件出厂。结构安装单位对钢构件预检的项目，主要是同施工安装质量和工效直接有关的数据，如：几何外形尺寸、螺孔大小和间距、焊缝坡口、节点摩擦面、附件数量规格等。

构件的内在制作质量应以制造厂质量报告为准。预检数量，一般是关键构件全部检查，其他构件抽检 10%～20%，应记录预检数据。检查的依据是在前期工作，如材料质量保证书、工艺措施、各道工序的自检记录等完备无误的情况下进行成品检查的。

（2）进厂验收

钢构件、材料验收的主要目的是清点构件的数量并将可能存在缺陷的构件在地面进行处理，使得存在质量问题的构件不进入安装流程。

钢构件进场后，按货运单检查所到构件的数量及编号是否相符，发现问题应及时在回单上说明并反馈制作工厂，以便工厂更换补齐构件。按设计图纸、规范及制作厂质检报告单，对构件的质量进行验收检查，做好检查记录。主要检查构件外形尺寸，螺孔大小和间距等。检查用计量器具和标准应事先统一。经核对无误，并对构件质量检查合格后，方可确认签字，并做好检查记录。

3. 钢构件堆场规划

钢构件在安装现场堆放时一般沿吊车开行路线两侧按轴线就近堆放。其中钢柱和钢屋架等大件放置，应依据吊装工艺作平面布置设计，避免现场二次倒运困难。钢梁、支撑等可按吊装顺序配套供应堆放，钢构件堆放应以不产生超出规范要求的变形为原则，同时为保证安全，堆垛高度一般不超过 2m 和 3 层。

（1）堆放原则

钢构件力求在结构安装现场就近堆放，并遵循"重近轻远"（即重构件摆放的位置离吊机近一些，反之可远一些）的原则。对规模较大的工程需另设立钢构件堆放场，以满足钢构件进场堆放、检验、组装和配套供应的要求。

（2）堆放要求

1）拉条、檩条、高强螺栓等则集中堆放在构件仓库。

2）构件堆放时要注意把构件编号或者标识露在外面或者便于查看的方向。

3）各段钢结构施工时，同时进行穿插着其他工序的施工，在钢构件、材料进场时间和堆放场地布置时应兼顾各方。

4）所有构件堆放场地均按现场实际情况进行安排，按规范规定进行平整和支垫，不得直接置于地上，要垫高 200mm 以上，以便减少构件堆放变形；钢构件堆放场地按照施工区作业进展情况进行分阶段布置调整。

5）螺栓应采用防水包装，并将其放在托板上以便于运输。存放时根据其尺寸和高度分组存放，只有在使用时才打开包装。

（3）堆场管理

1）对运进和运出的构件应做好台账。

2）对堆场的构件应绘制实际的构件堆放平面布置图，分别编好相应区、块、堆、层，便于日常寻找。

3）根据吊装流水需要，至少提前两天做好构件配套供应计划和有关工作。

4）对运输过程中已发生变形、失落的构件和其他零星小件，应及时矫正和解决。对于编号不清的构件，应重新描清，构件的编号宜设置在构件的两端，以便查找。

5）做好堆场的防汛、防台、防火、防爆、防腐工作，合理安排堆场的供水、排水、供电和夜间照明。

4. 钢结构安装方案的选择及安装方法的确定

（1）安装方案

单层钢结构厂房编制安装方案需要遵循以下原则：

1）单跨结构宜从跨端一侧向另一侧、中间向两端或两端向中间的顺序进行吊装；多跨结构，宜先吊主跨、后吊副跨；当有多台起重机共同作业时，也可多跨同时吊装。

2）单层工业厂房钢结构，宜按立柱、连系梁、柱间支撑、吊车梁、屋架、檩条、屋面支撑、屋面板的顺序进行安装。

3）单层钢结构在安装过程中，需及时安装临时柱间支撑或稳定缆绳，在形成空间结构稳定体系后方可扩展安装。

4）单层钢结构安装过程中形成的临时空间结构稳定体系应能承受结构自重、风荷载、雪荷载、地震荷载、施工荷载以及吊装过程中的冲击荷载的作用。

5）单根长度大于 21m 的钢梁吊装，宜采用 2 个吊装点吊装，若不能满足强度和变形时，宜设置 3～4 个吊装点吊装或采用平衡梁吊装，吊点位置应通过计算确定。

（2）安装方法

钢结构工程安装方法有分件安装法、节间安装法和综合安装法。

1）分件安装法

分件安装法是指起重机在节间内每开行一次仅安装 1 种或 2 种构件。如起重机第一次开行中先吊装全部柱子，并进行校正和最后固定。然后依次吊装地梁、柱间支撑、墙梁、吊车梁、托架（托梁）、屋架、天窗架、屋面支撑和墙板等构件，直至整个建筑物吊装完成。有时屋面板的吊装也可在屋面上单独用桅杆或层面小吊车来进行。

2）节间安装法

节间安装法是指起重机在厂房内一次开行中，分节间依次安装所有各类型构件，即先吊装一个节间柱子，并立即加以校正和最后固定，然后接着吊装地梁、柱间支撑、墙梁（连续梁）、吊车梁、走道板、柱头系统、托架（托梁）、屋架、天窗架、屋面支撑系统、屋面板和墙板等构件。一个（或几个）节间的全部构件吊装完毕后，起重机行进至下一个（或几个）节间，再进行下一个（或几个）节间全部构件吊装，直至吊装完成。

3）综合安装法

综合安装法是将全部或一个区段的柱头以下部分的构件用分件吊装法吊装，即柱子吊装完毕并校正固定，再按顺序吊装地梁、柱间支撑、吊车梁、走道板、墙梁、托架（托梁），接着按节间综合吊装屋架、天窗架、屋面支撑系统和屋面板等屋面结构构件。整个吊装过程可按 3 次流水进行，根据结构特性有时也可采用两次流水，即先吊装柱子，然后分节间吊装其他构件。

（3）吊装顺序

1）并列高低跨屋盖吊装：必须先安装高跨，后安装低跨，有利于高低跨钢柱的垂直度。

2）并列大跨度与小跨度安装：必须先安装大跨度，后安装小跨度。

3）并列间数多的与间数少的安装：应先吊装间数多的，后吊装间数少的。

4）构件吊装可分为竖向构件吊装（柱、连系梁、柱间支撑、吊车梁、托架、副桁架等）和平面构件吊装（屋架、屋盖支撑、桁架、屋面压型板、制动桁架、挡风桁架等）两大类，在大部分施工情况下是先吊装竖向构件，后吊装平面构件，即采用综合安装法进行吊装。

（4）吊机布置和开行路线

结构安装现场应结合工程结构特点、场地情况、吊机作业半径等因素，对吊装机械的布置位置和开行路线进行事先的规划，充分发挥吊机的效率，保证吊装的有序进行。

5. 钢结构吊装机械选择

（1）选择原则

1）选用时，应考虑起重机的工作能力，使用方便，吊装效率，吊装工程量和工期等要求。

2）能适应现场道路、吊装平面布置和设备、机具等条件，能充分发挥其技术性能。

3）能保证吊装工程质量、安全施工和有一定的经济效益。

4）避免使用大起重能力的起重机吊小构件，起重能力小的起重机超负荷吊装大的构件，或选用改装的未经过实际负荷试验的起重机进行吊装，或使用台班费高的设备。

（2）起重机型式的选择

1）一般吊装多按履带式、轮胎式、汽车式、塔式的顺序选用。对高度不大的中、小型厂房，应先考虑使用起重量大、可全回转使用，移动方便的 100~150kN 履带式起重机和轮胎式起重机吊装；大型工业厂房主体结构的高度和跨度较大、构件较重，宜采用 500~750kN 履带式起重机和 350~1000kN 汽车式起重机吊装；大跨度又很高的重型工业厂房的主体结构吊装，宜选用塔式起重机吊装。

2）对厂房大型构件，可采用重型塔式起重机和塔桅起重机吊装。

3）缺乏起重设备或吊装工作量不大、厂房不高，可考虑采用独脚桅杆、人字桅杆、悬臂桅杆及回转式桅杆（桅杆式起重机吊装）等吊装，其中回转式桅杆最适于单层钢结构厂房进行综合吊装；对重型厂房亦可采用塔桅式起重机进行吊装。

4）若厂房位于狭窄地段，或厂房采取敞开式施工方案（厂房内设备基础先施工），宜采用双机抬吊吊装厂房屋面结构，或单机在设备基础上铺设枕木垫道吊装。

5）对起重臂杆的选用，一般柱吊车梁吊装宜选用较短的起重臂杆；屋面构件吊装宜选用较长的起重臂杆，且应以屋架、天窗架的吊装为主选择。

（3）吊装参数的确定

起重机的起重量 $G(kN)$、起重高度 $H(m)$ 和起重半径 $R(m)$ 是吊装参数的主体。

当伸过已安装好的构件上空吊装构件时，应考虑起重臂与已安装好的构件是 0.3m 的距离，按此要求确定起重杆的长度、起重杆仰角、停机位置等。

（4）起重设备的布置原则

起重设备的布置合理与否，直接关系到现场施工进度，保证现场施工的顺利进行，现场起重设备的布置需遵循以下原则：

1）满足现场施工流水作业的要求。

2）尽可能扩大吊装作业面。

6. 测量仪器及设备的统一

计量工具和标准应事先统一，质量标准也应统一。特别是钢卷尺，对钢卷尺的标准要十分重视，有关单位（监理、土建、安装、制造厂）应各执统一标准的钢卷尺，制造厂按此尺制作钢构件，土建施工单位按此尺进行柱基定位施工，安装单位按此尺进行框架安装，业主、监理按此尺进行结构验收。标准钢卷尺由业主提供，钢卷尺需在合格的比尺场同标准基线进行足尺比较，确定各把钢卷尺的误差值，应用时按标准条件实施。

7. 吊装构件的准备

（1）构件准备

1）清点构件的型号、数量，并按设计和规范要求对构件质量进行全面检查，如有超出设计或规范规定偏差，应在吊装前纠正。

2）在构件上根据就位、校正需要弹好轴线。柱应弹出三面中心线、牛腿面与柱顶面中心线、±0.000 线（或标高基准线）、吊点位置；基础杯口应弹出纵横轴线；吊车梁、屋架等构件应在端头与顶面及支承处弹出中心线及标高线；在屋架（屋面梁）上弹出天窗架、屋面板或檩条的安装就位控制线，两端及顶面弹出安装中心线。

3）按图纸对构件进行编号。不易辨别上下、左右、正反的构件，应在构件上用记号注明，以免吊装时搞错。

（2）吊装接头准备

1）准备和分类清理好各种金属支撑件及安装接头用连接板、螺栓和安装垫铁，并施焊必要的连接件（如屋架、吊车梁垫板、柱支撑连接件及其余与柱连接相关的连接件），以减少高空作业。

2）清除构件接头部位及埋设件上的污物、铁锈。

3）对需组装拼装及临时加固的构件，按规定要求使其达到具备吊装条件。

4）柱脚或杯口侧壁未划毛的，要在柱脚表面及杯口内稍加凿毛处理。

（3）检查构件吊装的稳定性

1）根据起吊吊点位置，验算柱、屋架等构件吊装时的抗裂度和稳定性，防止出现裂缝和构件失稳。

2）对屋架、天窗架、组合式屋架、屋面梁等侧向刚度差的构件，在横向用 1～2 道木脚手杆或竹竿进行加固。

3）按吊装方法要求，将构件按吊装平面布置图就位。直立排放的构件，如屋架天窗架等，应用支撑稳固。

8. 大型构件的现场拼装

对于大跨度结构厂房、重型工业厂房等结构中的某些构件，如钢柱、屋架等，受运输或制作条件所限，需要分段制作，在安装前进行现场拼装，然后整体吊装。

根据工程结构情况和钢结构现场吊装的要求，结合构件运输的实际情况，为保证构件的质量和施工工期，在满足运输和吊装的条件下，确定合适的拼装方案将显得格外重要。

需要从拼装场地的设置、现场拼装顺序、拼装内容、现场主要采用的拼装机具和拼装方法、拼装质量保证措施等加以保证。

（1）拼装场地设置

为了保证构件组装的精度，防止构件在组装的过程中由于胎架的不均匀沉降而导致拼装的误差，组装场地要求平整压实。根据吊装的实际最佳位置和钢结构拼装的最大外形尺寸，尽量选择就近的吊装区域进行合理布置（如图 2-2-1 所示为钢柱拼装现场平面布置图局部）。黑色箭头代表吊车开行路线。

（2）构件拼装现场堆放

1）拼装段采用 80t 履带吊卸车、就位、拼装。

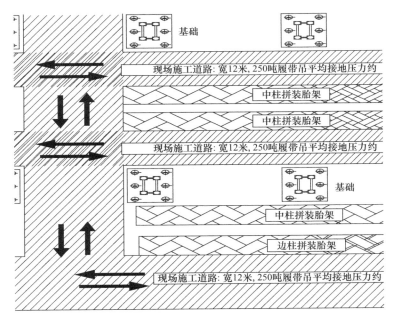

图 2-2-1　钢柱拼装现场平面布置图局部

2）钢柱拼装前，应在拼装段下垫枕木，垫点沿拼装长度均匀分布；垫枕木处基础要求夯实，所有垫点枕木上皮用水准仪抄平。

（3）拼装胎架的搭设要求

因该工程现场地坪还未施工完毕，可结合工程实际租用路基箱板来作为拼装平台。拼装胎架设置时应先铺设钢路基箱板，相互连接形成一刚性平台（地面必须先压平、压实），平台铺设后，放标高线、检验线及支点位置，形成田字形控制网，并提交验收。然后竖胎架直杆，根据支点处的标高设置胎架模板及斜撑，如图 2-2-2 所示。

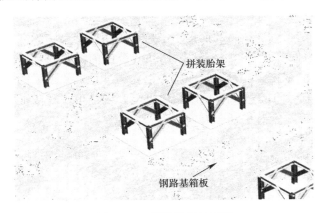

图 2-2-2　拼装胎架的搭设

胎架高度约为 500mm，胎架设置应与相应的钢柱截面、分段重量及高度进行全方位优化选择，另外胎架高度最低处应能满足全位置焊接所需的高度，胎架搭设后不得有明显的晃动状，并经验收合格后方可使用。

为防止刚性平台沉降引起胎架变形，胎架旁应建立胎架沉降观察点。在施工过程中结构重量全部荷载于路基板上时观察标高有无变化，如有变化应及时调整，待沉降稳定后方可进行焊接。

（4）钢柱拼装

根据钢柱的尺寸，先对拼装胎架进行测量放线，调整拼装胎架表面的标高，同时在拼装胎架上表面画出钢柱安放的控制线。将各分段钢柱吊装摆放在胎架上，进行测量复核，然后对钢柱进行测量，测量时主要控制柱顶到钢柱支承面的距离、牛腿到支承面的距离、柱身扭曲等经复测无误后，用千斤顶将柱身与拼装胎架顶紧固定，先进行定位焊，再全面进行焊接。

由于运输条件的限制，分段钢柱运到现场进行拼装，先将第一节钢柱放置在胎架上，然后将下一节钢柱进行组装，测量合格后进行下一节钢柱的焊接。

钢柱组装时应注意：以柱底面为基准面，确保下层牛腿面的几何尺寸；柱肢上要刨平顶紧的位置，必须保证贴合紧密，符合规范要求；每节钢柱都要弹好中线，在断面处相互成垂直；钢柱现场对接时先在钢柱对接处焊接临时连接耳板，钢柱焊接完毕后割除临时连接耳板，再进行打磨；钢柱拼装完成后，应将柱子根部用钢管或角钢临时加固，防止旋转吊装过程中由于柱子根部受力使柱子根部产生变形。

9. 基础的复测与验收

钢结构的安装质量和工效与柱基的定位轴线、基准标高直接有关。安装单位对柱基的预检重点是：定位轴线间距、柱基面标高和地脚螺栓预埋位置。

（1）定位轴线检查

定位轴线从基础施工起就应引起重视，先要做好控制桩。待基础浇筑混凝土后再根据控制桩将定位轴线引渡到柱基钢筋混凝土底板面上，然后预检定位线是否同原定位线重合、封闭，每根定位线总尺寸误差值是否超过控制数，纵横定位轴线是否垂直、平行。定位轴线预检在弹过线的基础上进行。预检应由监理、土建、安装三方联合进行，对检查数据要统一认可鉴证。

（2）柱间距检查

柱间距检查应在定位轴线认可的前提下进行，采用标准尺实测柱距（应是通过计算调整过的标准尺）。柱距偏差值应严格控制在±2mm范围内。原因是定位轴线的交点是柱基中心点，是钢柱安装的基准点，钢柱竖向间距以此为准，框架钢梁的连接螺孔的孔洞直径一般比高强度螺栓直径大 1.5～2.0mm，如柱距过大或过小，直接影响整个竖向框架梁的安装连接和钢柱的垂直，安装中还会有安装误差。

（3）柱基地脚螺栓检查

检查柱基地脚螺栓，其内容为：

1）检查螺栓长度

螺栓的螺纹长度应保证钢柱安装后螺母拧紧的需要。

2）检查螺栓垂直度

如误差超过规定必须矫直，矫直方法可用冷校法或火焰热校法。检查螺纹有否损坏，检查合格后在螺纹部分涂上油、盖好帽套加以保护。

3）检查螺栓间距

实测独立柱地脚螺栓组间距的偏差值，绘制平面图表明偏差数值和偏差方向。再检查地脚螺栓相对应的钢柱安装孔，根据螺栓的检查结果进行调查，如有问题，应事先扩孔，以保证钢柱的顺利安装。

（4）基础验收要求

安装钢结构的基础应符合下列规定：

1）基础混凝土强度达到设计强度的 75% 以上。

2）基础周围回填完毕。

3）基础的行、列线标志和标高基准点齐全准确。

4）基础顶面平整，预留孔应清洁，地脚螺栓应完好。

5）二次浇灌处基础表面应凿毛。

任务 3　主体结构的安装

1. 钢柱安装

（1）基础复测

基础复测工作内容：

1）定位轴线检查

检查内容：a. 每根定位线总尺寸误差值是否超过控制数；

　　　　　　b. 纵横定位轴线是否垂直、平行。

检查数量：全部基础。

检查方法：用经纬仪、水准仪、全站仪、水平尺、钢尺实测。

事故处理：偏差不严重时，可在柱安装时采用柱底座移位、扩孔等方案解决；偏差大时，须会同有关部门研究，制定修正方案。

2）柱间距检查

检查内容：柱距偏差值应严格控制在 ±2mm 范围内。

原因是定位轴线的交点是柱基中心点，是钢柱安装的基准点，钢柱竖向间距以此为准，框架钢梁的连接螺孔的孔洞直径一般比高强度螺栓直径大 1.5～2.0mm，如柱距过大或过小，直接影响整个竖向框架梁的安装连接和钢柱的垂直，安装中还会有安装误差。

检查方法：采用标准尺实测柱距（应是通过计算调整过的标准尺）。

事故处理：偏差不严重时，可在柱安装时采用柱底座移位、扩孔等方案解决；偏差大时，须会同有关部门研究，制定修正方案。

3）柱基地脚螺栓检查

① 螺栓长度

检查内容：螺栓的螺纹长度应保证钢柱安装后螺母拧紧的需要。

检查方法：钢尺现场实测。

事故处理：螺栓或螺纹露出长度过长时，可加钢垫板调整；过短时，需要对螺栓进行接长。

② 螺栓垂直度

检查内容：a. 螺栓垂直度必须在设计要求的范围之内（每米为 5mm，全高 10mm）；

　　　　b. 检查螺纹有否损坏，检查合格后在螺纹部分涂上油，盖好帽套加以保护；

　　事故处理：a. 如误差超过规定必须矫直，矫直方法可用冷校法或火焰热校法。

　　　　b. 螺纹损坏长度较小时，可以用钢锉修正螺纹，如果长度过大，需切除部分后补焊加长，然后一端加工成螺纹。

　　③ 螺栓间距

　　检查内容：a. 螺栓中心偏移允许偏差 5mm；

　　　　b. 预留孔中心偏移允许偏差 10mm；

　　　　c. 预留孔垂直度允许偏差 10mm。

　　检查方法：用经纬仪、水准仪、全站仪、水平尺、钢尺实测。

　　事故处理：偏差不严重时，可在柱安装时采用扩孔等方案解决；偏差大时，须会同有关部门研究，制定修正方案。

　　4）基准标高实测

　　检查内容：基准标高（是为了保证基础顶面标高符合要求，但非基础顶面标高）。

　　注意：在柱基中心表面和钢柱底面之间，考虑到施工因素，为了便于调整钢柱的安装标高，设计时都考虑有一定的间隙（50mm 左右）作为钢柱安装时的标高调整，然后根据柱脚类型和施工条件，在钢柱安装、调整后，采用二次灌注法将缝隙填实。由于基础未达到设计标高，在安装钢柱时，采用钢垫板或坐浆垫板作支承找平。基准标高点一般设置在柱基底板的适当位置，四周加以保护，作为整个钢结构工程施工阶段标高的依据。以基准标高点为依据，对钢柱柱基表面进行标高实测，将测得的标高偏差用平面图表示，作为调整的依据。

　　（2）安装放线

　　工作内容：a. 设置标高观测点；

　　　　b. 设置中心线标志。

　　注意：同一工程的观测点和标志设置位置应一致，并应符合下列规定：

　　1）标高观测点的设置

　　① 标高观测点的设置以牛腿（肩梁）支承面为基准，设在柱的便于观测处。

　　② 无牛腿（肩梁）柱，应以柱顶端与屋面梁连接的最上一个安装孔中心为基准。

　　2）中心线标志的设置

　　① 在柱底板上表面上行线方向设 1 个中心标志，列线方向两侧各设 1 个中心标志。

　　② 在柱身表面上行线和列线方向各设 1 条中心线，每条中心线在柱底部、中部（牛脚或肩梁部）和顶部各设 1 处中心标志。

　　③ 双牛腿（肩梁）柱在行线方向 2 个柱身表面分别设中心标志。

　　（3）确定基础标高

　　标高尺寸：设计施工图规定的标高尺寸。

　　基础施工时，应按设计施工图规定的标高尺寸进行施工，以保证基础标高的准确性。

　　检查数量：全部基础。

　　安装单位对基础上表面标高尺寸，应结合各成品钢柱的实有长度或牛腿承面的标高尺寸进行处理，使安装后各钢柱的标高尺寸达到一致。这样可避免只顾基础上表面的标高，忽略了钢柱本身的偏差，导致各钢柱安装后的总标高或相对标高不统一。

工作程序：

a. 确定各钢柱与所在各基础的位置，进行对应配套编号；

b. 根据各钢柱的实有长度尺寸（或牛腿承点位置）确定对应的基础标高尺寸。

事故处理：当基础标高的尺寸与钢柱实际总长度或牛腿承点的尺寸不符时，应采用降低或增高的基础上平面的标高尺寸的办法来调整确定安装标高的准确尺寸。

施工方法：

a. 在柱子底板下的地脚螺栓上加一个调整螺母；

b. 螺母上表面的标高调整到与柱底板标高齐平；

c. 放下柱子后，利用底板下的螺母控制柱子的标高，精度可达±1mm 以内。

（4）确定吊装机械

类型：汽车式起重机、轮胎式起重机、桅杆式起重机等。

数量：根据构件特点选取 1～2 台。

注意：根据现场实际件选择好吊装机械后，方可进行吊装。吊装时，要将安装的钢柱按位置、方向放到吊装（起重半径）位置。

（5）选择钢柱吊点

吊点设置依据：吊点位置及吊点数，根据钢柱形状、端面、长度、起重性能等具体情况确定。

1）设置吊耳

钢柱吊装施工中为了防止钢柱根部在起吊过程中变形，钢柱吊装一般采用双机抬吊，主机吊在钢柱上部，辅机吊在钢柱根部，待柱子根部离地一定距离（约 2m 左右）后，辅机停止起钩，主机继续起钩和回转，直至把柱子吊直后，将辅机松钩。为了保证吊装时索具安全，吊装钢柱时，应设置吊耳，吊耳应基本通过钢柱重心的铅垂线。吊耳设置如图 2-2-3 所示。对细长钢柱，为防止钢柱变形，可采用二点或三点。

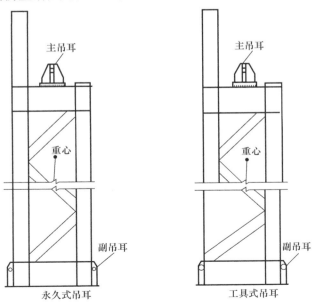

图 2-2-3　吊耳的设置

2）钢丝绳绑扎

如果不采用焊接吊耳，直接在钢柱本身用钢丝绳绑扎时要注意需根据钢柱的种类和高度确定绑扎点。具有牛腿的钢柱，绑扎点应靠牛腿下部，无牛腿的钢柱按其高度比例，绑扎点设在钢柱全长 2/3 的上方位置处，防止钢柱边缘的锐利棱角，在吊装时损伤吊绳，应用适宜规格的钢管割开 1 条缝，套在棱角吊绳处，或用方形木条垫护。注意绑扎牢固，并易拆除。

（6）确定起吊方法

起吊方法有旋转法、递送法和滑行法。

1）旋转法

起重机边起钩、边旋转，使柱身绕柱脚旋转而逐渐吊起的方法称为旋转法。其要点是保持柱脚位置不动，并使柱的吊点、柱脚中心和杯口中心三点共线。其特点是柱吊升中所受震动较小，但构件布置要求高，占地较大，对起重机的机动性要求高，要求能同时进行起升与回转 2 个动作。一般需采用自行式起重机。

2）滑行法

起吊时起重机不旋转，只起升吊钩，使柱脚在吊钩上升过程中沿着地面逐渐向吊钩位置滑行，直到柱身直立的方法称为滑行法。其要点是柱的吊点要布置在杯口旁，并与杯口中心两点共圆弧。其特点是起重机只需起升吊钩即可将柱吊直，然后稍微转动吊杆，即可将柱子吊装就位，构件布置方便、占地小，对起重机性能要求较低，但滑行过程中柱子受震动。故通常在起重机及场地受限时才采用此法，为减少钢柱脚与地面的摩阻力，需在柱脚下铺设滑行道。

3）递送法

双机或三机抬吊，为减少钢柱脚与地面的摩阻力，其中一台为副机，吊点选在钢柱下面，起吊柱时配合主机起钩，随着主机的起吊，副机要行走或回转，在递送过程中，副机承担了一部分荷重，将钢柱脚递送到柱基础上面，副机摘钩，卸去荷载，此刻主机满载，将柱就位。

（7）钢柱吊装

1）钢柱吊装时，首先进行试吊，吊起离地 100～200mm 高度时，检查索具和吊车情况后，再进行正式吊装。

2）吊车应缓慢下降，调整柱底板位置，当柱脚距地脚螺栓约 30～40cm 时扶正。

3）将柱脚的安装螺栓孔对准螺栓或柱脚对准杯口，缓慢落钩、就位。

4）经过初校，待垂直偏差在 20mm 以内，拧紧螺栓或打紧木楔临时固定，即可脱钩。

（8）钢柱校正

钢柱校正要做三步工作：柱基标高调整，平面位置校正，柱身垂直度校正。

1）柱基标高调整

要点：根据钢柱实际长度，柱底平整度，钢牛腿顶部距柱底部距离，重点要保证钢牛腿顶部标高值，以此来控制基础找平标高。

做法 1：将柱子底板下的调整螺母上表面的标高调整到与柱底板标高齐平，放下柱子后，利用底板下的螺母控制柱子的标高，精度可达±1mm 以内。柱子底板下预留的空隙，可以用无收缩沙浆填实，如图 2-2-4 所示。使用这种方法时，对地脚螺栓的强度和刚度应进行计算。

做法 2：利用标高块（砂浆垫块或垫铁）进行（图 2-2-5），具体如下：标高块用无收缩砂浆立模浇筑或铁块，强度不低于 $30N/mm^2$，其上埋设而厚 $16\sim20mm$ 的钢面板。

注意：柱子校正对垫铁或垫块的要求：

① 柱子校正和调整标高，垫不同厚度垫铁或偏心垫铁的重叠数量不宜多于 2 种，一般要求厚板在下面、薄板在上面。每块垫板要求伸出柱底板外 $5\sim10mm$，以备焊成一体，保证柱底板与基础板平稳牢固结合。

② 垫板之间的距离要以柱底板的宽为基准；要做到合理恰当，使柱体受力均匀，避免柱底板局部压力过大产生变形。

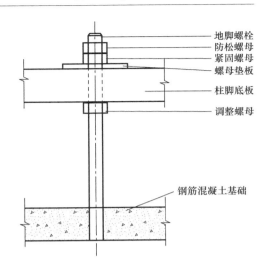

图 2-2-4　螺栓校正

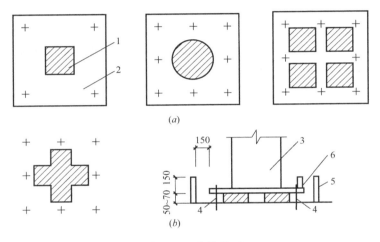

图 2-2-5　垫块校正

（a）几种形式的标高块；（b）立模灌浆

1—标高块；2—基础表面；3—钢柱；4—地脚螺栓；5—模板；6—灌浆口

2）平面位置校正

做法：钢柱底部制作时，在柱底板侧面，用钢冲打出互相垂直的四个面，每个面上一个点或短线，用三个点或短线与基础面十字线对准即可，争取达到点线重合。

对线方法：在起重机不脱钩的情况下将柱底定位线与基础定位轴线对准缓慢落至标高位置。为防止预埋螺杆与柱底板螺孔有偏差，设计时考虑偏差数值，适当将螺孔加大，上压盖板焊接解决。

3）柱身垂直度校正

工具：2 台经纬仪

做法：将经纬仪放在钢柱纵横两侧，使纵中丝对准柱子座的基线，然后固定水平度盘的各螺栓。测钢柱的中心线，由下而上观测。若纵中心线对准，即是柱子垂直，不对准则需调整柱子，直到对准经纬仪纵中丝为止。以同样方法测横线，使柱子另一面中心线垂直于基线横轴。钢柱准确定位后，即可对柱子进行临时固定工作。

2. 钢梁与吊车梁安装

（1）钢架梁安装

1）现场拼装

钢架梁其特点是跨度大（即构件长）侧向刚度很小，为确保质量、安全和减小劳动强度，根据现场和起重设备能力，最大限度地将单根梁地面拼装成整体或单元。

2）吊装与校正

可选用单机、两点或三、四点起吊或用铁扁担以减小索具所产生的对斜梁压力，或者双机抬吊，防止斜梁侧向失稳。

钢架梁翻身就位后需进行多次试吊并及时重新绑扎吊索，试吊时吊车起吊一定要缓慢上升，做到各吊点位置受力均匀并以钢梁不变形为最佳状态，达到要求后即进行吊升旋转到设计位置，再由人工在地面拉动预先扣在大梁上的控制绳，转动到位后，即可用板钳来定柱梁孔位，同时用高强螺栓固定。

第一榀钢架梁应增加四根临时固定缆风绳（每半榀两侧各拉两根），待第二榀钢架梁吊装好后，先不要松吊钩，须待装好全部檩条和水平支撑，同时进行校正，使两榀钢架梁形成一个整体后再松去吊钩。从第三榀钢架开始，只要安装几根檩条临时固定钢架即可。

钢架梁的校正，主要是校正钢架梁顶端中心线和柱脚轴线关系以及控制钢梁屋脊线，使各榀钢梁均在同一中心线上。

（2）吊车梁安装

1）安装前的准备

吊车梁安装前需要进行下列准备工作：

① 吊车梁的复核

主要复核梁和制动桁架两端安装孔的位置、尺寸是否符合图纸要求；吊车梁实际高度、长度及拱度是否与图纸偏差。

② 安装前的测量

复测柱子垂直度和牛腿标高，测放柱肩梁中心线，尽量平均分配误差。

2）吊车梁安装

① 吊车梁系统的安装应在柱垂直度和标高调整完毕，柱间支撑安装后进行。钢吊车梁安装一般采用工具式吊耳或捆绑法进行吊装。

② 吊车梁安装应从有柱间支撑跨开始，依次安装。为方便施工，在吊车梁安装前应将吊车梁端头的支座垫板和水平支撑连接板直接带在吊车梁上一同安装。

③ 吊装时应注意吊装顺序，为了尽量减少施工对上层吊车梁造成的影响，先安装下层吊车梁，等钢结构受施工应力影响变形基本稳定后，再安装上层的吊车梁，最后安装上柱支撑。

④ 安装时应按柱肩梁处的中心线进行严格对中，当有偏差时可通过更换梁与梁之间的调整板来调节，切实做到统筹预测，公差均匀分配，以减少吊车梁的调整工作。

⑤ 制动板安装应严格按图纸编号进行，不得随便串号使用，安装前应清理高强螺栓摩擦面的杂物，安装后用临时螺栓进行固定。

⑥ 吊车梁及其制动系统安装后，均应用普通螺栓进行临时固定，以确保安全。特别是大跨度吊车梁，在没有形成稳定体系前，应增加缆风绳进行临时固定。

3）吊车梁的校正

吊车梁的校正包括标高调整、纵横轴线和垂直度的调整。注意钢吊车梁的校正必须在结构形成刚度单元以后才能进行。

① 标高调整

当一跨吊车梁全部吊装完毕后，用一台水准仪（精度在±3mm/km）架在梁上或专门搭设的平台上，进行每梁两端高程引测，将测量的数据加权平均，算出一个标准值，根据这一标准值计算出各点所需要加的垫板厚度，在吊车梁端部设置千斤顶顶空，在梁的两端垫好垫板。

② 纵横轴线的调整

首先用经纬仪在柱子纵向侧端部从柱基控制轴线引到牛腿顶部，定出轴线距离吊车梁中心线的距离，在吊车顶面中心线拉一通长钢丝，逐根吊车梁端部调整到位，可用千斤顶或手拉葫芦进行轴线位移。

③ 垂直度调整

吊车梁垂直度的调整一般在进行吊车梁标高和轴线调整时同时进行，主要用标尺和线锤结合进行，从吊车梁上翼缘挂锤球下来，测量线绳至梁腹板上下两处的距离，如图 2-2-6 所示，若 $a=a'$，说明垂直；$a \neq a'$，则可用铁楔进行调整。

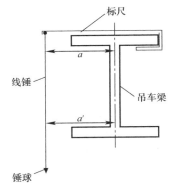

图 2-2-6　垂直度的调整

4）吊车轨道安装

① 吊车轨道在吊车梁安装阶段可按排版图进行安装。正式安装应在屋面系统安装并形成稳定的刚架体系，吊车梁调整完毕后进行。

② 为保证吊车的安装，在需要的情况下，轨道可临时固定一段，供吊车的安装。

③ 轨道正式安装前应从控制点分别引测一个基准点到柱上，采用通线法，测放轨道安装基准线，每 3 米打上一个标志，以保证轨道的直线度。

④ 每列轨道基准线测放完毕后应复测轨距进行闭合，统筹调整误差。

⑤ 安装轨道压轨器。

3. 钢屋架安装

（1）吊点选择

钢屋架的绑扎点应选在屋架节点上，左右对称于钢屋架的重心，否则应采取防止屋架倾斜的措施。由于钢屋架的侧向刚度较差，吊装前应验算钢屋架平面外刚度，如刚度不足时，可采取增加吊点的位置或采用加铁扁担的施工方法。

为减少高空作业，提高生产率，可在地面上将天窗架预先拼装在屋架上，并将吊索两面绑扎，把天窗架夹在中间，以保证整体安装的稳定。

（2）吊升就位

当屋架起吊离地 50cm 时检查无误后再继续起吊，对准屋架基座中心线与定位轴线就位，并做初步校正，然后进行临时固定。

（3）临时固定

第一榀屋架吊升就位后，可在屋架两侧设缆风绳固定，然后再使起重机脱钩。如果端部有抗风柱，校正后可与抗风柱固定。第二榀屋架同样吊升就位后，可用绳索临时与第一榀屋架固定。从第三榀屋架开始，在屋架脊点及上弦中点装上檩条即可将屋架临时固定。第二榀及以后各榀屋架也可用工具式支撑临时固定到前一榀屋架上。

（4）校正及最后固定

钢屋架校正主要是垂直度的校正。可以采用在屋架下弦一侧拉一根通长钢丝，同时在屋架上弦中心线挑出一个同样距离的标尺，然后用线锤校正。

也可用一台经纬仪架设在柱顶一侧，与轴线平移距离 a 处，在对面柱子上同样有一距离为 a 的点，从屋架中线处用标尺挑出距离 a，当三点在一条线上时，则说明屋架垂直。如有误差，可通过调整工具式支撑或绳索，并在屋架端部支承面垫入薄铁片进行调整。

4. 平面钢桁架安装

平面钢桁架的安装方法有单榀吊装法、组合吊装法、整体吊装法、顶升法等。

（1）现场拼装

一般来说钢桁架的侧向稳定性较差，在条件允许的情况下最好经扩大拼装后进行组合吊装，即在地面上将两榀桁架及其上的天窗架、檩条、支撑等拼装成整体，一次进行吊装，这样不但提高工作效率，也有利于提高吊装稳定性。

（2）临时固定

桁架临时固定一般需用临时螺栓或冲钉。则每个节点应穿入的数量必需经过计算确定，并应符合下列规定：

1）不得少于安装孔总数的 1/3。

2）至少应穿 2 个临时螺栓。

3）冲钉穿入数量不宜多于临时螺栓的 30%。

4）扩钻后的螺栓孔不得使用冲钉。

（3）校正

钢桁架的校正方式同钢屋架。

任务 4　钢结构连接施工

1. 紧固件连接施工

（1）紧固件连接的施工机具

1）电动扳手

钢结构用高强度大六角头螺栓紧固时用的电动扳手是拆卸和安装六角高强度螺栓机械化工具，可以自动控制扭矩和转角，适用于钢结构桥梁、厂房建筑、化工、发电设备安装大六角头高强度螺栓施工的初拧、终拧和扭剪型高强度螺栓的初拧，以及对螺栓紧固件的扭矩或轴向力有严格要求的场合。

2）手动扭矩扳手

各种高强度螺栓在施工中以手动紧固时，都要使用有示明扭矩值的扳手施拧，使达到高强度螺栓连接副规定的扭矩和剪力值。一般常用的手动扭矩扳手有指针式、音响式和扭剪型 3 种。

① 指针式扭矩扳手，在头部设一个指示盘配合套筒头紧固六角螺栓，当给扭矩扳手预加扭矩施拧时，指示盘即示出扭矩值。

② 音响式扭矩扳手，这是一种附加棘轮机构预调式的手动扭矩扳手，配合套筒可紧固各种直径的螺栓。音响扭矩扳手在手柄的根部带有力矩调整的主、副 2 个刻度，施拧前，可按需要调整预定的扭矩值。当施拧到预调的扭矩值时，便有明显的音响和手上的触感。这种扳手操作简单、效率高，适用于大规模的组装作业和检测螺栓紧固的扭矩值。

③ 扭剪型手动扳手，这是一种紧固扭剪型高强度螺栓使用的手动力矩扳手。配合扳手紧固螺栓的套筒，设有内套筒弹簧、内套筒和外套筒。这种扳手靠螺栓尾部的卡头得到紧固反力，使紧固的螺栓不会同时转动。内套筒可根据所紧固的扭剪型高强度螺栓直径而更换相适应的规格。紧固完毕后，扭剪型高强度螺栓卡头在颈部被剪断，所施加的扭矩可以视为合格。

扭矩扳手配合扳手套筒，供紧固六角螺栓、螺母用，在扭紧时可以表示出扭矩数值。凡对螺栓、螺母的扭矩有明确规定的装配工作都要使用这种扳手。预调式扭力扳手可事先设定（预调）扭矩值。操作时，如施加扭矩超过设定位置扳手即产生打滑现象，以保证螺栓（母）上承受的扭矩不超过设定值。

3）活动扳手

活动扳手是用于旋紧螺栓的一种工具。其规格用"长度×最大开口宽度"表示，计量单位为"mm"。

常用的扳手还有死扳手、梅花扳手、两用扳手、套筒扳手、内六角扳手、扭力扳手以及专用扳手等。

4）风扳机

用于扭紧螺栓。使用注意事项：对使用风扳机的人员要进行培训，使他们熟悉工具性能和操作规程。每个工序尽可能由培训过的人员操作或专业小组操作。风扳机头与配合套筒要紧密，拧紧时要采取措施，防止螺栓转动，影响螺母的实际转角。

（2）普通螺栓连接施工

1）连接要求

普通螺栓在连接时应符合下列要求：

① 永久螺栓的螺栓头和螺母的下面应放置平垫圈。垫置在螺母下面的垫圈不应多于 2 个。垫置在螺栓头部下面的垫圈不应多于 1 个。

② 对于槽钢和工字钢翼缘之类倾斜面的螺栓连接，宜采用斜垫圈。

③ 对于承受动力荷载或重要部位的螺栓连接，设计有防松动要求时，应采取有防松动装置的螺母或弹簧垫圈，弹簧垫圈放置在螺母侧。

④ 螺栓紧固后外露丝扣应不少于 2 扣，紧固质量检验可采用锤敲检验。

2）长度选择

① 螺栓直径

螺栓直径的确定原则上应由设计人员按等强原则通过计算确定，但对某一个工程来讲，螺栓直径规格应尽可能少，有的还需要适当归类，便于施工和管理；一般情况螺栓直径应与被连接件的厚度相匹配。

② 连接螺栓的长度可按下式计算：

$$L = \delta + m + nh + C$$

式中　　m——螺母厚度；

　　　　n——垫圈个数；

　　　　h——垫圈厚度；

　　　　C——螺纹外露部分长度。

3）普通螺栓紧固

普通螺栓可采用普通扳手紧固，螺栓紧固应使被连接件接触面、螺栓头和螺母与构件表面密贴。普通螺栓紧固应从中间开始，对称向两边进行，大型接头宜采用复拧。

4）施工注意事项

① 钢构件的紧固件连接接头，应经检查合格后，再进行紧固施工。

② 永久性普通螺栓连接中的螺栓一端不得垫2个及以上的垫圈，并不得采用大螺母代替垫圈。

③ 紧固件的储运应符合下列规定：存放应防潮、防雨、防粉尘，并按类型和规格分类存放；使用时应轻拿轻放，防止撞击、损坏包装和损伤螺纹；发放和回收应作记录，使用剩余的紧固件应当天回收保管。

（3）高强螺栓连接施工

1）高强螺栓工具管理

高强度螺栓扳手属于计量器具，在使用前按照规定进行校验；其扭矩相对误差不得大于±5%；校正用的扭矩扳手，其扭矩相对误差不得大于±3%；终拧完检测用扳手与校核扳手应为同一把扳手。

施工人员每天到现场库房领取扳手，并由领取专人负责，当天施工结束后退回库房，注明扳手的状态，其误差不得超过2%。

高强螺栓的扭矩值由技术人员向施工人员交底。

2）高强螺栓管理

高强度螺栓不同于普通螺栓，它是一种具备强大紧固能力的紧固件，其储运与保管的要求比较高，根据其紧固原理，要求在出厂后至安装前的各个环节必须保持高强度螺栓连连接副的出厂状态，也即保持同批大六角头高强度螺栓连接副的扭矩系数和标准偏差不变；保持扭剪型高强度螺栓连接副的轴力及标准偏差不变。应该说对大六角头螺栓连接副来讲，假如状态发生变化，可以通过调整施工力矩来补救，但对扭剪型高强度螺栓连接副就没有补救的机会，只有改用扭矩法或转角法施工来解决。

高强度螺栓连接副的储运与保管要求如下：

① 高强度螺栓连接副应由制造厂按批配套供应，每个包装箱内都必须配套装有螺栓、螺母及垫圈，包装箱应能满足储运的要求，并具备防水、密封的功能。包装箱内应带有产品合格证和质量保证书；包装箱外表面应注明批号、规格及数量。

② 在运输、保管及使用过程中应轻装轻卸，防止损伤螺纹，发现螺纹损伤严重或雨淋过的螺栓不应使用。

③ 螺栓连接副应成箱在室内仓库保管，地面应符合防潮措施，并按批号、规格分类堆放，保管使用中不得混批。高强度螺栓连接副包装箱码放底层应架空，距地面高度大于

30mm，码高一般不超过 5～6 层。

④ 使用前尽可能不要开箱，以免破坏包装的密封件。开箱取出部分螺栓后也应原封包装好，以免沾染灰尘和锈蚀。

⑤ 高强度螺栓连接副在安装使用时，工地应按当天计划使用的规格和数量领取，当天安装剩余的也应妥善保管，有条件的话应运回仓库保管。

⑥ 在安装过程中，应注意保护螺栓，不得沾染泥沙等脏物和碰伤螺纹。使用过程中如发现异常情况，应立即停止施工，经检查确认无误后再行施工。

⑦ 高强度螺栓连接副的保管时间不应超过 6 个月。当由于停工、缓建等原因，保管周期超过 6 个月时，若再次使用须按要求进行扭矩系数试验或紧固轴力试验，检验合格后方可使用。

3）高强度螺栓摩擦面处理

对于高强度螺栓连接，无论是摩擦型、摩擦—承压型，还是承压型连接，连接板接触摩擦面的抗滑移系数是影响连接承载力的重要因素之一，对某一个特定的连接节点，当其连接螺栓规格与数量确定后，摩擦面的处理方法及抗滑移系数值成为确定摩擦型连接承载力的主要参数，因此对高强度螺栓连接施工，连接板摩擦面处理是非常重要的一环。

摩擦面的处理一般结合钢构件表面处理方法一并进行，所不同的是摩擦面处理完不用涂防锈底漆。

① 喷砂（丸）处理

喷砂（丸）法效果较好，质量容易达到，目前大型金属结构厂基本上都采用。处理完表面粗糙度可达 45～50μm。

② 喷砂后生赤锈处理

经过喷砂（丸）处理过的摩擦面，在露天生锈 60～90d，安装前除掉浮锈，表面粗糙度可达到 55μm，能够得到比较大的抗滑移系数值。

③ 手工打磨处理

对于小型工程或已有建筑物加固改造工程，常常采用手工方法进行摩擦面处理，砂轮打磨是最直接，最简便的方法。在用砂轮机打磨钢材表面时，砂轮打磨方向垂直于受力方向，打磨范围不小于 4 倍螺栓孔径。打磨时应注意钢材表面不能有明显的打磨凹坑。

④ 钢丝刷人工除锈

使用钢丝刷将钢材表面的氧化铁等污物清理干净，处理方法比较简便，但抗滑移系数较低，一般用于次要结构和构件。

经表面处理后的高强度螺栓连接摩擦面应符合以下规定：

a. 连接摩擦面保持干燥、清洁，不应有飞边、毛刺、焊接飞溅物、焊疤、氧化铁皮、污垢等；

b. 经处理后的摩擦面采取保护措施，不得在摩擦面上作标记；

c. 若摩擦面采用生锈处理方法时，安装前应以细钢丝刷垂直于构件受力方向刷除去摩擦面上的浮锈。

4）施工准备

① 材料准备

高强度螺栓连接副应按设计要求选用，施工单位不得擅自更改。

高强度螺栓的规格数量应根据设计的直径要求，按长度分别进行统计，根据施工实际需要的数量多少、施工点位的分布情况、构件加工质量和运输损坏情况、现场的储运条件、工程难度等因素，考虑 2%～5% 的损耗，进行采购。

高强度螺栓长度应以螺栓连接副终拧后外露 2～3 扣丝为标准计算，可按下式计算：

$$l = l' + \Delta l$$

式中 l'——连接板层总厚度；

Δl——附加长度，$\Delta l = m + nh + 3p$；

m——高强度螺母公称厚度；

n——垫圈个数，扭剪型高强度螺栓为 1，高强度大六角头螺栓为 2；

h——高强度垫圈公称厚度；

p——螺纹的螺距。

② 高强度螺栓施工前的复验

钢结构制作和安装单位应按《钢结构工程施工质量验收规范》GB 50205—2001 的规定分别进行高强度螺栓连接摩擦面的抗滑移系数试验和复验，现场处理的构件摩擦面应单独进行摩擦面抗滑移系数试验，其结果应符合设计要求。当高强度连接节点按承压型连接或张拉型连接进行强度设计时，可不进行摩擦面抗滑移系数的试验和复验。

5）连接节点接触面间隙处理

高强度螺栓连接面板间应紧密贴实，对因板厚公差、制造偏差或安装偏差等产生的接触面间隙处理方法见表 2-2-1，处理前应事先准备好 3mm、4mm、5mm、6mm 厚摩擦面处理过的材质与构件相同的垫板。

高强螺栓连接节点接触面的间隙处理   表 2-2-1

序号	示意图	处理方法
1		$T<1.0$mm 时不予处理
2		$t=1.0～3.0$mm 时将原板一侧磨成 1：10 缓坡，使间隙小于 1.0mm
3		$T>3.0$mm 时加垫板，垫板厚度不小于 3mm，最多不超过 3 层，垫板材质和摩擦面处理方法应与材件相同

6）临时螺栓的安装

高强螺栓安装前，构件将采用临时安装螺栓和冲钉进行临时固定，待高强螺栓完成部分安装时，拆除临时安装螺栓，以高强螺栓代替。每个节点上应穿入的临时螺栓和冲钉数量由安装时可能承担的荷载计算确定，并应符合下列规定：

① 不得少于安装总数的 1/3。

② 不得少于两个临时螺栓。

③ 冲钉穿入数量不宜多于临时螺栓数量的 30%。

④ 不得用高强度螺栓兼作临时螺栓，以防损伤螺纹引起扭矩系数的变化。

7）高强螺栓安装

① 对孔及穿孔

钢构件吊装就位临时固定后，使节点板上下螺栓孔对齐，螺栓能从孔内自由穿入，对余下的螺栓孔直接安装高强螺栓，用手动扳手拧紧后，拆除临时螺栓和冲钉，再进行该处的高强螺栓的安装。

② 扩孔

当个别螺栓孔不能自由穿入时，可用铰刀或锉刀进行扩孔处理，其四周可由穿入的螺栓拧紧，扩孔产生的毛刺等应清除干净，严禁气焊扩孔或强行插入高强螺栓。

安装高强螺栓偏差较大时处理方法：当对齐节点板上下螺栓孔，其余螺栓孔大部分不能自由穿入时，先将可自由通过的螺栓孔用临时螺栓拧紧，使板叠密贴，以防铁屑进入板叠缝隙中。然后用绞刀扩孔，再穿入高强螺栓。不得采用气割扩孔，扩孔数量应征得设计同意，扩孔后的直径不得大于原直径的 1.2 倍。

③ 穿入方向

高强度螺栓安装在节点全部处理好后进行，高强度螺栓穿入方向要一致。一般应以施工便利为宜，全部从内向外插入螺栓，在外侧进行紧固。如操作不便，可将螺栓从反方向插入。安装时要注意垫圈的正反面，即螺母带圆台面的一侧应朝向垫圈有倒角的一侧；对于大六角头高强度螺栓连接副靠近螺栓头一侧的垫圈，其有倒角的一侧朝向螺栓头。

8）高强螺栓紧固

高强度螺栓紧固时，应分初拧、终拧。对于大型节点应分初拧、复拧和终拧。

初拧：由于钢结构的制作、安装等原因发生翘曲、板层间不密贴的现象。当连接点螺栓较多时，先紧固的螺栓就有一部分轴力消耗在克服钢板的变形上、先紧固的螺栓则由于其周围螺栓紧固以后，其轴力分摊而降低。所以，为了尽量缩小螺栓在紧固过程中由于钢板变形等影响，规定高强度螺栓紧固时，至少分 2 次紧固。第一次紧固称之为初拧。初拧扭矩为终拧扭矩的 50% 左右。

复拧：即对于大型节点高强度螺栓初拧完成后，在初拧的基础上，再重复紧固一次，故称之为复拧，复拧扭矩值等于初拧扭矩值。

终拧：对安装的高强度螺栓作最后的紧固，称之为终拧。终拧的轴力值以达到标准轴力为准，并应符合设计要求。

9）紧固顺序

高强度螺栓连接副初拧、复拧和终拧原则上应以接头刚度较大的部位向约束较小的方向、螺栓群中央向四周的顺序，是为了使高强度螺栓连接处板层能更好密贴。高强度螺栓和焊接并用的连接节点，当设计文件无特殊规定时，宜按先螺栓紧固后焊接的施工顺序。

2. 焊接连接

（1）焊接的概述

钢结构常用焊接方法：熔化焊和压力焊。

手工电弧焊、埋弧焊、气焊都属于熔化焊。

1）手工电弧焊

打火引弧→电弧周围的金属液化（溶池）→焊条熔化→滴入熔池→与焊件的熔融金属结和冷却即形成焊缝。

优点：方便，特别在高空和野外作业；

缺点：质量波动大，要求焊工等级高，劳动强度大，效率低。

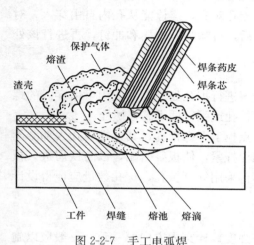

图 2-2-7　手工电弧焊

【拓展提高 16】

焊接过程（图 2-2-7）

【拓展提高 17】

A. 电焊条的组成

（A）焊芯——特殊冶炼的钢丝，焊接用钢。

焊条芯的作用：Ⅰ作为电极；Ⅱ作为填充金属。

（B）药皮

主要作用是：Ⅰ机械保护作用，Ⅱ冶金处理作用，除去有害杂质（如 O、H、S、P 等）并添加有益的合金元素。Ⅲ改善工艺性能，稳定电弧。焊条药皮的组成物相当复杂，一种焊条药皮的配方中，通常由七八种以上原料配成。

【拓展提高 18】

A. 焊条的型号

E4303、E5015 和 E5016。

■ 型号中的"E"表示焊条；

■ 前两位数字"43"或"50"表示焊缝金属的抗拉强度；

■ 第三位数字"0"或"1"表示适用于各种位置焊接（平焊、立焊、仰焊、横焊）；"2"表示焊条适用于平焊及水平角焊；"4"表示焊条适用于向下立焊；

■ 第三位数和第四位数表示焊条药皮类型和焊接电流的种类，"3"表示药皮为钛钙型，交、直流两用；"5"表示低氢（钠）型，用直流焊机；"6"表示低氢（钾）型，交、直流两用。

B. 埋弧焊（自动或半自动）

埋弧自动焊时，电弧引燃、焊丝送进、电弧沿焊接方向移动及焊接收尾，完全由机械来完成，如图 2-2-8 所示。

（A）焊丝强度应与焊件等强度。

（B）优、缺点：

优点：自动化程度高，焊接速度快，劳动强度低，焊接质量好；

缺点：设备投资大，施工位置受限等。

（C）特点及适用范围

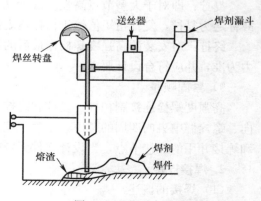

图 2-2-8　埋弧自动焊

A）生产率高。

B）可以采用较大的焊接电流。

C）焊接质量高。

D）劳动条件好。

E）埋弧自动焊一般限于水平位置焊缝的焊接。

F）埋弧自动焊常用于焊接生产批量较大，长而直的且处于水平位置的焊缝或直径较大（一般要大于500mm）的环焊缝。

C. 气体保护焊

（A）概念

气体保护焊是利用气体作为保护介质的一种电弧焊方法。保护气体有氩气、二氧化碳气体等。

（B）气体保护焊的特点

与埋弧自动焊相比，可以适宜全位置焊接，焊后也不用清渣，从而提高了焊接生产率。

与手工电弧焊相比，保护气流对电弧有压缩作用，热量集中，使焊接熔池和热影响区较窄，变形和裂纹倾向较小。

气体保护焊不宜在室外有风的地方进行焊接，设备比较复杂。

优、缺点

优点：焊接速度快，焊接质量好；

缺点：施工条件受限制等。

（2）焊缝连接形式及焊缝形式

1）焊缝连接形式

按被连接钢材的相互位置，可分为：

① 对接连接（图 2-2-9）

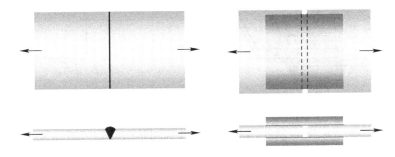

图 2-2-9　有拼接盖板的对接连接

② 搭接连接（图 2-2-10）

③ T 形连接（图 2-2-11）

④ 角部连接（图 2-2-12）

⑤ 焊钉连接（图 2-2-13）

⑥ 槽焊连接（图 2-2-14）

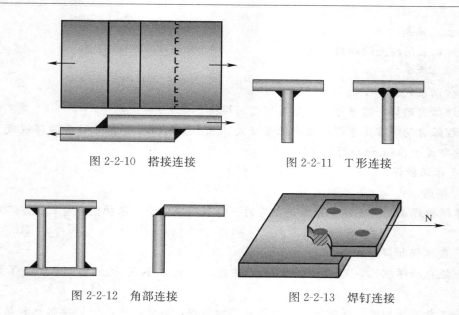

图 2-2-10　搭接连接　　　　图 2-2-11　T 形连接

图 2-2-12　角部连接　　　　图 2-2-13　焊钉连接

2）焊缝形式

① 焊缝按受力方向分类如图 2-2-15 所示。

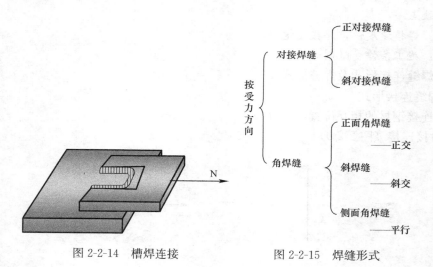

图 2-2-14　槽焊连接　　　　图 2-2-15　焊缝形式

② 角焊缝沿长度方向的布置分为连续角焊缝和间断角焊缝两种。

a. 连续角焊缝：受力性能较好，为主要的角焊缝形式（图 2-2-16）。

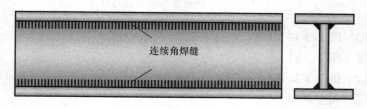

连续角焊缝

图 2-2-16　连续角焊缝

b. 间断角焊缝：在起、灭弧处容易引起应力集中，用于次要构件或受力小的连接（图 2-2-17）。

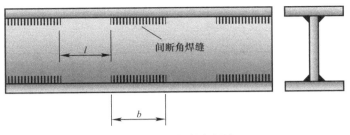

图 2-2-17　间断角焊缝

③ 角焊缝按施焊位置分为平焊、立焊、仰焊及横焊，如图 2-2-18 所示。

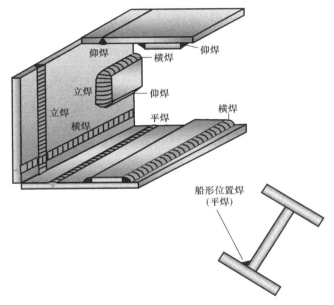

图 2-2-18　角焊缝施焊位置

3. 焊缝缺陷及焊缝质量检验

（1）焊缝缺陷

焊缝缺陷是指焊接过程中产生于焊缝金属或附近热影响区钢材表面或内部的缺陷。

常见的缺陷有裂纹、焊瘤、烧穿、弧坑、气孔、夹渣、咬边、未焊合、未焊透等；以及焊缝尺寸不符合要求、焊缝成形不良等，如图 2-2-19 所示。

（2）焊缝质量检验

外观检查：检查外观缺陷和几何尺寸。

内部无损检验：检验内部缺陷（超声波检验、X 射线或 γ 射线透照或拍片）。

（3）焊缝质量等级及选用

1）焊缝质量等级

《钢结构工程施工质量验收规范》GB 50205—2001 规定焊缝按其检验方法和质量要求分为一级、二级和三级。

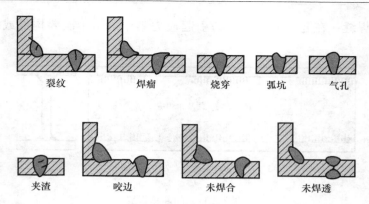

图 2-2-19　焊缝缺陷

三级焊缝只要求对全部焊缝作外观检查且符合三级质量标准。

一级、二级焊缝则除外观检查外，还要求一定数量的超声波探伤检验，超声波探伤不能对缺陷作出判断时，应采用射线探伤检验，并应符合国家相应质量标准的要求。

2）焊缝等级选用

《钢结构设计规范》GB 50017—2003 中，对焊缝质量等级的选用有如下规定：

① 需要进行疲劳计算的构件中，垂直于作用力方向的横向对接焊缝受拉时应为一级，受压时应为二级。平行于作用力方向的纵向对接焊缝应为二级。

② 在不需要进行疲劳计算的构件中，凡要求与母材等强的受拉对接焊缝应不低于二级；受压时宜为二级。

③ 重级工作制和起重量 Q>500kN 的中级工作制吊车梁的腹板与上翼缘板之间以及吊车桁架上弦杆与节点板之间的 T 形接头焊透的对接与角接组合焊缝，质量不应低于二级。

④ 角焊缝质量等级一般为三级，直接承受动力荷载且需要验算疲劳和起重量 Q>500kN 的中级工作制吊车梁的角焊缝的外观质量应符合二级。

3）焊缝符号（表 2-2-2）

焊接符号　　　　　　　　　　　　　　　　　　　表 2-2-2

	角焊缝				对接焊缝	塞焊缝	三角围焊
	单面焊缝	双面焊缝	安装焊缝	相同焊缝			
形式							
标注方法							

【拓展提高 19】

A. 焊接变形的种类和影响因素

（A）收缩变形（图 2-2-20）

A）纵向收缩变形：沿焊缝轴线方向尺寸的缩短。

B）横向收缩变形：沿垂直于焊缝轴线方向尺寸的缩短。

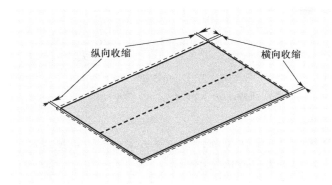

纵向收缩　　　横向收缩

图 2-2-20　收缩变形

纵向收缩变形的影响因素

A）与截面积有关：焊件的截面积越大，焊件的纵向收缩量越小。

B）与长度有关：焊缝的长度越长，焊件的纵向收缩量越大。

C）与焊接层次有关：多层焊时每层焊缝所产生的压缩塑性变形比单层焊时小。

D）与温度有关：焊件的原始温度提高，焊后纵向收缩量增大。

E）与材料性质有关：线膨胀系数大的材料，焊后纵向收缩量大。

横向收缩变形的影响因素

A）与热输入有关：横向收缩变形随焊接热输入增大而增加。

B）与间隙有关：装配间隙增加，横向收缩也增加。

C）与焊接长度有关：焊缝的横向收缩沿焊接方向由小到大，逐渐增大到一定程度后便趋于稳定。

D）与拘束程度有关：定位焊缝越长，横向收缩变形量就越小。

E）与金属填充量有关：对接接头的横向收缩量随焊缝金属量的增加而增大。

F）与焊缝形式有关：角焊缝的横向收缩要比对接焊缝小得多。

（B）角变形（图 2-2-21）

几种接头的角变形的影响因素

A）与板厚有关：当热输入一定时，板厚越大，角变形越大。

B）与热输入有关：板厚一定，热输入增大，角变形也增大。

C）与坡口形式有关：对接接头坡口截面不对称的焊缝，其角变形大；坡口角度越大，角变形越大。

D）与焊接顺序有关：焊接顺序也会影响角变形的大小。

（C）弯曲变形（图 2-2-22）

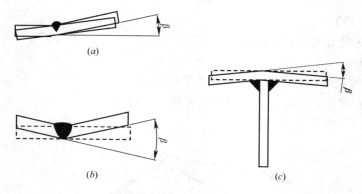

图 2-2-21　角变形

(a) 堆焊；(b) 对接接头；(c) T 形接头

弯曲变形的影响因素

主要影响因素就是焊缝位置的不对称，导致受力不均衡，出现弯曲。当焊缝位置对称或接近于截面中性轴，则弯曲变形就比较小。

(D) 失稳变形（波浪变形）

对于薄板件焊接，由于焊缝的收缩会使板面失稳变成波浪形，如图 2-2-23 所示。

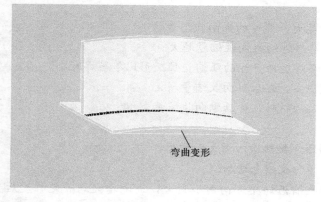

图 2-2-22　弯曲变形

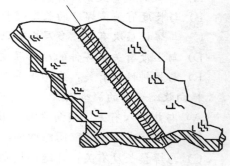

图 2-2-23　失稳变形

(E) 扭曲变形

对于梁式结构或细长构件，由于焊接顺序、焊接方向或装配原因焊后截面向不同的方向倾斜造成构件扭曲变形，如图 2-2-24 所示。

焊接过程中控制变形的方法：

A) 合理选择焊接方法和焊接规范。

B) 刚性固定法。

C) 反变形法。

D) 散热法。

E) 热平衡法。

F) 采用合理的焊接顺序和方向。

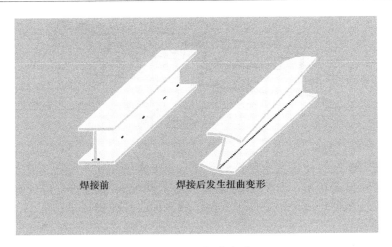

图 2-2-24　扭曲变形

任务 5　屋面安装与墙面的安装施工

1. 檩条与墙架的安装

（1）吊装方法

檩条与墙架等构件。其单位截面较小，重量较轻，为发挥起重机效率，多采用一钩多吊或成片吊装方法吊装，如图 2-2-25 所示。对于不能进行平行拼装的拉杆和墙架、横梁等，可根据其架设位置，用长度不等的绳索进行一钩多吊，为防止变形，可用木杆加固。

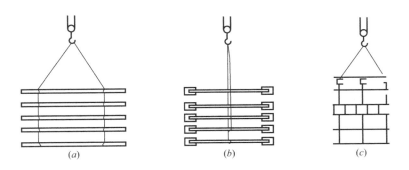

图 2-2-25　钢檩条、拉杆、墙架吊装

（a）檩条一钩多吊；（b）拉杆一钩多吊；（c）墙架成片吊装

（2）吊装

轻钢结构中檩条和墙梁通常采用冷弯薄壁型钢构件，安装中易侧曲，应注意采用临时木撑和拉条、撑杆等连接件使之能平整顺直。当屋面檩条截面高度≥200mm 时，宜考虑采用临时木撑（图 2-2-26），以防安装时倾覆。

墙架在竖向平面内刚度很弱，宜考虑采用临时木撑使在安装中保持墙架的平直，尤其是兼做窗台的墙梁一旦下挠，极易产生积水渗透现象。

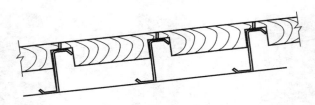

图 2-2-26　临时木撑

（3）校正

檩条、拉杆、墙架的校正，主要是尺寸和自身平直度。间距检查可用样杆顺着檩条或墙架杆件之间来回移动检验，如有误差，可放松或扭紧檩条墙架杆件之间的螺栓进行校正。平直度用拉线和长靠尺或钢尺检查，校正后，用电焊或螺栓最后固定。

2. 屋面安装施工

（1）彩钢屋面板排板设计

1）屋面板长度和纵向的排板设计

屋面板长度设计前应首先确定每坡屋面的首末檩条与定位轴线间的尺寸关系，进而确定屋面板的起点、终点与首末檩条的尺寸关系，首末檩条间距加上这个尺寸即为板的总长度。根据板的力学性能，相连接件的力学性能确定最大檩条间距，按此间距将首末檩条间距划分成设计檩距。

应根据选用彩板屋面板的供应情况、运输条件、现场制作还是工厂制作等因素，确定每一坡屋面板由一块或几块组成。首、末屋面板的长度为数个檩距加搭接长度再加首（末）点的构造尺寸。中部板长为数个檩距加搭接尺寸。

2）屋面板横向的排扳设计

屋面板的板材有效覆盖宽度为屋面板排板的基本模数，宽度与基本板宽的尺寸协调。屋面总宽度的确定：屋面总宽度应为建筑物的首末柱轴线间的距离加屋面在首末柱处伸出的构造尺寸（该尺寸应在排板前按构造详图确定）。

鉴于现行的彩色钢板屋面板宽度尺寸大多数与柱距的尺寸不相协调，故屋面的总宽度往往不是屋面板的倍数关系，因此合理排列屋面板是很重要的。确定好屋面板的排板方式后，应在图纸上标出排板起始线，供板材安装时使用。正确的排板起始线设计可以简化施工，并可得到理想的视觉效果。

当屋面上设有采光屋面板时，采光屋面板的宽度尺寸应与彩板屋面板的宽度尺寸相协调。这对于采光屋面板嵌在彩板屋面中间的布置方法尤为重要。

3）特殊形状屋面的排板设计

由于建筑用地、使用功能和建筑艺术处理等原因，使屋顶平面出现不规则的多边形、扇形、圆形、椭圆形等。而彩色钢板屋面板一般为规则的等宽的平面板或曲面板，这给屋面板的排列造成了困难。一般采用的方法是合理划分屋脊线，增加排水天沟和合理分段的方法来解决。

（2）板材加工明细表

在完成彩板围护结构的排板设计之后。应作出彩板屋面板和墙面板的加工明细表，以免出现加工错误。由于加工明细表交代不全或不清楚而经常产生的错误有如下几种：

1）单层彩色压型板使用色彩错误；有时灰白彩色钢板外表面与浅灰色内表面色彩近

似. 故而将背面当正面加工。

2）将彩色钢板的板型的正面与反面搞混，进而使板材加工面相反。

3）一般彩板卷的外表面为正面，而个别情况下钢卷的背面向外，易出现识别错误进而加工出错。

4）不同彩板生产厂家生产的产品色彩虽近似但有色差，混用时出现错误。

5）用于生产单层压型板的彩色钢板，混用于生产夹芯板，会出现夹芯板粘结不良等问题。

6）产生尺寸、数量、板型等错误。

为避免以上错误，应做好板材加工明细表，并对明细表进行三级审核后方可加工。

明细表应注明加工板材的型号、彩板厚度、长度，彩板的生产厂家，正面色彩类别，板型的使用正面与反面。采用夹芯板时应注明芯材种类、厚度，夹芯板的正面与反面的色彩。对加工需要斜裁的钢板时应注明斜线的方向，当套裁时要给出套裁图。

（3）安装前准备

彩色钢板围护结构施上安装前的准备分为材料准备、机具准备、技术难备、场地准备、组织和临时设施准备等多方面。

1）材料准备

对小型工程，材料需一次性准备完毕。对大型工程，材料准备需按施工组织计划分步进行，并向供应商提出分步供应清单，清单中需注明每批板材的规格、型号、数量、连接件、配件的规格数量等，并应规定好到货时间和指定堆放位置。材料到货后应立即清点数量、规格，并核对送货清单与实际数量是否相符合。当发现质量问题时，需及时处理，更换、代用或其他方法，并应将问题及时反映到供货厂家。

2）场地准备

① 按施工组织设计要求，对堆放场地装卸条件、设备行走路线、提升位置、马道设置、施工道路、临时设施的位置等进行全面检查，以保证运输畅通，材料不受损坏和施工安全。

② 堆放场地要求平整，不积水、不妨碍交通，材料不易受到损坏的地方。

③ 施工道路要雨期可使用，允许大型车辆通过和回转。

3）机具准备

彩板围护结构因其体轻，一般不需大型机具。机具准备应按施工组织计划的要求准备齐全，基本有以下几种：

① 提升设备：有汽车吊、卷扬机、滑轮、拔杆等，按不同工程面积选用不同的方法和机具。

② 手提工具：按安装队伍分组数量配套，电钻、自攻枪、拉铆枪、手提圆盘锯、钳子、螺丝刀、铁剪、手提工具袋等。

③ 电源连接器具：总用电的配电柜、按班组数量配线、分线插座、电线等，各种配电器具必须考虑防雨条件。

④ 脚手架准备：按施工组织计划要求准备脚手架、跳板、安全防护网。

⑤ 要准备临时机具库房，放置小型施工机具和零配件。

（4）板材吊装

彩色钢板压型板和夹芯板的吊装方法很多，如汽车吊吊升、塔式起重机吊升、卷扬机吊升和人工提升等方法。塔式起重机、汽车吊的提升方法，多使用吊装钢梁多点提升。

可提升多块板，但大面积工程中，提升板材不易送到安装点，增大了屋面长距离人工搬运，屋面行走困难，易破坏已安装好彩板，不能发挥大型提升吊车其大吨位提升能力的特长，使用效率低，机械费用高。但是提升方便，被提升的板材不易损坏。

（5）屋面板安装

彩色钢板铺设顺序，原则上是由上而下，由常年风尾方向起铺。

1）固定支座安装

支座的安装质量直接影响到屋面板的安装质量，所以在安装过程中应重点控制。安装支座主要有以下几个施工步骤：

① 放线。

② 安装支座。

③ 复查支座位置。

2）玻璃棉铺设

首先用不锈钢丝或镀锌丝交叉拉出菱形或矩形形状，用 2.5cm 自攻钉固定于檩条；然后安装固定铝箔，最后铺放玻璃棉卷毡，并穿透固定支座。注意玻璃棉贴面朝向室内一侧，垂直于檩条。

玻璃棉在一面屋檐处多留约 20cm，用专用的夹具或双面胶带将其固定在最外侧檩条上，铺设至另一面屋檐处，同样多留 20cm 的卷毡，并固定，以便安装屋面彩钢板时，拆去屋檐处的专用夹具，用预留的 20cm 贴面为玻璃棉收边。铺设时要保证对齐和张紧。

3）具体步骤

放线：固定支座安装质量得到严格控制条件下，只需放设面板端定位线，以面板出天沟的距离为控制线，板伸入天沟的长度以略大于设计为宜，以便于剪裁。

就位：面板在抬到安装位置前，应注意板的大小肋方向。用吊车或通过坡道将面板运到屋面后，用人工将板抬到安装位置，就位时先对板端控制线，然后将搭接边用力压入前一块板的搭接边。检查搭接边是否能够紧密接合，如不能应找出问题，及早处理。

卡位：面板位置调整好后，只需将屋面板连接的肋部位进行按压，听到清脆的"咔嚓"声，说明屋面板肋卡位已经就位。

板边修剪：板边修剪使用圆形风车锯，锯片尺寸应适合于面板的剪切。板边修剪工作宜在面板大面积安装完后进行，先根据设计的板伸入天沟尺寸确定两个端点，然后弹出墨线，修剪时以此线为准。修剪檐口和天沟处的板边，修剪后应保证屋面板伸入天沟的长度与设计的尺寸一致，这样可以有效防止雨水在风的作用下不会吹入屋面夹层中。

折边：折边使用专用工具上弯器和下弯器。折边的原则为水流入天沟处折边向下，否则折边向上。折边时不可用力过猛，应均匀用力，折边的角度应保持一致。

4）泛水、包角、伸缩缝盖板的安装

安装方向一般从建筑物后部向前部安装，从而使建筑物正面开始的泛水或天沟段总是上下一段，这样从正面往下看侧墙时，就不会有裸露的毛糙接缝。山墙泛水要从屋檐安装到屋脊，这样可使后一块泛水下部搭接到上一块泛水的上部，泛水搭接缝填密封胶。

首先放线定出第一块的起始基准线，顺安装方向确定板两边线的控制线。安装第一块，在第一块板上量测画出第二块板与第一块的搭接定位线、在板的搭接部位涂防水胶，安装第二块板调整定位，固定件固定并涂防水胶密封，依次安装第二块板及后续板。

5）抹密封胶

密封胶是重要的防水材料，在使用之前应检查密封胶的有效期。打胶前要清理接口处泛水上的灰尘和其他污物及水分，并在要打胶的区域两侧适当位置贴上胶带，对于有夹角的部位，胶打完后用直径适合的圆头物体将胶刮一遍，使胶变得更均匀、密实和美观。最后将胶带撕去。

6）清理及废料运弃

铺设钢板区域内，切铁工作及固定螺栓时，所产生金属屑应于每日收工前清理干净；每日收工前需将屋面、地面、天沟上的残屑杂物（如 PVC 布、钢带等）清理干净；完工前所有余废料均需清理运弃；完工后应检查彩色钢板表面，其受污染部分应清洗干净。

3. 墙面板的安装

（1）彩钢墙面板的排板设计

彩色钢板墙面板排板设计比屋面板排板设计复杂，这是墙面上孔洞多，规格不一、高度不一和墙面的建筑艺术效果的限制所造成的。

1）彩扳墙面板的长度及排板设计

① 竖向布置墙板

彩板墙面的长度有从檐口处的封闭标高到地上的起始高度；从檐口处的封闭标高到洞口上表面的高度；洞口下表面到洞口上表面的高度和洞口下表面到地的起始高度 3 种。

② 横向布置墙板。

横向布置墙板多用于彩板夹芯板。有时单层压型板也采用。这种方法是以板的宽度为模数做竖向布置的。设计时，大于板宽的孔洞，宜尽量将空洞的上下边沿与板的横向接缝相协调，以免造成构造复杂。

横向布置墙面的长度：横向布置墙板多在杆的中轴线上划分开，首、末柱间的板长应为柱距尺寸加首末柱的轴线外伸的构造尺寸，中间柱处的墙板长度应为柱距尺寸，另有柱轴线至洞口边部的板长尺寸等。斜面山墙处的板长，应视斜率而变化。

2）彩板墙面的立面设计

当竖向布置墙板时，宜采用带形窗，这种划分可以减少洞口处的构造，有利防雨水。当采用独立窗时，对压型板墙面其独立窗的两侧边构造较复杂，施工不好易出现漏雨现象，应在板材排列时选好排板起始线，以便板的排列与洞口尺寸相协调。平面夹芯板对洞口无特殊要求。

在横向布置墙板时要解决好板的竖向排列与各洞口高度的协调问题。带形或独立式窗的布置均不存在问题，对平面夹芯板墙面，其排板灵活性较大。

3）彩色钢板墙面的温度胀缩对板长设计的影响

彩色钢板建筑围护板材在冬季和夏季或昼夜温差作用下会产生较大的胀缩变形。对于单层压型钢板板材，其宽度胀缩对每块板而言变形很小，且由波浪变形吸收。屋向板的长度较长，变形的应力由连接件来承受，当长度过长时需使用滑动支座调整板的变形，因此在使用中无突出问题。但对于夹芯板，特别是平板夹芯板，在内外钢板所处温差较大时，其内外钢板的伸长（或缩短）不同，致使工厂复合的夹芯板上拱或下挠。在连接件的约束下，钢板与夹芯板芯材产生较大的剪切应力，当剪应力大于钢板与芯材的粘结抗剪强度时，会在粘结较弱的部位产生裙皱，呈条形凸起。但这时的夹芯板并未完全丧失承载能力。

（2）墙面板安装

安装外墙板前先安装墙面系统的上口泛水、窗门侧泛水及与砖墙交接处台度收边，墙板安装好后再安装下口泛水包边及阴、阳包角板等。

墙面板通常采用普通压型板或夹芯板，铺板可从建筑物的任意一端开始，由上往下、以墙角作为起点由一端逐往另一端的顺序安装，通常，将板按照习惯视向铺设可以避免侧向搭接线过于明显。同时，在台风地区，考虑到季节大风的影响，施工时应该沿逆风的方向开始铺设，安装墙面板需要决定其正确的使用方向。通常板设计在其前沿设有一个支承肋，以便保证下一张板重叠时能够正确定位，第一块墙面板安装时必须垂直，板与板的搭接不能过松，也不能过紧。

墙面板的下端应直接支承在地面上或矮砖墙上，不宜由墙梁承受其重量而产生下挠，造成窗台积雨渗漏，如有条形通窗分断墙面板，则应利用上部的斜拉条和拉条调节墙梁并支承墙板重量。墙面板与墙梁连接的自攻钉宜钉在波谷处，使其连接刚度好。

墙面板为玻璃棉保温时，玻璃棉贴面朝向室内一侧，从屋檐放卷至墙脚，用双面胶带将玻璃棉固定在墙顶檩条和最下端的檩条上，多留 20cm 进行收边，安装墙面彩钢板。

任务6 防火与防腐涂装施工

1. 钢结构防腐修补与面漆涂装

钢结构构件除现场焊接、高强螺栓连接部位不在制作厂涂装外其余部位均在制作厂内完成底漆、中间漆涂装，所有构件面漆待钢构件安装后进行涂装。操作人员经批准后方可进行涂装作业。

（1）油漆补涂部位

钢结构构件因运输过程和现场安装原因，会造成构件涂层破损，所以，在钢构件安装前和安装后需对构件破损涂层进行现场防腐修补。修补之后才能进行面漆涂装。

（2）防腐涂装施工

1）涂装材料要求

现场补涂的油漆与制作厂使用的油漆相同，由制作厂统一提供，随钢构件分批进场。

2）表面处理

采用电动、风动工具等将构件表面的毛刺、氧化皮、铁锈、焊渣、焊疤、灰尘、油污及附着物彻底清除干净。

3）涂装环境要求

涂装前，除了底材或前道涂层的表面要清洁、干燥外，还要注意底材温度要高于露点温度3℃以上。此外，应在相对湿度低于85%的情况下可以进行施工。经处理的钢结构基层，应及时涂刷底漆，间隔时间不应超过5h。一道漆涂装完毕后，在进行下道漆涂装之前，一定要确认是否已达到规定的涂装间隔时间，否则就不能进行涂装，应该用细砂纸将前道漆打毛后，并清除尘土、杂质以后再进行涂装。

4）涂装要求

在每一遍通涂之前，必须对焊缝、边角和不宜喷涂的小部件进行预涂。油漆补刷时，应注意外观整齐，接头线高低一致，螺栓节点补刷时，注意螺栓头油漆均匀，特别是螺栓头下部要涂到，不要漏刷。

（3）涂层检测

漆膜检测工具可采用湿膜测厚仪、干膜测厚仪等。

油漆喷涂后马上用湿膜测厚仪垂直按入湿膜直至接触到底材，然后取出测厚仪读取数值。湿膜厚度及完工的干膜厚度应达到规范要求，不允许存在漏涂、针孔、开裂、剥离、粉化、流挂现象。涂层外观要求涂层均匀，无起泡、流挂、龟裂、干喷和掺杂物现象。

2. 钢结构防火施工

钢材虽不是燃烧体，它却易导热，怕火烧，随着温度的升高，钢材的机械力学性能，诸如屈服点、抗压强度、弹性模量以及承载力等都迅速下降。在火焰作用下无保护措施的裸露钢结构约 15～25min 即可失去承载能力。因此，在火灾作用下，钢结构不可避免地扭曲变形，最终导致结构垮塌毁坏。因此，做好钢结构的防火工作具有重要的经济和社会意义。

（1）防火措施

国内外常用的防火措施主要有防火涂料和构造防火两种类型。

1）防火涂料

对室内裸露钢结构，轻型屋盖钢结构及有装饰要求的钢结构，当规定其耐火极限在 1.5h 以下时，应选用薄涂型钢结构防火材料。

室内隐蔽钢结构，高层钢结构及多层厂房钢结构，当其规定耐火极限在 1.5h 以上时，应选用厚涂型钢结构防火涂料。

2）构造防火

采用外包层：用现浇混凝土作耐火保护层。所使用的材料有混凝土、轻质混凝土及加气混凝土等。这些材料既有不燃性，又有较大的热容量，用作耐火保护层能使构件的升温减缓。由于混凝土的表层在火灾高温下易于剥落，通常可用钢丝网或钢筋来加强，以限制收缩裂缝并保证外壳的强度。

屏蔽法：把钢结构包藏在耐火材料组成的墙体或吊顶内，在钢梁、钢屋架下作耐火吊顶，火灾时可以使钢梁、钢屋架的升温大为延缓，大大提高钢结构的耐火能力，而且这种方法还能增加室内的美观，但要注意吊顶的接缝、孔洞处应严密，防止窜火。这是一种最为经济的防火方法。

水喷淋法：水喷淋法是在结构顶部设喷淋供水管网，火灾时，自动启动（或手动）开始喷水，在构件表面形成一层连续流动的水膜，从而起到保护作用。

充水法：即在空心封闭截面中（主要是柱）充满水，火灾时构件把从火场中吸收的热量传给水，依靠水的蒸发消耗热量或通过循环把热量导走，这种方法能使钢结构在火灾中保持较低的温度，水在钢结构内循环，吸收材料本身受热的热量。受热的水经冷却后可以进行再循环，或由管道引入凉水来取代受热过的水。构件温度便可保持在 100℃ 左右。但要注意为防止锈蚀或水的冰结，水中应掺加阻锈剂和防冻剂。

（2）防火涂料的选用

根据《建筑设计防火规范》GB 50016—2014 中规定耐火等级为一、二级的建筑物，其柱（多层柱，单层柱）、梁、楼板和屋顶承重构件均应采用不燃体。但未加防火保护的钢柱、钢梁、楼板和屋顶承重构件的耐火极限仅为 0.25h，要求采用喷涂保护等防火措施，以满足规范规定的 1～3h 的耐火要求。耐火等级及钢结构耐火极限见下表。

防火涂料选用可参考以下内容：

1）室内裸露钢结构，轻型屋盖钢结构及有装饰要求的钢结构，当规定其耐火极限在 1.5h 及以下时，宜选用薄涂型钢结构防火涂料。

2）室内隐蔽钢结构，高层全钢结构及多层厂房钢结构，当规定其耐火极限在 2.0h 及以上时，应选用厚涂型钢结构防火涂料。

3）露天钢结构：应根据结构类型和设计要求选用符合室外钢结构防火涂料产品规定的厚涂型或薄型钢结构防火涂料。

选用涂料时，应注意下列几点：

1）不要把饰面型防火涂料用于钢结构。饰面型防火涂料是保护木结构等可燃基材的阻燃涂料，薄薄的涂膜达不到提高钢结构耐火极限的目的。

2）不应把薄涂型钢结构膨胀防火涂料用于保护 2h 以上的钢结构。

3）不得将室内钢结构防火涂料，未加改进和采取有效的防水措施，直接用于喷涂保护室外的钢结构。

4）在一般情况下，室内钢结构防火保护不要选择室外钢结构防火涂料。

5）厚涂型防火涂料基本上由无机质材料构成，涂层稳定，老化速度慢，只要涂层不脱落，防火性能就有保障。

从耐久性和防火性考虑，宜选用厚涂型防火涂料。

（3）防火涂层厚度确定

防火涂层厚度需按照有关规范对钢结构耐火极限的要求，并根据标准耐火试验数据设计规定相应的涂层厚度。

（4）防火涂装施工工艺流程

1）涂装施工前基层处理

用铲刀、钢丝刷等清除构件表面的浮浆、泥沙、灰尘和其他粘附物，钢构件表面不得有水渍、油污，否则必须用干净的毛巾擦拭干净。

钢构件表面的返锈必须予以清除干净，清除方法依锈蚀程度而定，再按防锈漆的刷涂工艺进行防锈漆刷涂。

对相邻钢构件接缝处或钢构件表面上的孔隙，必须先修补、填平。

2）防火涂料施工方法

防火涂料施工通常采用刷涂法和喷涂法。

薄涂型防火涂料的底涂层（或主涂层）宜采用重力式喷枪喷涂，局部修补和小面积施工时宜用手工抹涂，面层装饰涂料宜涂刷、喷涂或滚涂。

厚涂型防火涂料宜采用压送式喷涂机喷涂，喷涂遍数、涂层厚度应根据施工要求确定，且须在前一遍干燥后喷涂。

① 刷涂法

刷涂法宜选用宽度 75～150mm 左右猪鬃毛刷，刷毛均匀不易脱落。为防止涂刷中掉毛，可先用其蘸上涂料，使涂料浸入毛刷根部，将毛根固定，毛刷用毕应及时用水或溶剂清洗。

刷涂时，先将毛刷用水或稀释剂浸湿甩干，然后再蘸料刷涂，刷毛蘸入涂料不要太深。蘸料后在匀料板上或胶桶边刮去多余的涂料，然后在钢基材表面上依顺序刷开，布料刷子与被涂刷基面的角度约为 $50°\sim70°$，涂刷时动作要迅速，每个涂刷片段不要过宽，以保证相互衔接时边缘尚未干燥，不会显出接头的痕迹。

② 喷涂法

喷枪宜选用重力式涂料喷枪，喷嘴口径宜为 $2\sim5$mm（最好采用口径可调的喷枪），空气气压宜控制在 $0.4\sim0.6$MPa。喷嘴与喷涂面宜距离适中，一般应相距 $25\sim30$cm 左右，喷嘴与基面基本保持垂直，喷枪移动方向与基材表面平行。

喷涂构件阳角时，可先由端部自上而下或自左而右垂直基面喷涂，然后再水平喷涂；喷涂阴角时，不要对着构件角落直喷，应当先分别从角的两边，由上而下垂直先喷一下，然后再水平方向喷涂，垂直喷涂时，喷嘴离角的顶部要远一些，以便产生的喷雾刚好在角的顶部交融，不会产生流坠；喷涂梁底时，为了防止涂料飘落在身上，应尽量向后站立，喷枪的倾角度不宜过大，以免影响出料。

喷嘴在使用过程中若有堵塞，需用小竹签疏通，以免出料不均匀，影响喷涂效果，喷枪用毕即用水或稀释剂清洗。

(5) 厚涂型防火涂料涂装施工规定

1) 涂料应分层施工，第一层喷涂宜为基本覆盖钢材表面，随后每层喷涂厚度宜为 $5\sim10$mm，一般取 7mm。

2) 上层涂层干燥或固化后，方可进行下道涂层施工。

3) 喷涂应平行移动、速度一致。

4) 涂装施工时，可采用测厚针控制涂层厚度。

5) 手工抹涂时，每遍涂抹厚度应控制在规定的要求以内，每遍涂抹间隔时间宜为 24h。

6) 喷涂后，可对凹凸不平部位采用抹灰刀剔除和补涂处理。

如果厚涂型防火涂料有下列情况之一时应重新喷涂或补涂：

1) 涂层干燥固化不良，粘结不牢或粉化、脱落。

2) 钢结构的接头、转角处的涂层有明显凹馅。

3) 涂层厚度小于设计规定厚度的 85％ 时，或涂层厚度虽大于设计规定厚度的 85％，但未达到规定厚度的涂层其连续面积的长度超过 1m。

(6) 薄涂型防火涂料涂装施工规定

1) 底层

① 涂料应分层施工，第一层喷涂宜为覆盖钢材表面 70％ 以上，随后每层喷涂厚度宜不超过 2.5mm。

② 喷涂应平行移动、速度一致。

③ 涂装施工时，可采用测厚针控制涂层厚度。

2) 面层

① 面层应在底层涂装基本干燥后开始涂装。

② 面层涂料宜涂刷 $1\sim2$ 遍，当涂刷 2 遍时，第 1 遍宜从左至右涂刷，第 2 遍宜反向涂刷。

③ 面层涂装应颜色均匀、一致，接槎平整。

（7）防火涂装施工注意事项

1）防火涂料施工必须分遍成活，每一遍施工必须在上一道施工的防火涂料干燥后方可进行；防火涂料施工的重涂间隔时间应视现场施工环境的通风状况及天气情况而定，在施工现场环境通风情况良好，天气晴朗的情况下，重涂间隔时间为 8～12h。

2）当风速大于 5m/s，相对湿度大于 90%，雨天或钢构件表面有结露时，若无其他特殊处理措施，不宜进行防火涂料的施工。

3）防火涂料施工时，对可能污染到的施工现场的成品用彩条布或塑料薄膜进行遮挡保护。

（8）防火涂装的检查和验收

1）施工过程中的检查

施工过程中操作人员随时对涂层的厚度进行检测，以判断涂层厚度是否达到设计要求，同时工程技术负责人应抽查涂层厚度，未达到防火设计要求的厚度，停止施工。

施工结束后，施工负责人应组织施工人员自检施工质量，应检查涂层的厚度、粘结强度、平整度、颜色外观等是否符合防火设计规定，对不合格的部位及时整修。

涂装过程中的检查：

① 用湿膜厚度计，测湿膜厚度，以控制干膜厚度和漆膜质量。

② 每道漆都不允许有咬底、剥落、漏涂和起泡等缺陷。

2）防火涂料外观检查

检查用于工程上的钢结构防火涂料的品种和颜色是否符合设计要求，必要时，将样品或开工前做的样板与实际涂装的情况对比。

用目视法检查涂层外观颜色是否均匀，有无漏涂，有无明显裂缝和乳突情况；用 0.5～1kg 榔头轻击涂层，检查是否粘结牢固，有无空鼓或成块状脱落，用手触摸涂层，观察是否有明显脱粉，用 1m 直尺检测是否平整均匀。

3）涂层厚度的检测

测针与测试图：测针（厚度测量仪），由针杆和可滑动的圆盘组成，圆盘始终保持与针杆垂直，并在其上装有固定装置，圆盘直径不大于 30mm，以保持完全接触被测试件的表面。当厚度测量仪不易插入被插试件中，也可使用其他适宜的方法测试。测试时，将测厚探针垂直插入防火涂层直至钢材表面上，记录标尺读数。

测点选定：

① 楼板和防火墙的防火涂层厚度测定，可选相邻两纵、横轴线相交中的面积为 1 个单元，在其对角线上，按每米长度选一点进行测试。

② 钢框架结构的梁和柱的防火涂层厚度测定，在构件长度内每隔 3m 取一截面。

③ 桁架结构，上弦和下弦规定每隔 3m 取一截面检测，其他腹杆每一根取一截面检测。

④ 测量结果对于楼板和墙面，在所选择面积中，至少测出 5 个点；对于梁和柱在所选择的位置中，分别测出 6 个和 8 个点。分别计算出它们的平均值，精确到 0.5mm。

（9）涂层的围护和保修

1）防火涂料工程施工结束后，还可能有其他工程在施工中，如若影响或损坏了防火涂料涂层，应在整个工程竣工前，进行围护和修理。

2）在使用期间，应做好涂层的围护工作。如遇到剧烈振动、机械碰撞或狂风、暴雨袭击等，防火涂层有可能损坏，应及时检查处理。

3）防火涂层很难保证永久有效，因此，为确保安全，应加强检查，特别是要结合对建筑或企业检修、大修、改造过程中，对防火涂层酌情做些处理，如有的已疏松或脱落，需铲掉重新喷涂，如有的雨水冲刷，涂层减薄或被损失，要再喷加厚。

【课后自测及相关实训】

1. 单层钢结构厂房施工的施工全过程。

2. 实训：参观钢结构施工现场。